EL SUEÑO DEL TIEMPO

Últimos títulos publicados en esta colección:

S. Pinker, *La tabla rasa*
M. Onfray, *Decadencia*
L. Sagnier, *Más cansadas que infelices*
K. J. Gergen, *El yo saturado*
T. Morton, *El pensamiento ecológico*
K. Armstrong, *La gran transformación*
C. Fine, *Testosterona rex*
R.-P. Droit, *La tolerancia explicada a todo el mundo*
F. Manes y M. Niro, *El cerebro del futuro*
N. N. Taleb, *Jugarse la piel*
S. Zweig, *Balzac*
S. Chemaly, *Enfurecidas*
Edgar Cabanas y Eva Illouz, *Happycracia*
E. Kandel, *La era del inconsciente*
E. Kandel, *La nueva biología de la mente*
N. Mandela, *El camino a la montaña*
C. López-Otín, *La vida en cuatro letras*
J. Baggini, *Cómo piensa el mundo*
T. Phillips, *Humanos*
M. Eliade, *Historia de las creencias y las ideas religiosas I*
M. Eliade, *Historia de las creencias y las ideas religiosas II*
M. Eliade, *Historia de las creencias y las ideas religiosas III*
M. S. Gazzaniga, *El instinto de la conciencia*
M. Mittelmeier, *Adorno en Nápoles*
T. Morton, *Ecología oscura*
D. Robson, *La trampa de la inteligencia*
D. Darling y A. Banerjee, *El sorprendente libro de las rarezas matemáticas*
L. Castellanos, *El lenguaje de la felicidad*
B. Lewis, *El último Leonardo*
K. Armstrong, *El arte perdido de las escrituras*
Ch. Ryan y C. Jethá, *En el principio era el sexo*
C. Rackete, *Es hora de actuar*
K. Kirkpatrick, *Convertirse en Beauvoir*
E. Young-Bruehl, *Hannah Arendt*
M. Rovere, *¿Qué hacemos con los idiotas?*
S. Žižek, *El sexo y el fracaso del absoluto*
Dr. S. Novella, *Guía del Universo para escépticos*
A. García Ortega, *Abecedario del lector*
H. Jahren, *El afán sin límite*
I. Crespo, *Una selva de sinapsis*
E. Safran Foer, *Todavía seguimos aquí*
H. Jahren, *El afán sin límite*
C. López-Otín y G. Kroemer, *El sueño del tiempo*

CARLOS LÓPEZ-OTÍN

GUIDO KROEMER

EL SUEÑO DEL TIEMPO

Un ensayo sobre las claves del envejecimiento y la longevidad

PAIDÓS Contextos

1.ª edición, noviembre de 2020
2.ª impresión, noviembre de 2020

Paidós es un sello editorial de Editorial Planeta, S. A.
Avda. Diagonal, 662-664
08034 Barcelona, España
www.paidos.com
www.planetadelibros.com

ISBN 978-84-493-3760-4
Fotocomposición: Pleca Digital, S. L.
Depósito legal: B. 14.824-2020
Impresión y encuadernación en Black Print

El papel utilizado para la impresión de este libro está calificado como papel ecológico y procede de bosques gestionados de manera sostenible.

Impreso en España – *Printed in Spain*

Para los náufragos del tiempo. Para Daniel, Gertrut,
José Luis, Laura, Lea Gaia, María José, Ulysse Helios y Wolfram,
a quienes debemos nuestro posicionamiento en el tiempo.

SUMARIO

Introducción

Hace 14.000 millones de años, en algún lugar del azul profundo cuando el azul todavía no era un color, nació de la nada todo un universo. En medio de una inimaginable densidad y de un inconcebible calor, se crearon la luz y la materia. Simultáneamente, el reloj del cosmos empezó a girar lentamente al ritmo de la música de las esferas,* surgió así el tiempo y emprendió su incansable discurrir hacia la eternidad.

A medida que el tiempo iba fluyendo y huyendo, el universo creció, se expandió y llegó a enfriarse lo suficiente para que las partículas elementales pudieran engendrar los primeros átomos, que más tarde se agruparon en moléculas y sembraron aquí y allá múltiples semillas de materia organizada. En la gran caldera del mundo se gestaron así innumerables galaxias portadoras de bellísimas formas espirales semejantes a las que luego recrearía la vibrante imaginación del singular artista Friedensreich Hundertwasser. Nueve mil quinientos millones de años después del nacimiento del tiempo, en la periferia de una de estas galaxias espirales, una simple mancha amarilla se transformó en una estre-

* Nota del editor: se indicarán con un asterisco todos los términos definidos en el glosario cuando se mencionen por primera vez en el texto.

lla, el sol de Picasso, que empezó a iluminar cíclicamente un planeta profusamente hidratado en cuyas aguas aprendió a navegar la vida.

Fue también en algún mar de ese planeta acuático llamado Tierra donde hace apenas 3.500 millones de años unas células primitivas comenzaron a dividirse sin cesar hasta construir otra espiral, la espiral de la vida, en la que el tiempo fue dibujando una línea curva que, partiendo de este punto originario, fue adoptando formas cada vez más complejas y más extraordinarias. Las estrellas y los genes, el tiempo cósmico y el tiempo biológico, encontraron así un objetivo común y trabajaron coordinadamente, sin tregua y en silencio hasta que «hace 4 millones y pico de años, mujer y hombre, casi monos todavía, se alzaron sobre sus patas y se abrazaron. Hace 400.000 años, la mujer y el hombre frotaron dos piedras y encendieron el primer fuego que los ayudó a pelear contra el miedo y el frío. Hace 300.000 años se dijeron las primeras palabras y creyeron que podían entenderse. Y en eso estamos todavía, muertos de miedo, muertos de frío, buscando palabras».[1]

Es cierto, nunca ha sido fácil encontrar las palabras que nos ayuden a comprender el mundo y la vida. Sin embargo, algunos seres humanos reunieron los suficientes vocablos para poder teorizar sobre el significado real de ese tiempo que nació tras el Big Bang, la gran explosión cósmica que delimita la frontera entre el conocimiento y la ignorancia. Más atrás solo queda el abismo de la oscuridad y de la nada o la fuerza de la fe y de la fantasía.

Aristóteles, Newton y Einstein son nombres que resuenan con intensidad en la breve historia de la humanidad y ocupan un lugar destacado entre quienes, tras conversar con la naturaleza a través de la ciencia, nos ayudaron en la tarea de entender qué es el tiempo. Desde la Grecia clásica, Aristóteles nos transmitió la idea de que el tiempo es simplemente una forma de medir cómo cambian las cosas. El mundo se mueve y todo lo que contiene está sometido a una constante transformación, por lo que una entidad abstracta como el tiempo podía ser muy útil para ordenar los acontecimientos y distinguir el antes y el después. Muchos años más tarde, en la segunda mitad del siglo XVII, Isaac Newton, el gran maestro de la gravedad, intuyó que el tiempo existía en el mundo real, pero su esencia sería distinta a la de cualquier otra sustancia perceptible con nuestros sentidos. El tiempo de Newton sería el flujo constante hacia delante de la vida cotidiana, un tiempo absoluto e imperturbable experimentado de manera idéntica por todos los seres humanos, pero también por todas las estrellas, por todos los planetas y por todo lo que ellos contienen. El tiempo del mundo y el tiempo de la vida serían así entidades reales regidas por unas leyes físicas y matemáticas fijas y universales. Durante más de doscientos años, el pensamiento newtoniano impulsó el avance del conocimiento científico sobre el universo hasta que Albert Einstein, el gran maestro de la relatividad, integró los conceptos desarrollados por Aristóteles y Newton acerca de la naturaleza del tiempo y del espacio, intuyó que ambos son aspectos distintos que se funden en una única entidad llamada espacio-tiempo y formuló las ecuaciones del campo gravitatorio que representaron un cambio radical en nuestra concepción del mundo.[2]

El tiempo de Einstein no es ni único ni absoluto, pues transcurre a ritmos distintos dependiendo del observador, del lugar en el que se ubica y de la velocidad a la que se mueve. Este tiempo relativo carece de orientación, no distingue entre el pasado y el futuro, y su esencia es la misma que la de todas las entidades y sustancias que conforman el mundo. Apenas unos meses después de proponer su teoría general de la relatividad, y mientras Marcel Proust buscaba el tiempo perdido evocando el sabor, la textura y el aroma de una magdalena, el propio Einstein entendió que, para explicar el tiempo, además de estudiar la inmensidad del cosmos, era preciso mirar al mundo cuántico de lo infinitamente pequeño. Esta mirada cuántica nos forzó a incorporar conceptos como ondas, campos e incertidumbre para explicar mejor el mundo. Además, nos mostró un resultado tan fascinante como inquietante: hay un intervalo mínimo de tiempo por debajo del cual este pierde su esencia y deja de existir. La física ha sido capaz de definir con maravillosa precisión este límite a partir del cual penetramos en el nuevo abismo de un mundo sin tiempo y lo ha denominado el «tiempo de Planck»:* una diezmillonésima de milmillonésima de milmillonésima de milmillonésima de milmillonésima de segundo.

La existencia de este suspiro temporal cósmico, cuya minúscula magnitud sobrepasa nuestra imaginación, representa un paso importante en el esfuerzo humano por definir la esencia del tiempo. Sin embargo, y tal como nos relata magistralmente el físico Carlo Rovelli, a medida que la ciencia ha ido progresando en el estudio del tiempo, este ha ido perdiendo la mayoría de sus atributos clásicos —desde su uniformidad y continuidad hasta su propia realidad—, lo cual ha llevado a considerar la posibilidad de un universo sin tiempo.[3] El tiempo sería ya solo un sueño, esa leyenda de la que escribió Federico García Lorca y a la que en 1979 cantó Camarón de la Isla, acompañado a la guitarra por Paco de Lucía, en una conmovedora interpretación que inauguró una nueva forma de entender el milenario arte del cante flamenco.

Muchos físicos y numerosos filósofos postulan que solo el presente es real, mientras que el flujo del tiempo es una mera construcción mental. Por eso debemos enfrentarnos a la gran paradoja que supone la inexistencia del tiempo del mundo en un contexto en el que el tiempo de la vida es lo que todo lo ocupa y lo que más nos preocupa. Nuestra mente está continuamente entretenida en el fluir del tiempo, contando la manera en la que discurre, distinguiendo el ayer del hoy y del mañana, separando el antes del ahora y del después, recordando el pasado, viviendo el presente y tratando de anticipar el futuro. En definitiva, nuestros sentidos nos invitan a ser viajeros mentales a través de un tiempo que tal vez no exista, pero que no nos deja apenas tregua cuando percibimos su flujo inexorable e irreversible en una única dirección siguiendo la llamada «flecha del tiempo».[4] La comprensión de las características de esta flecha supone una tarea compleja, ya que las leyes de la física nos aseguran que las dos direcciones del tiempo son igualmente posibles, como también lo son todas las direcciones del espacio. Recordemos que todo depende del observador que mide estos parámetros: lo que para nosotros es abajo, para un australiano es arriba, y viceversa. De hecho, hasta bien entrada la Edad Media predominaron los mapamundis invertidos o girados respecto a la manera que hoy es la más convencional. Algo parecido sucede con el tiempo. Por ejemplo, los hablantes de la lengua aimara que habitan en regiones andinas se refieren al pasado señalando hacia delante, mientras que cuando hablan del futuro indican lo que queda detrás de ellos. En cualquier caso, la realidad cotidiana nos demuestra que los extremos de la línea que marca el devenir del tiempo son distintos, por eso la llamamos flecha; una flecha que siempre vuela en el mismo sentido. ¿Cómo es posible esta paradoja? ¿Por qué recordamos el pasado y no el futuro?

Ludwig Boltzmann, el maestro de la probabilidad, un científico tan brillante como atormentado, fue el primero en proponer que la flecha del tiempo surgió de una extraña condición imperante en el amanecer del mundo y que estaba caracterizada por una baja entropía,* la magnitud física que refleja el desorden de un sistema aislado. Así, la entropía era mínima en el pasado más remoto y fue creciendo a medida que pasó el tiempo y avanzó hacia el futuro. Dado que la experiencia demuestra que hay muchos más estados desordenados que ordenados, si partimos desde una condición de orden, armonía y baja entropía, lo más probable será siempre que en una situación dinámica de continuo cambio se evolucione hacia el desorden, la pérdida de armonía y el aumento de entropía. Por tanto, la entropía es aquello que proporciona al tiempo su flecha y la hace volar. Asumiendo entonces que la flecha temporal existe, ¿sería posible invertirla a voluntad y viajar en el tiempo?

Las ecuaciones absolutistas de Newton o las relativistas de

Einstein no ponen ningún impedimento a estos fascinantes viajes a las nostalgias pasadas o a las incertidumbres futuras. De nuevo, la literatura y el cine han recreado estas aventuras viajeras hasta llegar a provocarnos emociones tan diversas como la incredulidad o la curiosidad. El primer registro de un viaje al pasado fue el emprendido en 1878 por un curioso personaje de novela, el científico Sindulfo García, quien a bordo del *Anacronópete* desafió a la imaginación y se trasladó desde París a una serie de lugares míticos en los que fue testigo de notables acontecimientos históricos, como la destrucción de Pompeya por la erupción del Vesubio un día de otoño del año 79. Se adelantó así en más de diez años al muy publicitado viaje de la máquina del tiempo inventada por Herbert G. Wells. Mucho más sencillo para la física es asumir los viajes al futuro, que son perfectamente factibles con una sola condición: viajar a velocidades próximas a la de la luz. Cuanto más cerca estemos de ella, más lento transcurre nuestro tiempo en comparación con el de reposo, por lo que cuando nos detengamos, apareceremos en el futuro. Tan obvio parece este viaje que incluso se recoge en unas sencillas estrofas con un leve aroma lorquiano citadas por el famoso físico inglés Stephen Hawking: «Una jovencita de un pueblo andaluz / más ligera y veloz que la mismísima luz / a un largo viaje un día partió / y era antes de partir / cuando al inicio regresó». La realidad de estos todavía hipotéticos viajes en el tobogán del tiempo puede incluso acrecentarse mediante la utilización de los agujeros negros y los más recientemente descritos «agujeros de gusano», esos atajos cósmicos imaginados por Kip Thorne (Premio Nobel de Física de 2017) y recreados espectacularmente en la película *Interestelar*, en la que un grupo de astronautas viaja a través de un agujero de gusano buscando un nuevo hogar para la humanidad. Mucho más lejana todavía parece la posibilidad —planteada por Christopher Nolan en *Tenet*— de crear dispositivos para reducir la entropía e invertir el flujo del tiempo. En esta interesante, vibrante y palindrómica película de acción más que de ciencia ficción —que nos asombra sin conmovernos—, el dominio de la entropía permite viajar hacia el pasado o hacia el futuro y con ello adquirir la oportunidad de sojuzgar a la civilización actual. Así, al menos en la imaginación humana, la ecuación de la temporalidad se amplía hasta proponer de manera tan clara como inquietante que el dominio de la física del tiempo puede conducir a una nueva forma de controlar el mundo.

Y mientras unos pocos seres humanos trataban de ayudarnos a entender el tiempo y a definir su dirección y sus propiedades, otros comenzaron a medirlo. El brillante físico Richard Feynman señaló que «lo que realmente importa no es cómo definimos el tiempo, sino cómo lo medimos». Tras el amanecer de la humanidad, nuestros antepasados pronto pudieron apreciar la regularidad de los ciclos de la naturaleza y aprendieron a ajustar a ellos el tiempo de su vida. Sin embargo, la Tierra todavía tuvo que dar muchas vueltas alrededor del Sol hasta que el progreso del conocimiento alcanzado en algunos lugares de nuestro planeta permitió reemplazar el tiempo de la Luna por el tiempo del reloj. Poco a poco, los seres humanos fueron mejorando su capacidad de inventar ingeniosos métodos de medir el flujo de la vida cotidiana y emergieron bellos relojes de sol y de sombra, de agua y de arena, de fuego y de velas, y hasta de olores y de sabores, que liberaron a la humanidad de la dependencia de la naturaleza en su afán de contabilizar el paso del tiempo. A medida que la tecnología fue mejorando, el tiempo del mundo se pudo fragmentar y el ciclo de las estaciones que tan bellamente recreó Antonio Vivaldi se equiparó con el año, que fue sucesivamente dividido en meses, semanas y días, y estos en horas, minutos y segundos. Así, fuimos descendiendo por la escalera temporal hasta llegar a ese minúsculo tiempo de Planck que marca el límite de la contabilidad cuántica que opera en el mundo de lo increíblemente pequeño. En paralelo al progreso tecnológico, los relojes fueron conquistando nuevos espacios; de los palacios pasaron a los campanarios y de allí a las fábricas y a los ayuntamientos, y después a las estaciones de tren y a algunas casas, hasta que, finalmente, se jibarizaron y se instalaron en las muñecas de los seres humanos y en los bolsillos que acogen a sus inteligentes y adictivos teléfonos móviles.

La conquista del tiempo del reloj inauguró una nueva forma de comportamiento social que inmediatamente mostró sus luces y sus sombras. Así, la universalización del reloj introdujo el concepto de puntualidad y proporcionó un sentido de orden a las actividades humanas, pero también trajo una nueva forma de esclavitud que se expandió de manera vertiginosa por la mayor parte del planeta hasta convertir a muchos seres humanos en auténticos vasallos del tiempo. No deja de sorprender la manera como se ha impuesto la dictadura temporal en las sociedades humanas actuales, sin apenas resistencia por su parte. Miramos con nostalgia los evocadores relojes blandos de Salvador Dalí y soñamos con la idea de que el tiempo de la vida se pueda dilatar al mismo ritmo que se expande el tiempo del mundo, para permitirnos abordar las muchas tareas demandadas por la moderna vida cotidiana. Nunca hubo tantos relojes para medir tan poco tiempo. Sin embargo, en unos pocos lugares se mantuvieron algunos focos de resistencia a esta tiranía temporal que, como señala el filósofo Byung-Chul Han, es a menudo autoimpuesta. Así, unos cuantos representantes de nuestra especie decidieron ignorar el tiempo e incluso intentaron asesinarlo.

Sorprende el hecho de que, entre los humanos actuales, los inuits del Ártico no tengan palabras para definir el tiempo, mientras que los pirahã del Amazonas solo conciben el presente. Otros, como el anarquista francés Martial Bourdin, llevaron más lejos su odio al tiempo y quisieron detenerlo de manera simbólica intentando destruir el reloj del Real Observatorio de Greenwich Park, que marcaba el ritmo del mundo. Siguiendo la ingenua estela de Bourdin, grupos de activistas franceses protestan cada final de año contra el discurrir del tiempo y rompen los relojes que miden y marcan su paso. Dejando a un lado la simpatía o antipatía que puedan generar estas acciones que tratan de oponerse a la fuerza del tiempo, hay que recordar que nuestra supervivencia diaria depende del funcionamiento preciso y continuo de unos relojes que ni cuelgan de las paredes ni se ajustan a nuestra muñeca ni se guardan en nuestro bolsillo. La evolución biológica nos ha regalado una amplia colección de relojes de diversos modelos que interpretan señales ambientales o internas y cuentan el tiempo de nuestras células y de nuestros órganos. Finalmente, esta contabilidad se traduce en señales químicas encriptadas en las estructuras de hormonas, como la melatonina, o neurotransmisores, como la dopamina, que determinan el destino y la actividad de todas y cada una de estas células y entidades supracelulares. ¿Cuáles son y cómo funcionan estas máquinas del tiempo y del ritmo de la vida?

El cerebro es nuestra máquina de pensar; piensa la vida y sueña el tiempo. Con sus cien mil millones de neuronas, tantas como estrellas brillan en la Vía Láctea, el cerebro posee el potencial preciso para recordarnos el pasado, pero no con el objetivo de sumergirnos en nostalgias o melancolías, sino para facilitarnos la toma de decisiones que mejoren nuestro futuro. La memoria, ese don biológico o ese castigo bíblico, según se mire, surgió en el curso de la aventura evolutiva de los animales para ayudarles a predecir el futuro de manera que, al anticipar lo que puede suceder en un entorno natural a menudo hostil y cruel, las respuestas estén ya preparadas y se favorezca la supervivencia. Por tanto, el cerebro es el constructor fundamental del concepto del tiempo de la vida, nuestro tiempo, esa sensación subjetiva que, mientras habitamos el presente, nos lleva continuamente al antes y al después. Pero el cerebro no se contenta con ocuparse exclusivamente de esta sofisticada tarea, ya que también funciona como un auténtico cronómetro biológico que mide ese mismo tiempo que piensa y crea. Curiosamente, los primeros relojes biológicos se descubrieron en seres vivos sin cerebro como la *Mimosa pudica*, una tímida planta que abre sus hojas al amanecer y las cierra al final del día. En 1729, el astrónomo Jean-Jacques Dortous de Mairan observó que la planta mantenía este comportamiento rítmico incluso cuando era guardada en la oscuridad de un armario, como si poseyera la capacidad de medir el tiempo y anticipar la llegada del día y de la noche.

Tuvieron que pasar doscientos cincuenta años hasta que se pudo demostrar que los humanos también poseemos nuestros propios detectores o contadores del tiempo de la vida. El principal reloj biológico que marca el ritmo diario de nuestra vida es el reloj circadiano* localizado en el núcleo supraquiasmático* del cerebro, una entidad anatómica próxima al lugar donde se cruzan los nervios ópticos de nuestros ojos. En algunas funciones vitales participa también un segundo reloj cerebral localizado en la glándula pineal, que, según el filósofo francés René Descartes, era la ubicación principal de nuestra alma racional. Además de estos dos relojes cerebrales, en los últimos años se ha descubierto que la gran mayoría de las células de nuestro cuerpo poseen también relojes circadianos propios que, bajo la supervisión general del reloj supraquiasmático, marcan el compás de las funciones fisiológicas de órganos como el corazón, el hígado y el páncreas. Es más, nuestras células contienen también formas adicionales de contar el paso del tiempo mediante el empleo de relojes genéticos y epigenéticos* como los construidos por el sistema telómeros-telomerasa* que cuenta las veces que se divide una célula, o los basados en determinar la acumulación de cambios en la decoración química de nuestro genoma.*

En suma, somos un reloj biológico pensante y caminante. Nuestro cuerpo está ocupado por tantos relojes que resulta extraño que los sonidos de nuestra vida cotidiana no se vean sofocados o interrumpidos por el ruido del tictac acompasado de tantas y tantas máquinas dedicadas día y noche, en cuerpo y alma, a contar nuestro tiempo vital. Del mismo modo, es fascinante que estos miles de millones de relojes biológicos mantengan la coordinación precisa para construir los patrones que nos permiten percibir el paso del tiempo y a la vez sean capaces de ajustar diariamente el tiempo del mundo al tiempo de la vida, garantizando así nuestra supervivencia. Estos milagros cotidianos se logran gracias a la actividad exquisitamente orquestada de unos pocos genes* con nombres evocadores como *per* (periodo), *timeless* (eterno) o *clock* (reloj), que portan la información molecular necesaria para sintetizar una serie de proteínas que actúan como los delicados engranajes mecánicos de un reloj.

Sin embargo, muchos de nosotros tenemos la convicción de que no todo es perfecto, ni en la vida ni en el interior de las células. Efectivamente, no es extraño que se produzcan fallos en los complejos mecanismos biológicos encargados de crear la percepción del paso del tiempo o de medir su avance. Surgen así las enfermedades del tiempo, cuya diversidad es realmente asombrosa. Muchas de ellas derivan de alteraciones funcionales en el cerebro, que, tras sufrir daños físicos, infecciones virales o mutaciones en sus células, se desentiende de su labor constructora y cronometradora de nuestros tiempos biológicos y nos deja sumergidos en la confusión de un mundo personal e íntimo sin pasado y sin futuro.

Un ejemplo extremo de enfermedad de percepción del tiempo es el del músico Clive Wearing, cuya vida cambió para siempre cuando una encefalitis viral le dañó el hipocampo, una región del cerebro esencial para la evocación de recuerdos. Desde entonces, Clive no recuerda nada, todo es nuevo para él, y su límite de viaje hacia atrás en el tiempo es de unos pocos segundos, por lo que cuando llega al final de una frase ya ha olvidado cómo comenzaba. Clive es un ahorista, está perpetuamente instalado en un continuo ahora, cuya extensión es tan breve que no alcanza ni siquiera los cinco minutos que, según el escritor uruguayo Mario Benedetti, son suficientes para soñar toda una vida. No tan extremas en sus manifestaciones clínicas, pero mucho más frecuentes que la enfermedad de Clive Wearing, son las patologías neurodegenerativas que, como la enfermedad de Alzheimer, actúan como ladronas de la memoria y se instalan en el cerebro para robarnos lentamente los recuerdos del tiempo pasado hasta dejarnos sin tiempo futuro.

Y aunque parezca increíble, algunos seres humanos sufren la enfermedad contraria a la pérdida de la memoria y poseen la capacidad de no olvidar nunca nada. Una mirada lejana a la historia nos acerca la figura de Cenn Fáelad mac Aillila, un poeta irlandés que recibió una herida en la cabeza a consecuencia de la cual nunca más olvidó nada hasta su muerte. La documentación sobre este caso es muy escasa y bien podría corresponder a una historia tan fantástica como la que recreó Jorge Luis Borges en «Funes el memorioso», quien al despertar tras un accidente fue incapaz de olvidar nada. Cenn Fáelad e Ireneo Funes, el personaje de Borges, fueron tal vez los precursores imaginarios de los auténticos *savants* de nuestro tiempo, como Kim Peek, poseedores de una memoria tan portentosa que solo olvidan la necesidad de olvidar. Otros pocos humanos, como la actriz Marilu Henner, poseen hipertimesia, un síndrome caracterizado por una memoria autobiográfica ilimitada que les permite recordar cada instante de su vida desde la infancia. También en relación con la memoria, no podemos olvidar esa condición humana llamada nostalgia o añoranza del tiempo pasado, que acaba desembocando en la melancolía. Finalmente, respecto a las enfermedades del tiempo asociadas a la percepción del futuro podemos mencionar la curiosa *afantasía*, que hace imposible recrear imágenes visuales en la mente, comprometiendo así la capacidad de intuir el futuro. Y, sin duda, en esta categoría podríamos incluir todas las patologías del alma, auténticas enfermedades de percepción del futuro, pues los muchos millones de mujeres y hombres que las padecen ven reducida notablemente su capacidad de interesarse por su propio porvenir.

No todas las enfermedades del tiempo están relacionadas con las alteraciones de la memoria, a la que tan bellamente define Borges como «ese quimérico museo de formas inconstantes, ese montón de espejos rotos».[5] En efecto, daños en el núcleo supraquiasmático o mutaciones en los genes que contribuyen a construir el reloj circadiano provocan diversas enfermedades caracterizadas por una descompensación de nuestros ritmos biológicos. Curiosamente, algunas variaciones no patológicas en estos genes (llamadas polimorfismos)* son las responsables de nuestro cronotipo genómico particular, es decir, nuestra tendencia a preferir el día o la noche para el desarrollo más eficiente de nuestra actividad. Las alteraciones del reloj circadiano se manifiestan a menudo como defectos en el sueño, que pueden abarcar desde los cambios en el compás interno inducidos por los trabajos a turnos o por los viajes transatlánticos, hasta las graves enfermedades neurológicas hereditarias, como el insomnio familiar fatal. En el extremo opuesto, encontramos los casos de hipersomnia o exceso de sueño, como el síndrome de Kleine-Levin (también llamado síndrome de la bella durmiente) o la narcolepsia (el adormecimiento repentino e incontrolable), causados por mutaciones en genes que provocan grandes perturbaciones en la coordinación de los distintos cronómetros biológicos. Todos estos pacientes deben luchar cada día contra un reloj estropeado que no está en la mesilla de noche o en su teléfono móvil, sino en el interior de sus células, por lo que las posibilidades de arreglar su compás o de desoír sus inapropiados y destemplados avisos son muy limitadas hasta que no progrese la todavía incipiente cronomedicina.

Finalmente, el tiempo o, mejor, el paso del tiempo es el responsable del grupo de patologías humanas más comunes: las enfermedades asociadas al envejecimiento. El cáncer, las dolencias cardiovasculares, las patologías neurodegenerativas o los síndromes metabólicos, que en conjunto acaban afectando a la mayor parte de la humanidad, son en muchas ocasiones enfermedades del tiempo que surgen como consecuencia de la tendencia universal hacia esa entropía recogida en la música minimalista de Max Richter y que refleja el desorden de todo lo que existe, incluyendo el de nuestra propia anatomía.

Cuenta la mitología que las enfermedades causadas por el paso del tiempo nos acompañan desde que Zeus quiso vengarse de los hombres, a los que Prometeo había concedido el fuego. Para ejecutar su venganza, Zeus envió a la Tierra a Pandora, cuya curiosidad provocó la difusión entre los humanos de todos los males que desde entonces nos trae el envejecimiento con perseverante insistencia y maliciosa paciencia. Hoy, con el impulso de la ciencia y de los recursos de quienes todo lo poseen menos el dominio del tiempo, el estudio del envejecimiento —esa condición que a todos nos alcanza y a todos nos iguala— ha adquirido una nueva perspectiva.

Tradicionalmente, la investigación del envejecimiento había tenido poco reconocimiento académico porque constituía un terreno muy favorable para los que transitan por la penumbra de la ciencia sin cumplir los mínimos requisitos necesarios para practicarla. De hecho, en nuestra época no pasa un solo día sin que alguien nos prometa la inmortalidad o nos trate de convencer de que llegaremos a ser más viejos que las tortugas gigantes, las ballenas boreales, los tiburones somnolientos o el silencio del mundo. Sin embargo, en los últimos años, el extraordinario impulso de la biología celular y molecular ha permitido abordar con profundidad y rigor nuevas cuestiones acerca de la naturaleza de la vida y de las enfermedades humanas que han acabado por extenderse al ámbito del envejecimiento. Por este motivo, muchos científicos, siguiendo la estela del español Juan Ponce de León, que recorrió el mundo buscando el agua de la vida, hemos emprendido una aventura similar y estamos tratando de encontrar en el interior de las células las claves del envejecimiento, de la longevidad y hasta de la inmortalidad.

En efecto, en medio de este ingente flujo de conocimientos acerca de las distintas formas de interpretar el tiempo, de soñar el tiempo, de contar el tiempo, de vivir el tiempo y de sufrir el tiempo, el *Homo sapiens* ha comenzado a preguntarse si es posible invertir la flecha que orienta y dirige el tiempo de la vida y alcanzar la inmortalidad, ese objetivo largamente acariciado por algunos humanos. Hoy sabemos que las ecuaciones fundamentales de la física funcionan de igual manera en ambas direcciones y que, por tanto, el tiempo del mundo puede fluir hacia el pasado o hacia el futuro. Análogamente, los recientes avances en biología, entre ellos la definición de las claves moleculares y celulares del envejecimiento y la propuesta de estrategias para dilatar el tiempo, nos llevan a considerar que se puede llegar a conquistar una sana longevidad. Más aún, los hallazgos derivados del estudio de seres aparentemente inmortales, como algunas medusas, o los descubrimientos de Shinya Yamanaka (Premio Nobel de Medicina de 2012) sobre la reprogramación celular* nos han obligado a reconsiderar seriamente la idea de la irreversibilidad del tiempo de la vida.

El sueño del tiempo surge de la constatación de que, aunque la física y la filosofía nos enseñan que el flujo del tiempo puede ser solo una fantasía creada por la mente humana, el tiempo biológico vive en nosotros y nosotros vivimos en el tiempo del mundo. Además, los avances tecnológicos en la frontera de las ciencias nos han llevado a cuestionar una serie de principios sobre el sentido del tiempo que se tenían como inmutables y estaban grabados en la piedra basal del conocimiento, y que ahora se agrietan y se difuminan hasta desvanecerse. En este libro reconstruiremos la larga historia del tiempo, desde su origen hasta la actualidad, y exploraremos su impacto sobre el envejecimiento y la longevidad. En la primera parte de *El sueño del tiempo* progresaremos en la descripción de los intentos de comprender, ordenar, medir, dominar, ignorar, olvidar y asesinar el tiempo, hasta concluir con la discusión de las enfermedades asociadas con la pérdida de la noción del tiempo. Todo este conocimiento abrirá la puerta a la segunda parte del libro, que comienza con un análisis histórico del concepto de envejecimiento y la definición de las claves moleculares y celulares responsables de este complejo proceso biológico. El conocimiento de estas claves nos ofrecerá la oportunidad de analizar las posibilidades actuales de controlar el aparentemente inexorable paso del tiempo para modular el envejecimiento y extender la longevidad. Finalmente, *El sueño del tiempo* abordará la discusión sobre si la especie humana camina hacia alguna forma de inmortalidad física o si debería abandonar los improbables y presuntuosos sueños de inmortalidad y enfocar sus prioridades en otras cuestiones esenciales, pero todavía no resueltas, en torno al abrazo cotidiano entre el tiempo del mundo y el tiempo de la vida.

PRIMERA PARTE

El tiempo del mundo y el tiempo de la vida

CAPÍTULO 1

El origen del tiempo

Un día cualquiera de un año cualquiera de principios del siglo XIX, en el templo japonés de Shōfukuji, el monje zen Sengai Gibon cogió un pincel con sus delicados dedos de artista, lo sumergió una sola vez en un pequeño tintero negro y comenzó a pintar sobre un papel de color claro. Primero dibujó un círculo; a su izquierda, un triángulo, y un poco más allá, un cuadrado. Con tres sencillos trazos, Sengai Gibon recreó el universo entero y así se llama desde entonces esta obra maestra de la pintura: *El universo*. El artista nipón había reducido lo infinitamente complejo a tres únicas formas geométricas que están en el origen de todo lo que percibimos, regalándonos una imagen tan armónica y provista de tal potencia expresiva que nos hace pensar cómo surgieron el universo y el tiempo donde nada había y cuando nada había.

Hoy, los lentos acordes de *Across the Universe* nos ayudan a imaginar que, mientras el pincel de Sengai se iba deslizando sobre el suave papel e iba construyendo el universo, el tiempo estaba naciendo. Sin embargo, sabemos que el arte necesita de la ciencia para confirmar sus intuiciones. Tuvimos que esperar todavía unos cien años más desde que Sengai pintó su universo hasta que la física, aplicando también métodos reduccionistas, pudo explicarnos que nuestro universo es el probable resultado de una gran explosión cósmica: el Big Bang. Este colosal estallido creativo, que aconteció hace unos trece mil ochocientos millones de años, solo pudo ocurrir por la coincidencia de tres circunstancias extraordinariamente singulares: una infinita densidad, una elevadísima temperatura y una reducidísima entropía que reflejaba el estado de orden u homogeneidad que imperaba en el amanecer del mundo. Es en este momento tan especial en el que podemos situar el origen de la luz, de la materia y también del tiempo.[1]

Si nos preguntamos qué había antes de esta singularidad, solo podemos aventurar algunas hipótesis que hoy la ciencia todavía no ha podido validar o refutar. Por eso, a los científicos nos gusta decir que el Big Bang simboliza una gran frontera virtual que separa lo que sabemos de lo que ignoramos. Sin embargo, la ciencia sí ha encontrado los argumentos suficientes para explicarnos con notable precisión la mayoría de los acontecimientos que ocurrieron tras esa gran explosión cósmica. Así, una vez que el tiempo comenzó su huida hacia delante, el universo empezó a expandirse a gran velocidad siguiendo las pautas descubiertas por el astrónomo belga Georges Lemaître en 1927 y el astrofísico estadounidense Edwin Hubble en 1929. En paralelo, la temperatura empezó a descender. De acuerdo con la narrativa cronológica de Steven Weinberg (Premio Nobel de Física de 1979), al cabo de una centésima de segundo, el infernal calor que reinaba en el universo naciente era ya «solo» de unos cien mil millones de grados centígrados, una cifra que seguía siendo demasiado elevada para que los componentes de la materia primitiva pudieran unirse de manera estable. Afortunadamente, la densidad de esta abrasadora sopa universal en la que únicamente tenían cabida partículas elementales como los electrones, los positrones, los neutrinos o los fotones, también comenzó a reducirse al ritmo que bajaba la temperatura y dejó espacio libre para los acontecimientos posteriores. Después de un segundo, el termómetro cósmico marcaba diez mil millones de grados y, al cabo de tres minutos, apenas mil millones de grados. Esta temperatura ya fue lo suficientemente baja para que otras partículas más pesadas, como los protones y los neutrones, comenzaran a formar núcleos ligeros y sencillos: el del hidrógeno pesado, constituido por un protón y un neutrón, y el del helio, con dos protones y dos neutrones. Al terminar estos tres frenéticos minutos, el universo contenía principalmente luz, neutrinos y antineutrinos, unos pocos electrones y una pequeña cantidad de núcleos de hidrógeno y helio, todo lo cual fue construyendo una materia primordial que siguió enfriándose mientras iba perdiendo densidad.[2]

Todavía tuvieron que transcurrir 380.000 años desde la gran explosión inicial hasta que las condiciones de densidad y temperatura permitieron el proceso de abrazo grupal que se conoce como «recombinación». Entonces, los electrones se unieron a sus correspondientes núcleos para construir primero átomos de hidrógeno y de helio. El gas así generado, con la complicidad de la gravitación, comenzó a formar agrupamientos moleculares que finalmente se condensaron para crear las estrellas y las galaxias del mundo. El Big Bang puso así en marcha el reloj del cosmos, marcando la transición de una singularidad inicial extremadamente simple y ordenada a una situación crecientemente compleja en la que, tras abrirse múltiples senderos borgeanos que se fueron bifurcando en el tiempo, la materia pudo diversificarse de manera extraordinaria.

En este escenario pleno de nuevas posibilidades, nuevas geometrías y nuevas simetrías, hace unos cuatro mil seiscientos millones de años y siguiendo la estrategia de condensación ya ensayada con éxito en otras estrellas, se formaron el Sol que nos ilumina y el planeta que nos acoge. Año a año, milenio a milenio, eón a eón, el sencillo y austero universo de Sengai Gibon se fue transformando en el abigarrado y brillante universo de Joan Miró, el cálido pintor mediterráneo que combinó el círculo, el triángulo y el cuadrado de Sengai, los transformó en soles verdes, planetas amarillos, lunas rojas y estrellas azules, y con ellos construyó complejas cosmografías y hermosas constelaciones que nos ayudan a imaginar mejor el universo actual.

Pese a su indudable belleza y rigor, esta narrativa que nos ofrecen el arte y la ciencia acerca del origen del mundo y del tiempo es incompleta e imperfecta. Apoyados por la física y la pintura hemos tratado de recorrer en apenas tres páginas el largo camino que condujo desde una situación de densidad y temperatura virtualmente infinitas hasta la formación de un planeta que acabó convirtiéndose en el hogar de una especie inteligente: el *Homo sapiens sapiens*. Obviamente, la curiosidad nos impulsa a preguntarnos qué hubo antes del Big Bang, pero las respuestas no acuden con fluidez y nos obligan a depender de la intuición más que de la convicción. Para unos, más atrás del punto de partida propuesto actualmente para el universo, solo hay cabida para el enorme vacío de la nada. Otros, sostenidos por la fuerza de una fe religiosa inquebrantable, asumen la existencia de entidades sobrenaturales, misteriosas o divinas capaces de poner en marcha el reloj cósmico y dejarlo después en manos de nuestra especie. Finalmente, algunos seres humanos, especialmente los que vivieron en un pasado ya lejano, se dejaron llevar por otra fuerza de enorme potencial transformador, la fantasía, y nos legaron propuestas sobre el lejano origen del mundo y del tiempo, que hoy nos invitan a sonreír. Entre las teorías que sobrevivieron lo suficiente para quedar recogidas en el lenguaje escrito, tienen un encanto muy especial las que sitúan el principio del universo y del tiempo en el caparazón de una enorme tortuga o en un violento estallido de risa.

La fantástica historia de que el universo es una torre de tortugas que se extiende hasta el infinito se recoge en el extraordinario libro de Stephen Hawking sobre la historia del tiempo:

> Hace algunas décadas, un célebre científico (algunos dicen que se trataba de Bertrand Russell) dio una conferencia sobre astronomía. Describió cómo la Tierra gira alrededor del Sol y cómo este, a su vez, gira alrededor de un inmenso conjunto de estrellas al que llamamos nuestra galaxia. Al final de la conferencia, una señora

mayor se levantó al fondo de la sala y dijo: «Todo lo que nos ha contado son disparates. En realidad, el mundo es una placa plana que se sostiene sobre el caparazón de una tortuga gigante». El científico sonrió con suficiencia antes de replicar: «¿Y sobre qué se sostiene la tortuga?». «Se cree usted muy agudo, joven, muy agudo —dijo la anciana—. ¡Pero hay tortugas hasta el fondo!».

Respecto al origen del tiempo, al que algunos llaman también oportunidad, en un papiro egipcio del siglo XIII a. C., conservado en la ciudad neerlandesa de Leiden, se cuenta la historia de un alquimista africano que atribuía la creación del cosmos a la risa de un dios:

> Al reír Dios, nacieron los siete dioses que gobiernan el mundo. Cuando la risa estalló por primera vez, apareció la Luz; al reír por segunda vez, brotó el Agua, y al hacerlo por tercera ocasión, apareció la Mente; con la cuarta, surgió Genna, quien sembró todo lo existente. Cuando rio por quinta vez, apareció el Destino; con la sexta risa, apareció el Tiempo; y al oírse la séptima carcajada, apareció el Alma.

Dejando a un lado el incuestionable atractivo que ejerce la idea de que el mundo y el tiempo nacieron de la risa misma —ese maravilloso hallazgo de la evolución biológica—, nuestra formación cultural y científica nos obliga a explorar otras posibilidades. Y, como en tantos otros campos de conocimiento, esta búsqueda retrospectiva converge a orillas del mar Egeo, donde, por circunstancias que no se han logrado explicar con precisión, un pequeño grupo de estudiosos fueron capaces de reflexionar de manera brillante y profunda sobre las cuestiones crónicas de la humanidad, incluyendo el origen y la naturaleza del tiempo.

Los grandes pensadores griegos, además de inventar la democracia y la filosofía, introdujeron tres palabras diferentes para referirse al tiempo: kronos, aión y kairós. El kronos era el tiempo del cosmos, el de la duración, el de la sucesión, el del antes y el después; el aión correspondía al tiempo circular, el de lo que termina y vuelve a empezar, el tiempo repetitivo de la naturaleza, el del paso cíclico de sus estaciones, el del aliento vital. Por último, el kairós definía el tiempo de la oportunidad y de la inspiración, el del momento adecuado, el del acontecimiento especial, el que aparece sin avisar y al instante se desvanece. A cada uno de estos tres conceptos distintos del tiempo les corresponde una divinidad mitológica. La primera de ellas fue Kronos, el todopoderoso dios del tiempo que fluye; un dios voraz y egoísta que acabó siendo víctima del miedo a sí mismo, de su auténtico terror al paso del tiempo. Como retrató con crudeza el genial pintor español Francisco de Goya, Kronos (Saturno en la mitología romana) devoraba a sus propios hijos para que ninguno de ellos pudiera ocupar su lugar. Era un dios mezquino, capaz de dar la vida, pero también de arrebatarla para satisfacer su voracidad y cultivar su eternidad. Sin embargo, ni siquiera en el Olimpo se cumplen todos los planes: Zeus, uno de los hijos de Kronos, logró escapar de su cruel destino, destronó a su padre y engendró a Kairós, el dios de la fugacidad y de la oportunidad. Finalmente, Aión, el dios del tiempo cíclico de la vida y de la naturaleza, se representaba a la vez con aspecto de niño y de anciano tal como imaginaríamos a un dios de un tiempo cualitativo, un tiempo sin tiempo.

La mitología griega imaginaba a estos tres dioses como inmortales y carentes de un final, pero sí les atribuía un principio: nacían en un momento concreto de ese tiempo que se cuenta y se acumula en la cronología del universo. Por el contrario, para los filósofos griegos, el tiempo carecía de principio y de final. Uno de estos pensadores, Aristóteles de Estagira (384-322 a. C.), expresó brillantemente tales ideas en el libro IV de su *Física*, el primer tratado filosófico sobre el tiempo y, especialmente, sobre el kronos, el tiempo del cosmos. Aristóteles lo describe como «la sucesión abstracta, homogénea e infinita de los ahoras, de los presentes, esos instantes siempre iguales y siempre diferentes». Nuestro mundo se halla en perpetuo movimiento y en continuo cambio. El tiempo es solo una manera de cuantificar esa sucesión de instantes iguales —para que podamos percibir la idea de que todo acontece en el mismo ámbito— y, a la vez, distintos —para que podamos sentir la movilidad y el cambio—. Sin movimiento no hay tiempo. El tiempo del mundo es el tiempo del instante, el de la realidad del ahora.

Aristóteles fue un polímata, hizo de todo y mucho de cada cosa: fundó la lógica, la biología y hasta el sentido común, y sus pensamientos tuvieron una extraordinaria influencia durante más de dos mil años, aunque hoy hubiera sido lapidado en las redes sociales porque algunos de sus postulados no fueron correctos. Sus ideas sobre la naturaleza del tiempo resistieron bien el discurrir mismo del tiempo, hasta que un día cualquiera de un mes cualquiera de mediados del siglo xvii, Isaac Newton —un científico inglés que no solo no vivía a orillas del mar, sino que parece ser que nunca vio ninguno— experimentó un momento de kairós, el tiempo del instante oportuno, y cambió para siempre nuestra concepción del universo.

La historia cuenta que Newton, cuando tenía poco más de veinte años y estaba descansando bajo un manzano en un jardín del condado de Lincolnshire, observó la caída de una manzana. Este hecho tan aparentemente banal e intrascendente, tantas veces repetido y tantas veces contemplado en todos los rincones del planeta, actuó como un pequeño Big Bang sobre la efervescente mente de Newton y le indujo a proponer unas leyes nuevas para explicar el mundo. Bajo aquel manzano y a solas con su imaginación, Newton intuyó que las fuerzas y las normas que impulsaban la caída de una simple manzana podían ser las mismas que rigen el movimiento de los planetas. Tras un periodo de extraordinaria creatividad científica, el joven Newton, que siempre tuvo una gran dificultad para encontrar su lugar en el mundo, llegó a definir el lugar de la humanidad entera en ese mismo mundo. Formuló las leyes fundamentales de la dinámica, estableció la relación entre la fuerza y el movimiento, y acabó deduciendo la ley de gravitación universal. Newton, con sus intuiciones, leyes y ecuaciones, fue, según el economista John Maynard Keynes, «el último de los magos», el último ser humano que contempló un mundo antiguo e impredecible. Hoy, podemos imaginarlo completamente sumergido en sus pensamientos y ajeno a todo lo que le rodea, tal como lo pintó con indisimulada ironía William Blake, para quien Isaac Newton representaba un buen ejemplo del ciego materialismo científico. Y sí, puede que Blake tuviera razón y Newton, como un semidiós o un esclavo de la geometría, solo tuviese ojos para su compás y sus ecuaciones mientras elaboraba su gran obra *Philosophiae naturalis principia mathematica* (*Principios matemáticos de la filosofía natural*), con la que nos enseñó nada menos que la ciencia del movimiento del mundo. Con la ayuda de las matemáticas, este gigante del conocimiento abrochó la Tierra al cielo mediante la unificación de la mecánica terrestre y la celeste, y transformó la percepción que se tenía hasta entonces de la estructura del universo y del tiempo.

Newton propuso que el tiempo era una entidad que existía en el mundo real e introdujo en sus ecuaciones una magnitud para definirlo, pero consideró que su esencia era distinta a la de cualquier otra sustancia perceptible con nuestros sentidos. El tiempo de Newton era un tiempo absoluto, independiente del espacio y de cualquier otra influencia externa, un tiempo verdadero, sin dirección, imperturbable y experimentado por igual por la materia viva y la materia inanimada. En el universo newtoniano, el tiempo del mundo y el tiempo de la vida serían así entidades reales que obedecerían a unas leyes físicas y matemáticas capaces de describir, ordenar y predecir lo que sucedía o iba a acontecer en el grandioso paisaje accesible a nuestra sensibilidad. Dejó así atrás dos mil años de aristotelismo e inauguró una nueva época que se mantendría vigente hasta principios del siglo XX, cuando el físico judío-alemán Albert Einstein, otro de los campeones mundiales del talento y de la imaginación, nos llevó más lejos y hacia lo más profundo.

En 1905, mientras trabajaba en la Oficina de Patentes de Berna, la capital del cantón suizo donde desde una torre reina la precisión temporal, un joven Einstein, con apenas veintiséis años, elaboró la teoría especial de la relatividad en la que integró las ideas previas de Aristóteles y Newton acerca de la naturaleza del espacio y del tiempo, y propuso que ambos son aspectos distintos que se combinan en una única entidad llamada espacio-tiempo. Esta idea fue transcrita con bellas palabras por Hermann Minkowski, uno de los profesores de Einstein en la Escuela Politécnica Federal de Zúrich, quien, basándose en el trabajo del que fue su alumno, señaló que «en lo sucesivo, el espacio por sí mismo y el tiempo por sí mismo están condenados a desvanecerse en meras sombras, y solo un tipo de unión de ambos conservará una realidad independiente». Además, Einstein postuló que el tiempo es un concepto relativo, pues transcurre a ritmos distintos dependiendo de la posición del observador y de la velocidad a la que se mueve. Este tiempo fluye de igual manera en cualquier dirección del espacio, lo cual conlleva la imposibilidad de distinguir entre el pasado y el futuro. Finalmente, Einstein propuso que, en contra de la opinión de Newton, la esencia de ese tiempo relativo era exactamente la misma que la de todas las entidades y sustancias que forman parte del mundo visible.

El artículo de la teoría especial de la relatividad junto a otros trabajos sobre diversos problemas de la física publicados en ese mismo año, en 1905, convirtieron al científico alemán en una figura popular, respetada y admirada, aunque hoy todavía resuenan con un eco conmovedor sus melancólicas palabras: «Todos me admiran, pero nadie me entiende». Justo una década después de su *annus mirabilis*, este genio de la especie *Homo sapiens* que nunca llevaba calcetines dio un paso más en su intento de redescubrirnos el mundo y formuló la teoría general de la relatividad y las ecuaciones del campo gravitatorio en las que logró integrar el espacio, el tiempo, la materia y la energía. Sin embargo, en las actividades humanas el éxito y el reconocimiento suelen tener una vigencia muy corta y, apenas unos meses después de proponer estas ecuaciones, el propio Einstein fue consciente de que necesitaba incorporar a su teoría relativista los contenidos de la mecánica cuántica. Para entender cómo funciona el mundo no bastaba con analizar lo infinitamente grande, sino que era imprescindible descender al terreno de lo infinitamente pequeño, que es el objetivo central de los estudios de la mecánica cuántica.

En efecto, la aceptación de los postulados de Einstein acerca del tiempo como entidad física cuya naturaleza es igual a la de cualquier otra materia del universo llevaba implícita la idea de que lo mismo que existen cuantos elementales de espacio, deberían existir cuantos elementales de tiempo que corresponderían a unos intervalos temporales tan minúsculos que ya no podrían subdividirse más. Curiosamente, un santo español del siglo VII, Isidoro de Sevilla, en su obra *Etimologías*, y un siglo después el monje benedictino británico Beda el Venerable en su tratado *De divisionibus temporum* ya habían pensado y escrito acertadamente sobre las posibilidades de fragmentar el tiempo. Cuatro siglos más tarde, el filósofo hispano-árabe Maimónides demostró una clarividencia digna de la ilustrada por René Magritte en uno de los selfis más inspiradores de la historia del arte, cercano en emotividad al autorretrato de Leonardo da Vinci y a las pinturas rupestres de la cueva de las Manos en la Patagonia argentina. Maimónides escribió en su *Guía de los perplejos*: «El tiempo está compuesto de átomos, es decir, de muchas partes que ya no pueden ser ulteriormente subdivididas a causa de su corta duración».

La física tardó casi mil años en corroborar la intuición de este gran pensador andaluz, pero lo hizo de una manera tan asombrosa como precisa al concluir que una diezmillonésima de milmillonésima de milmillonésima de milmillonésima de milmillonésima de segundo sería el tiempo de Planck o cronón, el límite mínimo por debajo del cual el tiempo deja de ser lo que es, pierde su esencia y su consistencia para explicar los fenómenos físicos. Esta magnitud se ha definido como el tiempo que tardaría la luz en atravesar la longitud de Planck, que es a su vez la distancia más pequeña posible entre dos puntos del espacio. Esta distancia no es ni más ni menos que la diezbillonbillonbillonésima parte de un metro. En estas diminutas escalas, el concepto de tiempo se desvanece hasta desaparecer; la noción de tiempo se pierde y a la vez nosotros perdemos la noción del tiempo porque son magnitudes tan minúsculas que nos resultan inconcebibles. De hecho, el cronón todavía no se ha medido experimentalmente en ningún laboratorio, y los resultados obtenidos hasta ahora están aún muy lejos de las predicciones teóricas, por lo que probablemente habrá que esperar mucho tiempo hasta que logremos llegar a ese remoto lugar donde el propio tiempo deja de existir.

La mirada sobre el tiempo bajo el prisma de la mecánica cuántica permitió descender a ese mundo abstracto y minúsculo en el que todo se mide por cuantos: cuantos de luz, cuantos de espacio, cuantos de tiempo, cuantos de vida y cuantos de todo hasta quedarnos en nada. Este nuevo reto a nuestra imaginación no es otro que el de la indeterminación. Tras los estudios del físico y filósofo alemán Werner Heisenberg quedó de manifiesto que no es posible conocer con exactitud el valor de las distintas magnitudes que describen el estado de movimiento de una partícula en cada instante de tiempo. Tuvimos que aprender a navegar en la incertidumbre y aceptar el juego eterno de las probabilidades. No podemos definir una única trayectoria para una partícula, solo podemos admitir que hay una cierta probabilidad de que esa partícula se encuentre en un determinado lugar en un determinado tiempo. En suma, el tiempo no es único, ya que, dependiendo de la trayectoria de una partícula, de su velocidad y de su localización, el ritmo y la duración del tiempo llegan a ser diferentes.

De esta forma, pensamiento tras pensamiento, estudio tras estudio, ecuación tras ecuación, el concepto de tiempo se fue desnudando como los astros del universo de García Lorca: «Las estrellas / se están desnudando. / Camisas de estrellas / caen sobre el campo».[3] Entre estas propiedades del tiempo que parecían incuestionables y que se fueron perdiendo con el progreso del conocimiento estarían su uniformidad, su continuidad, su indiferencia, su orientación, su sentido y hasta su propia realidad. Todo ello ha llevado a los físicos y a los filósofos a considerar la hipotética existencia de un mundo nuevo en el que el concepto de tiempo se habría desvanecido por completo. Abrumados por la posibilidad de que el tiempo que tanto nos ocupa y nos preocupa sea un mero fantasma que nos acecha en el vacío de la nada, pero a la vez orgullosos de que existan seres humanos capaces de pensar tanto y tan profundamente, no nos queda más opción que preguntarnos en qué ha quedado el tiempo tras ser sometido a la sabia y aguda mirada de Aristóteles, Newton, Einstein, Planck y otros curiosos exploradores de la *terra incognita* del universo.

Aristóteles nos propuso que el tiempo es solo contar el cuándo del mundo, una mera forma de medir los cambios que acontecen en lo que nos rodea; Newton nos enseñó a entender las reglas que rigen y determinan estos cambios; con Einstein relativizamos el tiempo, lo fusionamos con el espacio y le dimos categoría de cuarta dimensión; por último, de la mano de la física cuántica nos acercamos a los territorios del mundo de lo infinitamente pequeño y logramos llegar al teórico lugar donde el tiempo comienza a desvanecerse hasta dejar de existir. Sin embargo, por más que la física y la filosofía traten de convencernos de que el tiempo es solo una ilusión mental, cuando cogemos de una estantería unos viejos álbumes de fotografías familiares y los miramos con melancolía mientras suena la canción *Photograph*, de Ed Sheeran, constatamos las huellas inconfundibles que el tiempo deja en todos nosotros y no logramos entender lo que nos cuenta la ciencia con su lenguaje abstracto sobre la inexistencia del tiempo.

La evolución biológica no nos ha regalado un órgano específico para detectar y medir el tiempo, pero reflexionando con la ayuda del cerebro y observando mediante alguno de nuestros sentidos, llegamos a la conclusión de que parece imposible que el tiempo no exista porque percibimos día tras día en el espejo sus evidentes efectos. Tampoco podemos comprender que las ecuaciones de la física puedan funcionar igual hacia el pasado que hacia el futuro, impidiendo establecer diferencias entre el ayer y el mañana, cuando lo que agota a nuestra mente es el incansable ir y venir del antes al después, recordando lo que nos pasó y tratando de aprender de ello para estar preparados ante lo que nos pueda ocurrir. Finalmente, nos parece difícil de creer que esas mismas ecuaciones insinúen la posibilidad de viajar hacia atrás en el tiempo del cosmos cuando apreciamos con absoluta nitidez en la vida cotidiana que el tiempo fluye inexorable e irreversiblemente hacia delante siguiendo la dirección de la «flecha del tiempo».*

Llegados a este punto de incertidumbre macroscópica en lugar de cuántica, debemos detenernos a reflexionar, ya sea debajo de un manzano como Newton o debajo de alguno de aquellos árboles que antaño daban los melocotones de la inmortalidad; sin calcetines como Einstein o con ellos puestos. Hay muchas preguntas que nos asaltan y no tenemos cerca al chófer del propio Einstein para que nos ayude a resolverlas. ¿Por qué el tiempo siempre vuela hacia delante?[4] ¿Por qué nacemos jóvenes y morimos ancianos salvo en *El curioso caso de Benjamin Button*?[5] ¿Por qué recordamos el pasado y no el futuro? Tal vez la respuesta a todas estas cuestiones pueda encontrarse en el estudio de las características de la flecha del tiempo, cuyo detallado análisis se abordará en el siguiente capítulo.

CAPÍTULO 2

La flecha del tiempo

Un día concreto de un año concreto de principios del siglo xx, el 29 de mayo de 1919, iba a producirse un eclipse de sol de cuya observación iban a extraerse conclusiones decisivas para progresar en nuestro crónico e interminable afán de interpretar el mundo y el tiempo. Aquel día, en la pequeña isla de Príncipe, situada en el golfo de Guinea, amaneció lluvioso, lo cual causó una gran preocupación a Arthur Eddington, un brillante astrofísico inglés que había viajado a ese apartado y discreto lugar al frente de una expedición científica. Su objetivo era también muy concreto: determinar si el universo se regía por las leyes de Newton o por las ecuaciones de Einstein.

La elección del lugar para contemplar el eclipse no fue casual. El conjunto insular formado por Santo Tomé, Príncipe y las islas Rolas es de alguna manera el centro del mundo, el ombligo geográfico de nuestro planeta, al ser la zona de tierra firme más próxima al punto donde se cruzan el meridiano de Greenwich y la línea del ecuador. Ello garantizaba unas condiciones muy favorables para la realización de medidas astronómicas. A su vez, la elección de Arthur Eddington para liderar esta aventura científica tampoco fue baladí. Pese a su juventud, pues entonces apenas contaba treinta y siete años, Eddington era ya un reconocido profesor de la Universidad de Cambridge y un gran experto en la cartografía del universo. Curiosamente, su conocimiento del trabajo de Albert Einstein había sido bastante tardío, pues la Primera Guerra Mundial retrasó la difusión de la literatura científica. Cuando en 1915 Einstein publicó su tratado sobre la teoría general de la relatividad, Alemania e Inglaterra estaban en plena confrontación bélica, por lo que su distribución en las islas Británicas fue muy limitada. Sin embargo, una vez que se conocieron las teorías einsteinianas, quedó claro que representaban un inquietante desafío al pensamiento de Isaac Newton, el máximo exponente de la ciencia británica en toda su historia. Este fue el motivo por el que el Gobierno británico encargó a Arthur Eddington que examinara en detalle los trabajos de Einstein para su eventual refutación.

El profesor Eddington tenía profundas creencias religiosas y no quiso implicarse en ninguna actividad relacionada con la guerra, por lo que, en aquel tiempo de tanta zozobra, el encargo de explorar las ideas de Einstein constituía una gran oportunidad para centrar su vida en la ciencia. Tras leer los trabajos de Einstein, Eddington comenzó a intuir que el físico alemán podía tener razón e imaginó un experimento que pudiera aclarar definitivamente esta cuestión. Según la teoría de la relatividad, la luz pesa y ha de ser atraída y desviada por los cuerpos celestes. Por tanto, las estrellas más cercanas al Sol tenían que aparecer ligeramente desplazadas en el cielo respecto a su posición real porque la enorme masa solar curvaría los rayos de luz que emanan de ellas. El pequeño y a la vez gran inconveniente de este experimento era que solo podía realizarse durante un eclipse solar total; tras varios intentos fallidos de llevarlo a cabo se presentó una nueva oportunidad en 1919, apenas unos meses después de la firma del armisticio de la Primera Guerra Mundial. El experimento consistía en fotografiar durante el eclipse las estrellas más cercanas al Sol y comparar las imágenes con las tomadas en el mismo lugar y en la misma posición, pero sin la presencia del Sol. Los científicos contemplaban tres posibilidades: que la luz no mostrara ninguna curvatura, que la curvatura correspondiera a las predicciones de Newton o que siguiera los cálculos de Einstein. Todo estaba perfectamente planificado para responder a una pregunta importante sobre la auténtica naturaleza del espacio y del tiempo, pero había un aspecto trascendental que no se podía controlar. Este elemento tan limitante para investigar el tiempo, el tiempo cósmico, no era otra cosa que el tiempo en su apreciación más trivial, el tiempo meteorológico. Y aquel 29 de mayo de 1919, para desesperación de Eddington y sus colaboradores, el cielo estaba nublado en la isla de Príncipe y el eclipse iba a quedar oculto por las nubes.

Así es la vida y así es la ciencia; ambas están sujetas tan a menudo a lo impredecible y a lo incontrolable que parece fútil hacer demasiadas previsiones. Sin embargo, para sorpresa y alivio de los expedicionarios, unos minutos antes del eclipse total el cielo se abrió transitoriamente y Arthur Eddington pudo tomar unas cuantas fotografías de las que finalmente solo los datos recogidos en dos de ellas fueron fiables y útiles. Siete meses más tarde, los resultados de este experimento junto con los obtenidos en mediciones paralelas llevadas a cabo en Sobral (Brasil) se presentaron en la Royal Society de Londres. Allí se llegó a la firme conclusión de que Einstein tenía razón.[1] Hoy todavía resulta conmovedor pensar que, justo al terminar una guerra entre dos grandes bloques de naciones liderados por Inglaterra y Alemania que causó la muerte a muchos millones de seres humanos, un inglés (Eddington) había demostrado que las ideas científicas de un alemán (Einstein) eran más correctas que las de otro inglés (Newton). Una vez más, la búsqueda del conocimiento había conseguido lo que la política o la sociedad habían sido incapaces de lograr: la superación de las barreras nacionales o ideológicas y el respeto total a la verdad.

Desde ese momento, un nuevo mundo se abrió para la astrofísica y también para Einstein y Eddington, cuyas vidas entrecruzadas se narran en una curiosa e interesante película de la cadena británica BBC dirigida por Philip Martin.[2] Einstein se convirtió entonces en el científico más popular de la historia, recibió el Premio Nobel de Física en 1921 (aunque no por su teoría de la relatividad) y sus ideas fueron recogidas en grandes titulares por los periódicos de todo el mundo. Apenas seis minutos de oscuridad fueron suficientes para transformar a Albert Einstein en una celebridad. Como cabía esperar de la condición humana, hubo terreno para la exageración, y de frases cautelosas y rigurosas como «la luz no va en línea recta» o «el espacio está deformado» se pasó a «revolución en la ciencia» o «derribadas las ideas de Newton». Sin embargo, el tiempo suele acabar poniendo las cosas en su lugar y el eclipse de 1919 no logró eclipsar a Newton, ya que se demostró que sus leyes eran acertadas y útiles en buena medida. Además, los datos tomados durante el eclipse generaron dudas y tuvieron que ser revisados y ampliados posteriormente para poder corroborar las predicciones de Einstein. Por su parte, el tímido y educado Arthur Eddington, el hombre que pesó las estrellas y para quien el tiempo era la ley suprema de la naturaleza, obtuvo un merecido reconocimiento por parte de sus colegas y pasó a las enciclopedias por haber introducido una idea que afrontaba una gran paradoja: la flecha del tiempo.

Esta expresión fue acuñada en 1927 por el profesor Eddington, quien la usó para referirse a la propiedad unidireccional del tiempo dentro del universo relativista de cuatro dimensiones imaginado por Einstein: las tres que corresponden al espacio y una única propia del tiempo. El sentido común y la observación de la vida cotidiana nos enseñan que el tiempo fluye sin interrupción e irreversiblemente desde el pasado hacia el futuro, atravesando un presente que cambia a cada instante. Sin embargo, tras la formulación de las leyes fundamentales de la física resultó evidente que, en lo referido al mundo minúsculo newtoniano, maxwelliano, einsteiniano o cuántico, estas leyes son simétricas con respecto al tiempo, es decir, funcionan perfectamente tanto cuando el tiempo discurre hacia delante como cuando transcurre hacia atrás. Entonces, ¿por qué cuando observamos el mundo en el plano macroscópico, el tiempo escoge siempre la asimetría y navega en una única dirección? Eddington nos ayudó a avanzar respuestas a esta paradoja. En su libro *The Nature of the Physical World*, señaló tres características fundamentales de esta flecha temporal: es reconocida por la conciencia; es exigida por la razón, pues una flecha bidireccional sería incomprensible; y, además, indica la dirección del incremento progresivo del desorden, por lo que la flecha del tiempo es una propiedad que deriva de la entropía. De acuerdo con la segunda ley de la termodinámica —que también es la primera ley de la vida—, la entropía (la medida física del desorden) siempre aumenta dentro de un sistema cerrado, de modo que es la única ley de la física que contempla la asimetría. ¿Cómo puede surgir la asimetría que exhibe la flecha del tiempo a partir de ecuaciones totalmente simétricas?

Esta paradoja temporal ya fue abordada por el inspirador físico austriaco Ludwig Boltzmann a mediados del siglo XIX, mucho antes de que Einstein presentara su teoría de la relatividad o de que Eddington introdujera el concepto de flecha del tiempo. Boltzmann, basándose en trabajos previos de Rudolf Clausius, intuyó que la distinción entre el pasado y el futuro, o, lo que es lo mismo, la direccionalidad del tiempo, no era una propiedad derivada de las leyes que rigen el movimiento y el comportamiento del mundo, sino que surgió inevitablemente de las condiciones que imperaban en el universo primitivo. Tal como discutimos en el capítulo anterior, en el amanecer del tiempo, cuando «el Sol no alumbraba aún el mundo, la Luna no estaba todavía sujeta a sus vicisitudes y la Tierra no se hallaba todavía suspensa en el vacío»,[3] la temperatura y la densidad eran colosales, mientras que la entropía era insignificante. Por ello, ante una situación de cambio permanente, y dado que hay muchos más estados desordenados que ordenados, lo más probable es que el mundo y todo lo que contiene fuera evolucionando hacia el desorden y el aumento de entropía.

Para entender esta idea no es preciso poseer una mente entrenada en ese pensamiento abstracto que practican con gran brillantez los físicos ni trabajar en un laboratorio con equipos tan sofisticados que parecen sacados de una película de ciencia ficción. Solo hace falta bajar al bar de la esquina y pedir un café con leche. Es infinitamente más probable que una vez mezclados estos dos componentes permanezcan así para siempre y no que en el curso del tiempo aparezcan de nuevo en la taza el café y la leche por separado. Boltzmann introdujo así la probabilidad en el ámbito de la entropía y, tal como anticipó en sus trabajos, a medida que el tiempo ha ido discurriendo en el mundo, la entropía no ha cesado de crecer, lo cual determina la unidireccionalidad de la flecha temporal. La entropía es también la propiedad que subyace al hecho de que recordemos el pasado en lugar del futuro, pues su magnitud es mucho menor en el ayer que en el mañana. Por último, tenemos que asumir que el tiempo fluye hacia el futuro no porque no pueda ir hacia el pasado, sino porque es extraordinariamente improbable que lo haga.

Lamentablemente, el trabajo de Ludwig Boltzmann, incluyendo su apasionada defensa de la existencia real de los átomos, no fue suficientemente apreciado por sus contemporáneos. Ello le sumió en una grave depresión que le llevó a quitarse la vida en 1906, unos meses después de que los primeros trabajos de Einstein vieran la luz. En la lápida de la tumba de Boltzmann se grabó su famosa ecuación $S = k \cdot \log_{W}$, que relaciona la entropía de un sistema (S) con el número de posibles disposiciones de sus partículas constituyentes (W) y en la que k es la constante que lleva su nombre.[4]

En suma, la entropía es aquello que regala al tiempo su flecha y la hace volar hacia el futuro. Por eso, precisamente por eso, percibimos el paso del tiempo. Sin embargo, la introducción de la teoría de la relatividad obligó a intentar encajar esta flecha del tiempo en un contexto en el que, como señaló el propio Einstein, «para nosotros, físicos convencidos, la distinción entre el pasado, el presente y el futuro es solo una ilusión, por persistente que esta sea». Curiosamente, no fue Einstein, sino Eddington, quien, después de asumir las ideas previas de Boltzmann, fue capaz de impulsarlas mucho más allá. Arthur Eddington, tras introducir el concepto de flecha del tiempo, postuló que sus propiedades serían las mismas para nosotros que para unos hipotéticos habitantes de algún lugar del universo distinto al nuestro. Por tanto, las características de esta flecha temporal común y universal serían independientes de nuestra biología y de nuestra psicología. Esta propuesta conlleva la posibilidad de distinguir diferentes flechas del tiempo dependiendo de factores tan diversos como los físicos, los biológicos o los emocionales. ¿Cuáles son esas flechas? ¿Son realidad o fantasía? ¿Cómo distinguirlas? ¿Alguna vuela hacia atrás como el pájaro Goofus? ¿Estará entre ellas la flecha de Zenón, esa saeta alada que, según Paul Valéry, vibra, vuela y, no obstante, no vuela?[5]

La primera de las flechas del tiempo, la que intuyó Ludwig Boltzmann y definió como tal Arthur Eddington, sería la flecha termodinámica que señala la dirección en la que la entropía crece y el desorden se multiplica. Además, se ha descrito la flecha cosmológica, que es la dirección temporal que sigue la expansión del universo desde el Big Bang primigenio hasta una supuesta situación límite que daría paso a una gran contracción y que, según los datos actuales, es muy improbable. También se puede distinguir una flecha psicológica que correspondería a la que se asocia a nuestra sensación de que el tiempo fluye en una única dirección; esta flecha, adquirida por nuestra especie tras millones de años de evolución biológica, es la que nos permite constatar o percibir que el ordenado pasado es lo que recordamos y el desordenado futuro, la incertidumbre que nos espera. A esta colección de saetas podríamos añadir todavía alguna flecha temporal adicional, como la flecha cuántica para acomodar el tiempo a los postulados de la mecánica cuántica, o la flecha de la causalidad por la que entendemos que las causas preceden a sus consecuencias. Sin embargo, hay cierto solapamiento entre estas flechas, hasta el punto de que algunos autores, como Stephen Hawking, han sugerido que todas ellas, incluso la psicológica, dependen finalmente de la flecha termodinámica, que se erige así en el determinante central del discurrir del tiempo en el universo macroscópico, en el submundo microscópico y en el espacio subjetivo de nuestra propia vida.

En cualquier caso, la ciencia no ha dicho todavía su última palabra sobre el tiempo y ha comenzado a preguntarse si podrían invertirse las flechas que lo orientan. La imaginación humana y la vida cotidiana nos proporcionan ejemplos muy sencillos e interesantes en los que la flecha psicológica se percibe invertida. El gran Jorge Luis Borges, una vez más construyendo puentes entre la ciencia y la literatura, nos contó en su *Libro de seres imaginarios* la fascinante historia del no menos fascinante pájaro Goofus, que vuela hacia atrás porque no le importa adónde va, sino dónde estuvo. Este estrafalario animal con cabeza de pavo, largo cuello verde, escamas de plata, un ala negra y una pata rosa nos ofrece un caso maravilloso de inversión de la flecha del tiempo, de manera que esta ya no apunta hacia el futuro, sino hacia el pasado. Una mirada a la naturaleza que nos rodea nos muestra otros casos de animales, como las bellas ballenas beluga, que disfrutan moviéndose hacia atrás, pero por el momento no tenemos constancia de que su natación reversa traduzca nuestro deseo de invertir la flecha del tiempo. Tal vez estas ballenas blancas sean simplemente fieles seguidoras de la filosofía de Kierkegaard, quien dejó escrito que la vida se vive hacia delante, pero se comprende hacia atrás.

Hay otros ejemplos menos fantásticos que el del pájaro Goofus, pero mucho más humanos, en los que la geometría del tiempo también se dibuja al revés. De manera instintiva, cuando tratamos de simbolizar el tiempo con nuestros pensamientos o con nuestro lenguaje, consideramos que el pasado es lo que ya sucedió y quedó atrás, mientras que el futuro es lo que está abierto e indeterminado delante de nosotros. De hecho, la expresión «tienes todo el futuro por delante» es tal vez el consejo más empleado para estimular a los jóvenes ante las dificultades e incertidumbres de la vida. Sin embargo, los habitantes de una zona de la cordillera de los Andes que se extiende por el norte de Chile y el oeste de Bolivia hablan una lengua llamada aimara en la que los términos usados para referirse al pasado y al futuro tienen connotaciones adicionales muy sorprendentes. Así, la palabra *nayra* significa pasado, pero también ojos o vista, mientras que *qhipa* significa futuro y, a la vez, detrás o espalda. Por tanto, para estos humanos el pasado está situado hacia delante, hacia donde pueden ver, mientras que el futuro está detrás, queda a su espalda. Esta inversión de la flecha del tiempo no es solo cuestión de palabras, sino también de gestos, porque los hablantes de aimara extienden los brazos hacia delante cuando se refieren al pasado y los dirigen hacia su espalda cuando quieren indicar el futuro.[6]

Además de este curioso ejemplo de inversión de la flecha aparente o relativa del tiempo, Lera Boroditsky, una psicóloga cognitiva especializada en el análisis de las metáforas lingüísticas, ha descrito que los hablantes de mandarín usan con frecuencia palabras que les permiten orientar el tiempo de manera vertical, en lugar de la forma más convencional de expresar el transcurso del tiempo con metáforas de movimiento horizontal. Así, *shàng* significa antes y arriba en mandarín, mientras que *xià* es después o abajo; además, para los hablantes de esta lengua el mes de arriba es el que acaba de terminar y el mes de abajo el que va a venir a continuación. Por otra parte, en las lenguas que se hablan en varias comunidades de diferentes lugares de nuestro planeta, la palabra «ayer» se refiere al día siguiente, y el término «mañana», al día anterior. Por último, para algunos grupos de aborígenes australianos, como los Thaayorre que viven en Pormpuraaw, al norte de Queensland, el tiempo no fluye hacia delante o hacia atrás, ni hacia abajo o hacia arriba, sino de este a oeste.[7]

En resumen, mientras el tiempo pasa y el mundo gira y gira, tanto en las calles como en la gente, tal y como nos narra la apasionada voz de Jimmy Fontana, la ciencia ha sido capaz de conceptualizar los aspectos más abstractos del tiempo y definir con precisión el origen y las propiedades de su flecha termodinámica, una saeta única y universal referida a lo que Isaac Newton llamó tiempo verdadero o matemático. Sin embargo, la consideración del tiempo perceptible por nuestros sentidos (al que Newton llamó tiempo vulgar o relativo) nos ha llevado a la conclusión de que hay formas diferentes de experimentar la flecha temporal y, por tanto, maneras distintas de referirse a ella. Asumiendo entonces que la flecha temporal existe, aunque pueda tener diferentes geometrías dependiendo del tipo de saeta que consideremos, de la forma como pensamos, de la cultura a la que pertenecemos o de la lengua con que nos comunicamos, cabe preguntarnos si sería posible invertirla a voluntad y viajar en el tiempo. En el siguiente capítulo discutiremos las posibles respuestas a esta cuestión, respuestas que tal vez nos lleven a confundir, una vez más, la realidad con la fantasía.

CAPÍTULO 3

Los viajes en el tiempo

En la mañana del 10 de julio de 1878, miles y miles de personas se concentraron en el Champ-de-Mars de la ciudad de París. Allí se celebraba la tercera gran Exposición Universal, donde se mostraban los últimos avances logrados por la especie humana en su afán de conquistar el mundo a través de la cultura, la ciencia y la tecnología. En los pabellones de esa feria de las maravillas se presentaban por primera vez inventos tan extraordinarios como el teléfono o la bombilla eléctrica, y atracciones tan populares —y hoy en día inconcebibles— como un zoológico humano en el que se exhibían cerca de cuatrocientos indígenas. El arte también tenía su espacio y entre las obras expuestas destacaba la inmensa cabeza de la Estatua de la Libertad, que la república francesa ofrecería unos años después a los Estados Unidos.

Sin embargo, lo que movía a aquella ingente cantidad de personas a peregrinar hasta el Champ-de-Mars era algo muy diferente. Habían acudido masivamente a este mítico lugar para escuchar una conferencia programada para las diez en punto. Dos horas antes del acontecimiento, el auditorio del Palacio del Trocadero estaba ya abarrotado, no cabía ni un alfiler; las zonas aledañas estaban desbordadas, y se habían agotado los sombreros, las sombrillas, los abanicos, los paraguas y cualquier otro artilugio, por extravagante que fuera su apariencia, que pudiera ayudar a que aquella marabunta de curiosos se protegiera de un sol que se anunciaba inclemente. De acuerdo con la información publicada en los periódicos y distribuida por las calles y bulevares de París, todo ese inmenso gentío iba a ser testigo directo de que «la ciencia acababa de dar un paso crucial que iba a cambiar radicalmente la humanidad».

A la hora exacta anunciada, con matemática precisión y en medio de una inusitada expectación, subió a la tribuna el doctor Sindulfo García, un investigador español que había acudido a París a mostrar algo nunca visto hasta entonces: una máquina del tiempo. Según relatan las crónicas de la época, una tempestad de aplausos inundó el recinto y a duras penas se pudo restablecer el silencio preciso para que don Sindulfo pudiera hablar. Su conferencia comenzó con estas diez contundentes palabras: «Mi propósito, nadie lo ignora, es retroceder en el tiempo». A continuación, el doctor fue describiendo las investigaciones que le habían conducido primero a descubrir de qué estaba hecho el tiempo y después a inventar una máquina llamada Anacronópete para deshacerlo a voluntad. De acuerdo con el relato del propio inventor, la máquina era parecida a un arca de Noé de hierro fundido y su nombre derivaba de tres palabras griegas: *aná* (detrás), *cronos* (tiempo) y *petes* (el que vuela), con las cuales justificaba su misión de volar hacia atrás en el tiempo. El doctor Sindulfo García continuó su conferencia explicando a una audiencia boquiabierta y entregada a su discurso que gracias al Anacronópete «puede uno desayunarse a las siete en París en pleno siglo XIX; almorzar a las doce en Rusia con Pedro el Grande; comer a las cinco en Madrid con Miguel de Cervantes Saavedra —si tiene con qué aquel día— y, haciendo noche en el camino, desembarcar con Colón al amanecer en las playas de la virgen América». A continuación, el inventor describió sus ideas acerca del origen del tiempo y la forma de deshilvanarlo para volverlo hacia atrás. Don Sindulfo presentó al fascinado público las características técnicas de su máquina del tiempo y los fundamentos del invento que producía el llamado «fluido García de la inalterabilidad», que evitaba el rejuvenecimiento de los pasajeros cuando viajaban atrás en el tiempo. Por último, y tras dar un «¡viva el *atrás*!» como expresión simbólica del nuevo futuro humano, el profesor y crononauta García descendió triunfante y exultante por la colina del Trocadero y se dirigió al Anacronópete, que le esperaba reluciendo bajo el sol en el Champ-de-Mars.

Así comenzó el primer «viaje atrás verificado en el tiempo desde el último tercio del siglo XIX hasta el caos», una zarzuela escrita en 1881 por el dramaturgo y diplomático español Enrique Gaspar y publicada en 1887, cuando Arthur Eddington todavía no había tenido tiempo de pensar sobre el tiempo porque solo tenía cuatro años. El viaje del Anacronópete hacia el lejano ayer llevó a sus tripulantes a contemplar en tiempo real la batalla de Tetuán, la rendición del reino de Granada, las disputas dinásticas de la China imperial del siglo III y la destrucción de Pompeya, hasta llegar a encontrarse con el mismísimo diluvio universal que arrasó la Tierra en la época del gran patriarca Noé. Finalmente, y tras lograr averiguar el verdadero secreto de la inmortalidad, lo cual era en realidad el motivo oculto del viaje emprendido por el sabio García, este cayó presa de un mal tan común en la especie humana como el de los celos. Cegado por esta trampa del amor malentendido, Sindulfo García dirigió su Anacronópete al lejanísimo ayer del ayer a una velocidad tan vertiginosa que en un instante llegó al primer día tras la creación del mundo. Fue allí donde las brutales condiciones ambientales reinantes en el nacimiento del tiempo consumieron, también en un instante, la nave y los sueños de los primeros crononautas.

Menos dramático es el relato de Edward Page Mitchell titulado «El reloj que marchaba hacia atrás», publicado originalmente en la edición del 18 de septiembre de 1881 del periódico *The New York Sun*. Este cuento narra la curiosa historia del viejo reloj de una anciana llamada Gertrudis, el cual fue construido en el siglo XVI. La manipulación divertida y descuidada del reloj por parte de dos niños revierte el flujo natural del tiempo y los convierte en crononautas protagonistas de algunas peripecias históricas que acontecieron en el tiempo en que se fabricó el reloj. Las aventuras del Anacronópete y del reloj de la tía Gertrudis representan las primeras descripciones literarias de viajes en máquinas o dispositivos tecnológicos que fuerzan la flecha del tiempo. Hasta ese momento, todos los periplos temporales emprendidos por los humanos habían sido posibles gracias a los sueños, a los magos o a los dioses, pero no mediante el empleo de una máquina diseñada por su propio ingenio. Enrique Gaspar y Edward Page Mitchell se adelantaron así varios años a Herbert G. Wells, quien, en 1895, publicó su famosa novela titulada *La máquina del tiempo*, que pronto pasó a convertirse en obligada referencia en la literatura y en la ciencia de la crononáutica.

La novela de Wells narra la historia de «uno de esos hombres demasiado inteligentes para ser creídos» que, tras descubrir las claves de la cuarta dimensión, construyó un sencillo vehículo para viajar al futuro. La máquina era poco más que una silla de níquel, ébano, marfil y cuarzo con un gran ventilador en la parte trasera. Sentado en ella y moviendo solamente una simple palanca, el Viajero en el tiempo se trasladó desde la Inglaterra de finales del siglo XIX hasta el año 802701 con el propósito de averiguar cómo había evolucionado la humanidad. En su viaje al futuro, el protagonista encontró un mundo decadente habitado por dos grupos de seres descendientes de los humanos del pasado y enfrentados a muerte entre sí: los hedonistas y etéreos eloi, y los siniestros y subterráneos morlocks. Los eloi eran herederos de los antiguos capitalistas, pero carecían tanto de fuerza como de inteligencia, mientras que los morlocks provenían de la rama proletaria humana que acabó por imponerse a sus tradicionales opresores. Tras abandonar esa primera estación del lejano mañana con la amarga sensación de que había asistido al desmoronamiento de la civilización humana, el Viajero continuó su marcha adelante en el tiempo hasta recorrer millones de años y contemplar cómo el Sol había detenido su camino rutinario por el cielo para dar paso a un eterno crepúsculo.

Por tanto, los primeros viajes en estas máquinas del tiempo, inventadas por los humanos hace más de cien años, nos llevaron ágilmente al remoto pasado y al lejano futuro con la ayuda de la literatura, pero estos periplos no terminaron bien en ninguna de las dos direcciones. Pese a ello, el pesimismo no fraguó y los libros de viajes temporales inauguraron un género de relatos de ciencia ficción que se instaló en la cultura popular y estimuló la imaginación de nuevas generaciones de escritores que iban a narrar las aventuras crononáuticas de personajes como el cazador Eckels, el doctor Who, Marty McFly, Hermione Granger o el mismísimo Homer Simpson.

Eckels, cuyo nombre de pila ignoramos, es el protagonista de un excelente cuento de ciencia ficción sobre los viajes en el tiempo escrito por Ray Bradbury en 1952 y titulado «El ruido de un trueno». La acción transcurre en 2055 y se centra en las actividades de una empresa llamada «Safari en el tiempo» que organiza viajes al pasado para que sus clientes puedan cazar animales extraordinarios, pero ya extinguidos, como el mítico *Tyrannosaurus rex*. El cazador Eckels y dos colegas suyos, junto con los guías Travis y Lesperance, emprenden un viaje atrás de sesenta millones de años en una máquina de la que solo sabemos que emitía un sonido como el de una gran hoguera en la que ardía el tiempo. Antes de partir, los cazadores son severamente advertidos acerca del obligado cumplimiento de tres normas: deben evitar realizar cualquier modificación en el entorno encontrado en el pasado; solo pueden disparar a animales que estén muy próximos a morir de acuerdo con la información disponible en la empresa; y no pueden abandonar nunca un sendero construido con un material antigravitatorio y que se mantiene flotando a unos pocos centímetros del suelo. Estas normas obedecen a la idea premonitoria de Bradbury de que un mínimo cambio en las circunstancias del pasado puede provocar cambios catastróficos en el futuro. Tras llegar al instante seleccionado del pasado y encontrar al dinosaurio escogido, Eckels entra en pánico al contemplar de cerca al gigantesco animal y es obligado por los guías a regresar a la máquina del tiempo. El miedo y la angustia hacen que Eckels se salga del sendero apenas un instante, pero lo suficiente para dejar en sus botas una delatora huella de barro. A la vuelta de los viajeros al presente y en la misma oficina de la empresa de Safaris en el tiempo, el propio Eckels percibe unos cambios que indican que algo grave ha sucedido, y tras mirar la suela de sus botas encuentra entre los restos de barro una mariposa aplastada. De pronto, los exploradores comprenden que esta sutil transformación en el entorno del pasado remoto cambió el futuro muchos millones de años después. Entonces, el guía Travis coge su rifle, apunta a Eckels y el relato termina con el ruido de un trueno. Este evocador cuento de Bradbury precedió al trabajo del meteorólogo Edward Lorenz, que en un artículo publicado en 1963 alertaba de que pequeñas perturbaciones en la atmósfera pueden desencadenar grandes cambios en el clima.[1] Durante años este artículo de Lorenz pasó más bien desapercibido; pero una sencilla frase de su propia cosecha, «el aleteo de una mariposa en Brasil puede producir un tornado en Texas», incluida en el texto de una famosa conferencia suya pronunciada el 29 de diciembre de 1972 en la reunión anual de la American Association for the Advancement of Science, consolidó para siempre el bello y esencial concepto del «efecto mariposa».

Siguiendo la cronología de los relatos sobre las máquinas del tiempo, vemos que a continuación aparece en pantalla la serie de televisión británica *Doctor Who*, estrenada en 1963 y todavía en antena después de unos años sin emisión. La serie describe las peripecias del «Doctor», un explorador del universo que viaja a través del tiempo en una nave espacial llamada TARDIS. Este Señor del Tiempo recorre el pasado y el futuro enfrentándose a todo tipo de enemigos con el objetivo de ayudar a los que lo necesitan y salvar a las civilizaciones en apuros con las que se va encontrando. Por su parte, Marty McFly es el protagonista de *Regreso al futuro*, una comedia de ciencia ficción dirigida por Robert Zemeckis en 1985. La película relata las aventuras de un adolescente que de forma accidental viaja en un automóvil DeLorean treinta años atrás en el tiempo, desde 1985 a 1955, época en la que sus padres ni siquiera se conocían. De manera también accidental, Marty impide la primera cita de sus padres, lo cual compromete su futura llegada a este mundo. Por ello, Marty tuvo que modificar los acontecimientos del pasado relacionados con la difícil relación sentimental de sus futuros progenitores hasta conseguir reunirlos de nuevo, garantizando de esta forma su propia existencia. Otra conocida viajera en el tiempo es Hermione Granger, una de las principales protagonistas de la serie de libros sobre Harry Potter escritos por Joanne K. Rowling. Hermione utiliza en sus viajes un giratiempos, un pequeño objeto parecido a un reloj de arena que le permite viajar al pasado con la intención de ayudar a resolver los problemas de otros y contribuir a la creación de realidades alternativas.

Más insólitas son las peripecias crononáuticas de Homer Simpson, ese entrañable personaje televisivo al que, exactamente al contrario de lo que le sucedía a Albert Einstein, todos entienden, pero pocos admiran. En uno de los episodios de «Los Simpson» emitido originalmente en 1994, Homer convierte de manera accidental una tostadora estropeada en una máquina del tiempo y con ella emprende una serie de viajes al pasado y al futuro. En estas aventuras, Homer se ve implicado en todo tipo de situaciones disparatadas y rocambolescas, incluyendo su decisiva participación en la extinción de los dinosaurios tras una infección vírica causada por un estornudo del propio Homer. Finalmente, después de unas cuantas idas y venidas en el tiempo, Homer Simpson logra encontrar una línea temporal compatible con un presente parecido al que recordaba como normal antes de iniciar su odisea como crononauta, aunque para ello deba obviar el hecho de que los seres humanos tienen entonces lengua de lagarto.[2]

Estas historias de viajeros temporales reflejan la continua fascinación de la humanidad por liberarse de las ataduras del tiempo y trasladarse hacia lo que ya ha sido con la intención de cambiarlo o hacia lo que será para tratar de prevenirlo o por la mera curiosidad de contemplarlo. En cualquier caso, todo parece indicar que sin la ayuda de la imaginación los viajes en el tiempo estarían fuera del alcance de nuestra especie. Además, las máquinas del tiempo creadas por la literatura, la televisión o el cine desde hace más de cien años han pintado generalmente paisajes distópicos y han servido de advertencia sobre los riesgos de manipular la línea del tiempo, si es que ello fuera posible más allá de la fantasía. Sin embargo, la ciencia y la tecnología han comenzado a acostumbrarnos a la idea de que el concepto de imposible está entrando en franca regresión, mientras que lo inverosímil sufre una continua expansión. Hoy, los científicos han comenzado a explorar en profundidad las opciones reales de volar hacia el tiempo perdido o en dirección al que todavía no ha nacido.

A mediados del pasado siglo, el filósofo y matemático Kurt Gödel concluyó que los viajes en el tiempo eran posibles al menos en el plano teórico.[3] Gödel propuso que sus ecuaciones de campo de la relatividad general son compatibles con la existencia de universos particulares en los que el tiempo sería circular, de manera que algunas líneas temporales se doblarían sobre sí mismas formando bucles. Técnicamente, estas líneas cronológicas se denominan «curvas cerradas de tipo temporal» y conceptualmente funcionarían como verdaderas máquinas del tiempo. Por eso, si quedáramos atrapados en uno de estos bucles cronológicos, viviríamos historias cíclicas en las que las consecuencias precederían a las causas y todo se repetiría una y otra vez. Esto es lo que ocurre en la deliciosa película *Atrapado en el tiempo*, en la que el meteorólogo Phil Connors, protagonizado por Bill Murray, entra en un bucle temporal mientras cubre para una cadena de televisión la famosa fiesta del Día de la Marmota que se celebra anualmente en Punxsutawney, Pensilvania.

La fiesta recrea una larga tradición de los granjeros de Estados Unidos y Canadá que tratan de predecir el fin del invierno observando el comportamiento de una marmota (en este caso, un ejemplar llamado *Phil*) cuando termina su periodo de hibernación el 2 de febrero. En la película, Connors repite el mismo día una y otra vez durante más de treinta años, en el curso de los cuales asistimos a su interesante evolución personal, que pasa de un hedonismo egoísta a una depresión crónica que le lleva a intentar suicidarse en numerosas ocasiones, aunque al día siguiente el despertador vuelve a recordarle que de nuevo es 2 de febrero y está vivo una vez más. La concesión de tantas oportunidades de repetir su vida y corregir sus errores hace que Connors recapacite sobre sus prioridades existenciales y llegue a convertirse en una buena persona. Entonces, y siguiendo las normas de estilo del romanticismo hollywoodiense, no van a ser las ecuaciones de la física, sino el amor correspondido, lo que ayudará a Phil Connors a escapar del bucle temporal y despertarse por fin el 3 de febrero.

Pese a que podríamos imaginar que las peripecias de la marmota *Phil* y del meteorólogo Phil constituyen un sólido apoyo a las ecuaciones relativistas de Gödel y a la existencia de los bucles temporales, lo cierto es que otros destacados físicos han cuestionado esta posibilidad. Stephen Hawking estudió ampliamente este tema y elaboró la denominada «conjetura de protección cronológica» que propone que la naturaleza rechaza los bucles del tiempo.[4] Las ideas reunidas en esta conjetura no han sido validadas experimentalmente, pero si se confirmara que es imposible la aparición de las curvas cerradas tipo tiempo, también sería imposible viajar al pasado. Se acabarían así los sueños de quienes desean reescribir su historia previa, ya sea para mejorarla con información privilegiada traída del futuro o para destruirla y evitar ser protagonistas de acontecimientos que todos rechazamos, incluida nuestra propia existencia. En cualquier caso, la teoría general de la relatividad no descarta en absoluto estas curvas temporales cerradas y, de hecho, considera su viabilidad en circunstancias especiales como las relacionadas con los curiosos agujeros de gusano transitables que permitirían construir máquinas del tiempo para viajar al pasado.

Los agujeros de gusano o puentes Einstein-Rosen son túneles hipotéticos presentes en el espacio que surgirían por la acción de masas pesadas como las de un planeta o una estrella tras ejercer una presión descomunal sobre dos puntos alejados en la estructura del espacio. Diversas teorías sugieren que estos agujeros de gusano imaginados por Kip Thorne pueden servir como atajos para facilitar la llegada de los humanos a lugares muy alejados del universo, pero también podrían servir para viajar a través del tiempo. Estas distorsiones espaciales constan de dos agujeros de entrada o bocas, que inicialmente pueden estar muy distantes entre sí, y un tubo conector o garganta que conduce de una boca a otra. Atravesando el agujero de gusano en una dirección —por ejemplo, desde la boca derecha hacia la izquierda—, se podría viajar hacia atrás en el tiempo, mientras que, transitando por el atajo cósmico en dirección opuesta, el viaje nos llevaría hacia el futuro. De acuerdo con las predicciones cuánticas y en contra de lo que muchos podríamos imaginar, los agujeros de gusano tendrían unas dimensiones minúsculas, con un tamaño de apenas 10^{-33} centímetros, y su existencia sería tan fugaz como la de un suspiro de 10^{-43} segundos, por lo que en principio no serían muy prácticos como máquinas del tiempo. La única posibilidad de utilizar estos agujeros cuánticos con ese fin sería atrapar uno de ellos en el mismo instante de su formación, intentar expandirlo de alguna forma y mantenerlo abierto el tiempo preciso para llegar al lugar y el momento escogidos. Todo ello nos presenta un panorama de tantas complejidades, incertidumbres y casualidades que no parece muy osado concluir que los viajes al pasado tienen todavía un largo tiempo por delante.

Por contra, los físicos desde Einstein hasta Hawking han considerado siempre mucho más asumibles los viajes al futuro. Las ecuaciones de la relatividad nos enseñan que la aceleración y la gravedad ralentizan el tiempo. Por ello, la estrategia más adecuada para visitar el futuro consistiría en construir un dispositivo que fuera capaz de aproximarse a un agujero negro cuya colosal gravedad distorsiona el espacio-tiempo, para después acelerar al máximo hasta alcanzar la velocidad de la luz. Los agujeros negros son entidades creadas a partir de una estrella que, tras alcanzar un valor crítico de su masa llamado «límite de Chandrasekhar», no puede soportar más la atracción hacia dentro de su propia gravedad, colapsa y muere. Surgen así auténticos sumideros cósmicos en cuyo interior puede caer cualquier cosa, pero de los que nada puede salir, ni siquiera la luz. El hecho de que los agujeros negros atrasen los relojes indica su potencial para realizar viajes crononáuticos en aparatos que puedan funcionar a velocidades cercanas a la de la luz. El propio Albert Einstein reflexionó ampliamente sobre estos hipotéticos viajes en el tiempo y las curiosas paradojas que podían deducirse de ellos, incluyendo la denominada «paradoja de los gemelos» formulada por él mismo en 1911. Einstein nos propuso imaginar a dos hermanos gemelos, uno de los cuales viajaría por el espacio casi a la velocidad de la luz, mientras que el otro se quedaría en la Tierra. Según su teoría de la relatividad especial, el hermano viajero enviado al espacio volvería a la Tierra más joven que su gemelo porque, mientras él volaba a ritmo vertiginoso hacia el futuro, el viaje de su hermano sedentario habría transcurrido al ritmo terrestre habitual, poco a poco, paso a paso, segundo a segundo.

Recientemente, la ciencia, la naturaleza y el azar nos han proporcionado una maravillosa oportunidad de reflexionar de nuevo sobre estas paradojas. En marzo de 2016, cuando el astronauta americano Scott Kelly volvió a la Tierra tras pasar casi un año viajando a alta velocidad en órbitas alejadas de nuestro planeta, se calculó que era 8,6 milésimas de segundo más joven que su hermano gemelo Mark, que había permanecido anclado al mundo durante todos esos meses. Unos sencillos cálculos adicionales demostraron que mientras el terrestre Mark había contemplado como mucho las 340 salidas y puestas de sol correspondientes a los días que el cosmonauta Scott había pasado fuera de casa, este había disfrutado de un total de 10.944 amaneceres y atardeceres. Tras tantas decepciones acumuladas en la historia crononáutica, por fin tuvimos la prueba de que no todos los viajes en el tiempo acaban mal; Scott Kelly regresó a nuestro planeta más joven y más emocionado que su hermano, al haber tenido la fortuna de multiplicar las impresiones sensoriales derivadas de la contemplación de algo tan bello y evocador como el amanecer o el ocaso del gran sol de Picasso.[5]

Llegamos así al final de este análisis de nuestras posibilidades actuales de viajar en el tiempo, ese viejo sueño humano que persigue encontrar la manera de conectar a voluntad el presente continuo con el pasado acabado y el futuro que nos espera. Muchos han sido los crononautas cuyos nombres han marcado la literatura desde tiempos lejanos: el mago Merlín y algunos personajes de Shakespeare y Dickens ya tenían el fascinante poder de deambular por el ayer o por el mañana con la simple fuerza del deseo. Sin embargo, tuvimos que esperar muchos años hasta que la imaginación del *Homo sapiens* se atreviera a construir las primeras máquinas del tiempo, desde el Anacronópete del doctor Sindulfo García a la nave TARDIS del doctor Who, inaugurando así la tecnología crononáutica fantástica y evitando dejarlo todo en manos de la magia y de las ensoñaciones. Después, el progreso de la física nos ha regalado por primera vez la posibilidad de especular que, a través del conocimiento científico y mediante la ayuda de distorsiones cósmicas como los agujeros negros y los agujeros de gusano, podríamos convertirnos en viajeros del tiempo. Y forzando mucho la imaginación al modo de Christopher Nolan en *Tenet*, tal vez en algún futuro muy lejano podremos usar sus todavía hipotéticas máquinas de desactivar la entropía y viajar en la dirección temporal contraria a la que asumimos como natural.

Mientras se concretan las todavía remotas posibilidades de utilizar estos ascensores y toboganes cósmicos que nos lleven al pasado y al futuro, podemos seguir disfrutando de la más versátil de las máquinas del tiempo que existen en la actualidad y que no es otra que nuestro cerebro. No en vano, para muchos físicos y filósofos el tiempo solo existe en nuestro pensamiento, es una construcción mental que en gran medida es exclusiva de nuestra especie. La evolución biológica no nos ha dotado de un órgano específico que nos permita sentir directamente el tiempo, una entidad que no podemos ver, ni tocar, ni oler, ni saborear ni escuchar. Necesitamos el cerebro para crear la sensación de tiempo, para recordar el antes y anticipar el después. En este aspecto no nos diferenciamos demasiado del resto de los animales. Tras muchos millones de años acumulando mutaciones en sus genomas, la selección natural favoreció el progreso evolutivo de todas aquellas criaturas cuyas alteraciones moleculares se tradujeron en mejores adaptaciones para afrontar la vida cotidiana, incluyendo la capacidad de predecir el futuro. Los animales deben estar preparados para anticipar los cambios que se producen en la naturaleza y poder enfrentarse a ellos como forma de sobrevivir en un entorno a menudo hostil y competitivo.

Sin embargo, el cerebro humano no solo invoca a la memoria para prevenir el futuro, sino que a través de su capacidad de hacernos sentir el paso del tiempo nos embarca en auténticos viajes que nos proyectan directamente al pasado o al porvenir. Con la ayuda de la evolución cultural, el cerebro humano nos transporta a mundos nuevos cada día; viajamos hacia delante o hacia atrás continuamente, y solo con cambiar los tiempos verbales en una conversación o en un pensamiento nos convertimos en Charles Yu, un crononauta experto en reparar máquinas del tiempo y en deambular por el pasado y el futuro jugando con el lenguaje. Basta con abrir un libro y leer un verso o un párrafo que nos conmueven, y de inmediato los convertimos en una diminuta máquina del tiempo de bajo coste, pero de alto impacto. Contemplamos la serie de cuadros de nenúfares de Claude Monet y percibimos la temporalidad, el discurrir de las estaciones, pero a la vez recibimos una tormenta de sensaciones que nos puede trasladar a un paraíso personal de recuerdos lejanos o a una esperanza futura de mayor felicidad. Escuchamos el *Canon en re mayor*, de Johann Pachelbel, y nuestra particular flecha del tiempo pierde su mítica unidireccionalidad y viajamos más de cuatrocientos años atrás tratando de imaginar la catarata de emociones que impulsó al compositor de esta obra a crear tanta belleza. Así, nuestros cien mil millones de neuronas convierten cada día la literatura, la pintura y la música, pero también la ciencia y cualquier otra forma de cultura, en auténticas máquinas de viajar a través del tiempo.

Sin duda, estas máquinas temporales tradicionales son tan subjetivas como el propio tiempo, que fluye como si fuera agua por todos los rincones de nuestra vida cotidiana y penetra en la intimidad de cada uno de nuestros cincuenta billones de células contribuyendo a definir lo que somos y lo que seremos. En medio de tanta subjetividad, la humanidad fue acrecentando su deseo de establecer algún tipo de orden general que pudiera reducir las incertidumbres y las distorsiones causadas por la omnipresencia del invisible tiempo, esa entidad que dicen que no existe. Se creó así la inquietud de medir el tiempo y de unificarlo, y se construyeron relojes de todo tipo que acabaron por liberarnos de la dependencia de la naturaleza para contabilizar el devenir del mundo y de sus habitantes. Dejamos de ser náufragos del tiempo y empezamos a soñar con dominarlo y conquistarlo.

CAPÍTULO 4

La conquista del tiempo

A las 18 horas del día 24 de octubre del año 3963 a. C., comenzó en el Jardín del Edén la creación del mundo. Asombra e inquieta encontrar tanta precisión temporal en esta afirmación del astrónomo y cervecero polaco Johannes Hevelius, un gran experto en medir el movimiento de los cielos y en definir la posición de las estrellas. Desde el tejado de su casa en Danzig (hoy Gdansk), Hevelius observó el firmamento con los instrumentos astronómicos que él mismo había construido y descubrió cuatro cometas, catalogó 1.564 estrellas y cartografió con infinita paciencia la superficie de la Luna. Tristemente, y tal como describió el propio Hevelius en su libro *Annus climactericus*, su observatorio fue destruido intencionadamente en 1679 y, aunque se esforzó en reconstruirlo para contemplar el gran cometa Kirch durante su paso en diciembre de 1680, su salud se quebró para siempre y su vida se apagó pocos años después. Hevelius nunca será recordado por sus ideas sobre la creación del mundo, pero sí por ser uno de los destacados astrónomos que, desde la lejana Antigüedad, contribuyeron a medir el tiempo mediante la perseverante observación del cielo.[1]

Desde épocas muy tempranas en la historia de la humanidad, nuestros antepasados adquirieron una clara conciencia de la existencia de ciclos naturales de origen astronómico —monótonos y repetitivos— que influían decisivamente en su propia vida. Todavía nómadas, los primitivos humanos vagaban por la Tierra buscando alimento y refugio, a la vez que viajaban por el espacio girando alrededor del Sol mientras contemplaban la sucesión de las estaciones, los cambios en las fases de la Luna y la alternancia de los días y las noches. Así, solo con mirar al cielo se pudieron definir las grandes unidades de tiempo, esas que nos han acompañado y condicionado desde el principio de nuestra aventura biológica. Con la ayuda de la evolución cultural y de unas certeras mutaciones en varios genes que facilitaron la adquisición exclusiva en humanos de lenguajes articulados, se inventaron palabras como «año» para medir el tiempo que tarda la Tierra en completar el ciclo de las estaciones. Mucho más tarde, el año se definiría con mayor precisión como el tiempo invertido por nuestro planeta en dar una vuelta entera alrededor del Sol. Análogamente, la palabra «mes» se introdujo para reflejar el tiempo aproximado que tarda la Luna en orbitar alrededor de la Tierra; la semana representaría, también aproximadamente, el tiempo transcurrido durante el tránsito de cada una de las cuatro fases de la Luna a la siguiente. Por último, el «día» mediría la duración de la rotación completa de la Tierra alrededor de su propio eje para trasladarnos desde un amanecer o un atardecer hasta el siguiente.

La división del día en unidades más pequeñas no fue una tarea sencilla, pero pensadores de distintos pueblos, especialmente los egipcios, los sumerios y los babilonios, nos legaron ideas que facilitaron el progreso en la conquista del tiempo al anular la dependencia de la naturaleza y de los astros en el afán humano de medir la duración de los acontecimientos cotidianos. Hacia el año 3500 a. C., los egipcios dividieron el día y la noche en periodos de doce unidades por primera vez en la historia y, de esta forma, crearon las veinticuatro fracciones del día que luego se llamarían horas. El uso de un sistema duodecimal podía reflejar la existencia de los doce ciclos lunares del año o el número de constelaciones del Zodíaco, pero también se ha especulado que podía derivar del número total de articulaciones o falanges de los dedos de la mano exceptuando el pulgar (tres en cada uno de los cuatro dedos restantes), lo cual facilitaría el conteo hasta doce con el propio pulgar. Curiosamente, en este sistema ideado por los egipcios, la duración de las horas diurnas y nocturnas era distinta, ya que variaba con las estaciones del año. En primavera y verano, las horas diurnas eran más largas que las nocturnas, mientras que en los meses de otoño e invierno sucedía lo contrario.

La posterior división de las horas en periodos de sesenta minutos parece estar directamente relacionada con la predilección por el empleo de sistemas sexagesimales en los países del antiguo Oriente Próximo. Hace unos cinco mil años, los matemáticos y astrónomos sumerios y babilonios introdujeron el guarismo 60 como base para sus cálculos porque era divisible por muchos otros números (1, 2, 3, 4, 5, 6, 10, 12, 15, 20 y 30). De esta forma se facilitaba de manera extraordinaria la realización de operaciones matemáticas que implicaban el empleo de fracciones. Además, el hecho de que el año tuviera aproximadamente 360 días impulsó la división del círculo celeste en 360 grados, lo que unido al conocimiento por parte de los matemáticos babilonios de que dicho círculo se podía dividir en seis arcos iguales, convirtió al número 60 en un guarismo especial para la aritmética, la geometría y la astronomía. Muchos años más tarde, alrededor del 200 a. C., el astrónomo griego Eratóstenes de Cirene, un buen amigo del gran Arquímedes de Siracusa, usó el sistema sexagesimal para dividir los círculos en sesenta partes, criterio que fue la base del método empleado para medir la latitud geográfica. Posteriormente, Hiparco de Nicea perfeccionó estos estudios y diseñó un sistema de meridianos que cubría los 360 grados de la circunferencia terrestre y se extendía de Norte a Sur, desde un polo a otro del planeta. Por último, el geocentrista Claudio Ptolomeo subdividió los 360 grados de latitud y longitud en segmentos más pequeños; cada grado fue dividido en sesenta partes y cada una de ellas fue subdividida a su vez en otras sesenta fracciones. La primera de estas segmentaciones se denominó *partes minutae primae* (primera parte pequeña) y con el uso cotidiano quedó abreviada en la palabra «minuto», mientras que la segunda subdivisión, llamada originalmente *partes minutae secundae*, llegó a ser lo que hoy conocemos como segundo.

El sistema sexagesimal no sobrevivió a la competencia con el sistema decimal o el sistema binario en cuanto a los cálculos numéricos, pero miles de años después de su creación por pueblos cultos y curiosos todavía se mantiene vigente para medir parámetros tan importantes como las coordenadas geográficas, los ángulos y el propio tiempo. De esta forma, mientras la Tierra giraba incansable alrededor del Sol siguiendo las leyes de la física y la medida del tiempo se basaba en la observación del aparente tránsito solar a través de los cielos, los seres humanos acabaron por encontrar maneras de fragmentar ese tiempo astronómico en unidades más pequeñas. Los años se contaron por meses y por días, y los días por horas, y estas por minutos y estos por segundos. Sin duda, las últimas divisiones temporales eran muy arbitrarias, pero una vez aceptadas de manera general, cambiaron radicalmente nuestros usos y costumbres e incluso nuestra interpretación de la propia vida. Adquirió entonces pleno sentido la maravillosa definición del sabio Aristóteles «y esto es el tiempo: medir el tiempo».[2] Ineludiblemente, para vivir y para progresar había que medir el tiempo y había que hacerlo de manera fiable, precisa y reproducible. Se inauguró entonces una nueva etapa de la historia de la humanidad que nos llevó desde el descubrimiento del tiempo y de sus fragmentos más breves hasta la medida exacta de todos ellos, tanto los mayúsculos años como los minúsculos segundos. Comenzamos así la gran aventura de la conquista del tiempo físico a través de su medición y para ello ya no eran suficientes los dedos de las manos, por lo que tuvimos que inventar el tiempo de los calendarios y el tiempo de los relojes.[3]

Los primeros calendarios de los que tenemos noticia fueron creados durante el Paleolítico superior por grupos de cazadores-recolectores que utilizaban palos y huesos para contar las estaciones y las fases lunares. La placa ósea de Blanchard, encontrada en la Dordoña francesa, muestra sobre su superficie 69 marcas que corresponderían a las fases de la Luna, día tras día, durante un periodo de poco más de dos meses. Este hallazgo prueba, además, que el interés humano por medir el tiempo se remonta como mínimo hasta hace unos veintisiete mil años. El descubrimiento de piedras, huesos o astas de venados como las encontradas en Isturitz (Pirineos Atlánticos, Francia), datadas entre los años 25000 y 20000 a. C. y portadoras de marcas e incisiones que parecen representar calendarios lunares, avaló la antigüedad de esta temprana preocupación humana por la temporalidad. Estos restos arqueológicos también pueden representar una prueba fehaciente de que el pensamiento matemático comenzó ya en el Paleolítico, una era que se suele asociar equivocadamente a la existencia de seres humanos primitivos y salvajes, pero con escasas preocupaciones intelectuales o sociales.

Estos sencillos sistemas de contar el paso del tiempo fueron los precursores de los calendarios lunares, lunisolares y solares que fueron introducidos sucesivamente por distintas civilizaciones de la Antigüedad. En los primeros, la órbita de la Luna marcaba las transiciones entre los meses, de forma que, una vez transcurridos doce meses, se completaba el correspondiente año. El principal problema de estos calendarios lunares era que un año no duraba un número entero de meses lunares. De hecho, doce meses lunares equivalían a 354 días. Este desfase obligó a insertar en los calendarios meses o días adicionales de un modo generalmente poco riguroso o incluso completamente aleatorio, pero suficiente para las necesidades de estas sociedades paleolíticas nómadas o seminómadas cuya vida se centraba en la caza, en la pesca y en la recolección de frutos y semillas silvestres.

Con el paso de los años y los notables cambios climáticos y culturales que acontecieron en el Neolítico y en las eras posteriores, las sociedades humanas apostaron por el sedentarismo e introdujeron nuevas actividades como la agricultura y la ganadería, en las que la medida apropiada del tiempo pasó a ser un elemento esencial. Las decisiones respecto a los momentos más adecuados para la siembra, la cosecha o el manejo del ganado tenían un componente fundamental de temporalidad. Surgió así la necesidad de ajustar la subdivisión del año en fracciones semejantes, asociándolas a las distintas estaciones para acomodarlas lo mejor posible a los ciclos de la naturaleza y a las fases lunares a fin de facilitar la contabilidad temporal. Las decisiones más relevantes en este sentido, incluyendo la adición de los días o meses precisos para ajustar el calendario lunar, recaían en los vigías de las estrellas, un grupo de sacerdotes que con ayuda de sus conocimientos astronómicos observaban el cielo y determinaban las épocas y los plazos más convenientes para la siembra y la recolección, o para el cuidado y el control de los rebaños. También en este periodo histórico comenzaron a construirse en diferentes partes del mundo monumentos o templos funerarios formados por grandes piedras dispuestas en círculos, como las del famoso conjunto de Stonehenge situado en el condado inglés de Wiltshire. Aparentemente, estas construcciones megalíticas se empleaban también para predecir la llegada de las estaciones y otros acontecimientos cíclicos anuales como los equinoccios o los solsticios. De hecho, los elementos que conforman el círculo pétreo de Stonehenge están perfectamente alineados para marcar la salida y la puesta del sol durante los solsticios de invierno y verano.

El auge de la agricultura en pueblos tan pujantes como los sumerios y los babilonios impulsó el empleo de calendarios lunisolares que intentaban integrar las fases de la Luna con la duración real del año, de manera que los meses lunares acontecieran siempre en el mismo periodo del año para evitar los habituales desfases. El año lunisolar comenzaba inmediatamente después de la cosecha y estaba distribuido en meses de 29 o 30 días. Siguiendo las recomendaciones de los sacerdotes, el rey añadía un mes cada cierto tiempo, habitualmente cada tres o cuatro años. Los meses comenzaban tras cada luna nueva y los días se dividían en seis partes diurnas y seis partes nocturnas, que tenían una duración variable dependiendo de las estaciones. Alrededor del año 500 a. C., el calendario lunisolar comenzó a seguir las pautas propuestas por el astrónomo y matemático Metón de Atenas, las cuales estaban basadas en un ciclo de 19 años compuesto por un total de 235 meses lunares. El ciclo metónico utilizaba unas reglas muy concretas que permitían incorporar de manera específica y reproducible los meses precisos para ajustar el calendario lunar. Así, en los años 3, 6, 8, 11, 14 y 18 se duplicaba el mes llamado adaru, asociado a la constelación de Piscis, mientras que en el año 17 se insertaba un segundo mes de ululu.

Sin embargo, pese a la fascinación que siempre ha provocado la Luna en la mente humana, las imperfecciones derivadas del empleo de sus fases para medir el tiempo hicieron que los habitantes de algunos pueblos apartaran sus ojos de nuestro satélite a la hora de fijar sus calendarios y acabaran sucumbiendo al hechizo del Sol. La historia cuenta que los primeros calendarios solares comenzaron a utilizarse en Egipto en el año 4241 a. C. Los años duraban 365 días y se repartían en doce meses de treinta días a los que al final se añadían cinco días más para tratar de completar con mayor exactitud el ciclo solar. Este primitivo calendario solar tuvo mucho éxito como nilómetro, pues era capaz de anticipar las crecidas periódicas del Nilo, un aspecto de enorme impacto social dada la notable influencia de este mítico río en la vida cotidiana de los habitantes de esta región del planeta. Pese a ello, los horólogos egipcios —sacerdotes con profundos conocimientos de astronomía y matemáticas— pronto se percataron de que su calendario se retrasaba unas seis horas al año, por lo que propusieron añadir un sexto día (bisiesto) cada cuatro años, aunque esta inteligente decisión no llegaría a adoptarse hasta el auge del Imperio romano. Surgió así en torno al año 45 a. C. el calendario juliano, cuyo nombre honraba al emperador Julio César, impulsor de la introducción de diversas modificaciones en el calendario solar egipcio que se han mantenido hasta nuestros días. Entre ellas destacaban su idea de trasladar el comienzo del año desde el mes de marzo al mes de enero y la decisión de incorporar definitivamente los años bisiestos al calendario y a la vida. Más tarde, Constantino el Grande instauró la semana de siete días en el calendario juliano, lo cual representó un curioso avance, pues los antiguos griegos no tenían el concepto de semana y la de los romanos era de ocho días. Además, Constantino asoció los nombres de los días de la semana al Sol, a la Luna y a los planetas más cercanos, y decretó que el domingo fuera la jornada de descanso por ser el día en el que resucitó Jesucristo.

El calendario juliano impuso de inmediato su sensato criterio, se adoptó de manera rápida y creciente, y perduró sin apenas modificaciones durante más de mil quinientos años. Sin embargo, a medida que las sociedades humanas empezaron a preocuparse cada vez más por la precisión y la perfección, al menos en ciertos asuntos, se pudo comprobar que este calendario cometía un error de un día cada 125 años, porque el llamado año tropical no duraba 365,25 días exactos, sino 365,242189. En 1582, el papa Gregorio XIII llevó a cabo algunos ajustes en el calendario juliano, no solo por amor a la precisión, sino por motivos religiosos, ya que la fiesta de Pascua se iba adelantando desde que, en el Concilio de Nicea celebrado en el año 325, se impuso que el domingo de Pascua debía celebrarse el domingo siguiente a la primera luna llena tras el equinoccio de primavera. Para resolver estos desajustes se establecieron nuevas reglas para los años bisiestos y se introdujo un cambio absolutamente radical: se eliminaron diez días de la historia de la humanidad y del jueves 4 de octubre de 1582 se pasó al viernes 15 de octubre de ese mismo año.

Este auténtico salto en el tiempo generó grandes protestas entre la población porque muchos sentían que se les estaban robando diez días de vida por decreto papal. Pese a ello, la reforma siguió adelante y el calendario gregoriano se introdujo de inmediato en todos los países católicos. En cambio, en aquellos con mayoría de ciudadanos practicantes de otras religiones, se fue adoptando paulatinamente en años posteriores o incluso varios siglos después, como fue el caso de Japón, China, Grecia, Turquía y Rusia. Concluyó así una gran aventura conceptual en la historia de la humanidad: la creación de un calendario intuitivo y racional para medir el flujo de los años, las semanas y los días. La aceptación de este calendario por la práctica totalidad de los habitantes del planeta representó el fin de la dependencia humana de los ciclos astronómicos para contar las grandes unidades del tiempo de la vida. Sin embargo, todavía faltaba dar un paso más en la determinación de los números y los ritmos del tiempo.

La inteligencia de unos pocos pioneros había fragmentado los días en horas, en minutos y en segundos, pero era necesario inventar y construir dispositivos que permitieran medir con sencillez y precisión estas fracciones del tiempo minúsculo. Comenzó así el tiempo del reloj que ha acabado por transformar nuestro lugar en el mundo y nuestra propia visión de la vida. La creatividad humana se volcó en el diseño de maravillosos artilugios que fueron adornando nuestras ciudades, nuestros pueblos, nuestras estaciones, nuestras iglesias, nuestras casas y hasta nuestros cuerpos, a la vez que nos informaban del incansable discurrir del tiempo. Poco a poco, paso a paso, fueron compareciendo ante los ojos humanos todo tipo de relojes: de sol y de sombra, de agua y de arena, de fuego y de incienso, de olores y de sabores, chinos y japoneses, mecánicos y atómicos, hasta completar una larguísima y fascinante colección de creaciones bellas, armónicas y útiles. Todos estos relojes contribuyeron sucesiva y decisivamente a que la humanidad se independizara definitivamente de la naturaleza en su afán de contabilizar el discurrir del tiempo.

Las sombras generadas por la luz del Sol sirvieron para idear las primeras y sencillas formas de deshilvanar los días. Los relojes de sol, que tal vez deberían llamarse relojes de sombra, fueron los instrumentos creados originalmente con este propósito. Todavía se conservan algunos muy antiguos, como varios de los construidos en Egipto en torno al año 1500 a. C., durante el mandato del faraón Tutmosis III. Estos primitivos relojes constaban de una pequeña barra horizontal, en uno de cuyos extremos se incorporaba una estructura en forma de T que proyectaba la sombra solar sobre las marcas talladas en la barra. Otro de los relojes de sol de esa misma época constaba de dos piezas de piedra situadas perpendicularmente en forma de L; una tenía marcadas las horas y la otra servía de *gnomon*, el nombre que se introdujo para definir un objeto alargado de madera o metal y cuya sombra se proyecta sobre una escala graduada para medir el paso del tiempo. Estos relojes solían llevar inscrito el nombre del faraón al que pertenecían o los de las distintas horas que medían, con descripciones tan sugerentes como «la que amanece», «la que introduce», «la que protege a su señor», «la secreta», «la de la llama» y «la estante». Las pequeñas dimensiones de tales dispositivos debieron de otorgarles una notable versatilidad de empleo, por lo que pueden considerarse como los primeros relojes portátiles de la historia, aunque todavía no era posible llevarlos abrochados a la muñeca. En el otro extremo dimensional, el de las grandes tallas, algunos estudiosos de la Antigüedad han propuesto que las sombras móviles de los imponentes obeliscos egipcios podrían haber funcionado como relojes de sol, aunque si esto fue así, su nivel de precisión tuvo que ser mínimo.

A medida que se fueron sucediendo las distintas dinastías faraónicas, los egipcios progresaron en la gnomónica —estudio de la medida del tiempo con relojes solares— y continuaron desarrollando nuevas variantes de estos instrumentos. En unas excavaciones realizadas en el Valle de los Reyes, se encontró hace poco una piedra caliza cuya superficie está marcada con un semicírculo dividido en doce segmentos que corresponderían a las horas del día. En la línea basal del semicírculo aparece una hendidura donde se insertaría el gnomon que proyectaba su sombra sobre las marcas de la piedra para señalar el paso del tiempo. Este hallazgo constituyó una prueba más de que los egipcios estuvieron siempre muy interesados en medir el tiempo diurno, el más importante del día, puesto que en aquel momento de la historia de la humanidad el trabajo solo se desempeñaba bajo la luz diurna y estos relojes de sol se utilizaban fundamentalmente para contabilizar las horas de trabajo. Sin embargo, los avances en la gnomónica egipcia y en la de los pueblos que siguieron construyendo relojes solares durante siglos fueron insuficientes para superar un obstáculo insoslayable: que tales instrumentos no podían funcionar nunca en las horas oscuras. Estos ingeniosos instrumentos que contaban el tiempo recogiendo y midiendo las sombras no funcionaban cuando el cielo estaba nublado ni cuando caía la noche, el sol se hundía por el horizonte y comenzaba (según los egipcios) su viaje nocturno por el inframundo hasta volver a reaparecer por el Este al amanecer del día siguiente.

Surgieron así a la luz (o a la sombra) de la horología* los relojes de agua o clepsidras, cuyo nombre deriva de los vocablos griegos *kléptein* (robar) e *hydor* (agua). Un reloj de agua es cualquier instrumento destinado a contar el paso del tiempo mediante el empleo del flujo controlado de un líquido desde o hacia un recipiente graduado. Las primeras referencias a estos ladrones de agua se encuentran en un jeroglífico en que el egipcio Amenemhat describe una clepsidra construida en el siglo XV a. C. en honor del faraón Amenhotep I. En todo caso, los restos más antiguos de estos relojes datan del siglo XIV a. C., y corresponden a un instrumento hallado en el templo de Amón en Karnak. Esta clepsidra, como todas las de esa época, constaba de un recipiente de calcita con forma de cono truncado invertido y marcas circulares en su pared interior, que se llenaba de agua. Ligeramente por encima de la base de la vasija, un orificio del tamaño adecuado aseguraba la evacuación del líquido a una velocidad predeterminada, de manera que cuando el nivel del agua descendía de una marca a otra, había transcurrido una hora. Se inventaron después las clepsidras de flujo interior, en las que el tiempo se medía de acuerdo con el ritmo de llenado de la vasija, donde el agua caía por goteo controlado y constante desde una fuente externa.

Gota a gota y año tras año, los griegos, los romanos, los árabes, los chinos y otros pueblos ilustrados y curiosos perfeccionaron el mecanismo de los relojes hidráulicos y construyeron instrumentos más complejos y precisos. Además, idearon nuevas aplicaciones de tales mecanismos, introduciéndolos en los tribunales de justicia, en el ágora ateniense o en el Senado romano para controlar de manera rigurosa y exquisita los turnos de palabra de los oradores. Sin duda, abundaba la palabrería tanto como ahora y esta estrategia para limitarla seguía el célebre aforismo de Baltasar Gracián que dice: «Lo bueno, si breve, dos veces bueno; y aun lo malo, si poco, no tan malo».[4] Y hasta podríamos jugar un poco más con las palabras y añadir que lo breve, si bueno, dos veces breve y dos veces bueno.

Entre las clepsidras griegas destaca sobremanera la que construyó, en el siglo III a. C., Ctesibio de Alejandría, inventor, peluquero y matemático. La clepsidra de Ctesibio tenía un flujo de agua constante que caía en el depósito principal, dentro del cual flotaba una figura que marcaba las horas con una lanza sobre un cilindro. A medida que el depósito se llenaba de agua, la figura iba ascendiendo y señalando una hora tras otra en el cilindro. Además, por medio de un ingenioso sistema hidráulico de vasos comunicantes y de engranajes, el reloj de Ctesibio podía regularse por sí solo, sin que nadie tuviera que estar pendiente de su funcionamiento. Otra clepsidra griega muy especial formaba parte de un maravilloso conjunto llamado la Torre de los Vientos, construido en el siglo I a.C. en el ágora de Atenas por el astrónomo sirio Andrónico de Cirro. Este bello e ingenioso monumento octogonal de mármol estaba orientado según los puntos cardinales y funcionaba simultáneamente como clepsidra, brújula, veleta y reloj de sol. Los relojes de agua se siguieron utilizando durante siglos a lo largo de todo el planeta y entre ellos destacó por su belleza y precisión la clepsidra de Gaza, que data del siglo VI y fue descrita por el historiador Procopio de Cesarea como un artilugio con una cabeza de Gorgona cuyos ojos brillaban al final de cada hora y dos filas de doce puertas: la superior para las horas nocturnas y la inferior para las diurnas. A ella tenemos que añadir la clepsidra de Dar al-Magana, construida por el sultán Abu Inan Faris en el siglo VIII y ubicada en la medina de Fez (Marruecos); la clepsidra del astrónomo andalusí Azarquiel (siglo XI, Toledo, España); el reloj hidráulico del ingeniero chino Su Song (siglo XI, Kaifeng, China); y la teatral clepsidra de las gacelas, diseñada en el siglo XI por Ibn Jalaf al-Muradí —el Leonardo da Vinci islámico— y descrita con gran detalle en su cautivador tratado titulado *Libro de los secretos sobre los resultados de los pensamientos*.

Los relojes de sol y de agua se complementaron con relojes de arena y de fuego. Los primeros están profundamente grabados en el imaginario popular. Sus dos recipientes de vidrio, interconectados de manera que fluya un material apropiado como la fina arena o el polvo de mármol desde el receptáculo superior al inferior hasta vaciarse por completo, son la imagen más icónica del paso del tiempo. La invención de los relojes de arena se remonta como mínimo al siglo VIII, cuando un monje de nombre Liutprando los introdujo en Francia, aunque hubo que esperar al año 1338 para tener una prueba inequívoca de su existencia. Ese año, Ambrogio Lorenzetti pintó en el Ayuntamiento de Siena un fresco llamado *Alegoría del buen gobierno* en el que la dama de la Templanza porta en su mano derecha un elegante reloj de arena. A partir de entonces, aparecieron numerosas referencias a estos relojes en las listas de pertrechos y los cuadernos de bitácora de los barcos que navegaban por los mares y océanos del mundo. La explicación más obvia de esta curiosa proliferación es que los relojes de arena eran mucho más precisos y fiables que otros instrumentos de medición en las difíciles condiciones impuestas por el continuo vaivén de las olas. Los grandes circunnavegadores del planeta como Fernando de Magallanes, Juan Sebastián Elcano o el propio Cristóbal Colón en sus viajes de descubrimiento de tierras ignotas llevaban en sus naves relojes de arena de diferentes tamaños para medir el tiempo en alta mar.

Los relojes de fuego o llama surgieron de la idea de iluminar el tiempo asociando su medida a la velocidad de combustión de una vela graduada o de otras sustancias como el aceite o el incienso. El poeta chino You Jiangu se refiere ya a estos relojes en un poema escrito en el año 520 en el que relata su utilidad para medir las horas oscuras del día. El rey anglosajón Alfredo el Grande (849-899) fue un gran aficionado a las velas de tiempo e impulsó su introducción en los monasterios y conventos europeos para determinar con mayor precisión las horas de los oficios litúrgicos. Los árabes extendieron el empleo de los relojes de vela y construyeron instrumentos espectaculares basados en mecanismos de pesos y contrapesos que controlaban a un conjunto de autómatas cuyos movimientos estaban asociados al discurrir del tiempo.

En Oriente, el empleo de los relojes de fuego adquirió una emocionante dimensión adicional cuando se reemplazaron las velas de cera por bastones o espirales de incienso. La combustión del incienso producía una agradable fragancia mientras se medía el tiempo conforme a la longitud del bastoncillo quemado. En Japón, las antiguas *geishas* usaban bastones de incienso que ardían durante media hora para calcular los honorarios que les correspondían por entretener a sus invitados. El número total de bastoncillos quemados era el parámetro que determinaba finalmente su tiempo de estancia en la fiesta y el precio de sus servicios.

Las espirales o sellos de incienso se preparaban pulverizando con delicadeza esta mezcla de sustancias resinosas y depositándola sobre una capa de ceniza en la que se iba trazando con ella un sendero en forma de espiral, laberinto o sello caligráfico chino. La longitud total del sendero de incienso determinaba el tiempo de combustión y, por tanto, el tiempo que había transcurrido desde que se encendió la espiral por uno de sus extremos. En China, los bastoncillos utilizados tenían diferentes aromas, así que su combustión secuencial durante un tiempo predeterminado iba liberando diversas fragancias. Por primera vez en la historia, para saber qué hora era, no había más que percibir los aromas que transportaba el aire mientras el tiempo ardía, como si fuera la nieve «en el alto el Pirineo». El festival de impresiones sensoriales relacionadas con la medida del tiempo se expandió todavía más cuando a los relojes de incienso, de sándalo o de madera de agáloco se les acoplaron mecanismos capaces de producir sonidos. Así, a medida que la resina aromática se consumía, quemaba unos finos cordeles de los que pendían esferas metálicas de distintos tamaños que, al caer sobre un recipiente de latón, hacían sonar el tiempo.

Y mientras las sombras se alargaban, el agua goteaba, la arena caía y el incienso ardía y olía, el tiempo sonaba, fluía y huía, y lo hacía sin pausa y con inagotable paciencia; pero los relojes de sol, agua, arena y fuego por fin lo capturaban y lo medían. La humanidad con su incomparable ingenio había logrado tomarle la medida al tiempo pequeño durante su viaje hacia la eternidad. Este mismo ingenio humano, tras demostrarnos que podemos ver, oler y oír el tiempo, exploró la posibilidad de ampliar el espectro de relojes de los sentidos. A finales del siglo XVII, el académico francés Jean-Jacques Renouard de Villayer, tan brillante y estudioso como temeroso de las horas oscuras, inventó un instrumento que incorporaba los sentidos del tacto y el gusto al mundo de la relojería. En este reloj de tacto y sabor, el espacio entre los números que marcaban las horas se impregnaba con especias de distintos sabores. En la noche, las horas no podían verse, pero se podía tocar la zona en la que estaban las manecillas del reloj de Renouard de Villayer, para después saborear la especia allí ubicada y averiguar por dónde avanzaba el tiempo nocturno.

Unos años más tarde, Carlos Linneo, el gran naturalista y nombrador de las especies, contribuyó brillantemente a expandir la idea de que podemos implicar ampliamente a nuestros sentidos en la medida del paso del tiempo. Pocos relojes pueden albergar más belleza natural que el reloj floral de Linneo, diseñado en 1751 y basado en un dial circular en el que diversas flores se iban abriendo y cerrando mientras pasaban las horas merced a un fenómeno que el propio Linneo bautizó como el «sueño de las plantas». Así, a las tres de la mañana se abría el salsifí de prado; a las cuatro, el falso diente de león; entre las cuatro y las cinco, la achicoria común; a las seis, la oreja de gato moteado; a las siete, la cerraja; y, ya por la tarde, a las tres se cerraba la caléndula; a las cuatro, el tusílago; entre las cuatro y las cinco, el dondiego de noche y el nenúfar; a las seis, la amapola; y así hasta completar un curioso e inspirador emparejamiento entre horas y flores. Lógicamente, la precisión del reloj floral de Linneo era escasa y su composición dependía de la variedad del jardín en el que estaba ubicado; pero algunas veces, o quizás siempre, la contemplación de la belleza y la armonía justifica plenamente cualquier desajuste en la medida del tiempo.

Ver el tiempo en un jardín de flores, y poder tocarlo, olerlo, oírlo y hasta saborearlo, puede interpretarse como un desafío del imperio de los sentidos al imperio de la razón, pues esta nos dice que el tiempo no existe, que solo es una construcción mental. La creación de relojes de todo tipo ayudó a poner una nota de materialidad en ese universo sensorial que todavía dominaba la percepción y medida del tiempo. En este afán por materializar el tiempo, los relojes mecánicos supusieron un paso importante. Los primeros instrumentos de este tipo se construyeron en el siglo XIV, funcionaban con un sistema de pesos y contrapesos, y utilizaban campanas en lugar de agujas para dar las horas. Curiosamente, la palabra inglesa *clock* (reloj) procede de *clocca*, que significa campana en latín. El reloj mecánico más antiguo de todos los que se conservan fue construido en 1386 y todavía funciona en la catedral de Salisbury, a escasa distancia del monumento megalítico de Stonehenge. Sin embargo, hasta mediados del siglo XVII, la mayoría de estos relojes solo llegaban a contar las horas o, como mucho, los minutos, lo cual no supuso un inconveniente grave porque la humanidad no había necesitado ir más lejos en su afán de deshilvanar el tiempo. La vida era lenta y los segundos, rápidos;

por esa razón, estos últimos no habían tenido todavía ninguna relevancia en las actividades cotidianas de los hombres y mujeres que hasta entonces habían habitado nuestro planeta. Esta situación cambió radicalmente cuando un joven científico holandés se propuso contar el tiempo minúsculo con una precisión nunca alcanzada.

Transcurría el año 1656 cuando Christiaan Huygens, que a la sazón contaba solo veintisiete años de edad y ya había descubierto la luna Titán de Saturno, inventó el reloj de péndulo, uno de los acontecimientos más singulares en la historia del *Homo sapiens*. Huygens trasladó a la práctica las observaciones de Galileo Galilei, quien, siendo todavía un niño, descifró las claves generales del funcionamiento de los péndulos mientras miraba distraídamente el balanceo de una lámpara colgante en la catedral de Pisa. Contándose las pulsaciones en la muñeca, Galileo pudo comprobar que la lámpara tardaba el mismo tiempo en oscilar de un lado a otro, pese a que el arco de oscilación del péndulo iba disminuyendo gradualmente hasta que se detenía. Galileo y su hijo Vincenzo progresaron notablemente en el estudio de los péndulos y de su isocronismo, pero nunca llegaron a construir un reloj. Sin embargo, Huygens se dio cuenta de que el armónico vaivén del péndulo podía aplicarse a la medida del tiempo si se utilizaba un mecanismo que mantuviera la oscilación. La solución a esta cuestión se la proporcionó la misma fuerza de la gravedad, aunque fue más una intuición que un impulso del conocimiento, pues cuando Huygens inventó el reloj de péndulo, Newton solo tenía trece años y todavía no había contemplado la caída de la manzana que iba a alumbrar su imaginación sobre las leyes de la gravitación. Huygens sujetó una pequeña pesa a una cuerda enrollada alrededor de un cilindro y entonces pudo constatar que, a medida que la pesa iba descendiendo por efecto de la gravedad, el movimiento se transmitía a las manecillas horarias por medio de un sistema de ruedas dentadas. A su debido tiempo, la pesa era colocada de nuevo en su posición original accionando una llave que devolvía toda la cuerda al carrete y mantenía el reloj en funcionamiento. Huygens había conseguido dominar la fuerza del tiempo y convertirla en un latido más regular que el de nuestro propio corazón.

Todavía tuvieron que pasar unos años hasta que estos avances se pudieron concretar en instrumentos adecuados para medir de manera fiable las unidades del tiempo minúsculo. En 1665 Huygens y, de manera independiente, Robert Hooke idearon el muelle del volante —resorte en espiral para almacenar la energía producida— que permitió crear los primeros relojes de bolsillo. Cinco años después, el relojero británico William Clement incorporó un péndulo de segundos al reloj de Huygens. Fue entonces cuando el imperio de los sentidos fue reemplazado definitivamente por el imperio de los segundos, que con su continuo tictac dieron voz al tiempo y acabaron por convertirse en los auténticos emperadores de nuestra vida.

La precisión conseguida por estos instrumentos supuso el inicio de una nueva era para los relojes mecánicos que se extendió por espacio de trescientos años. Sucesivamente, se fueron incorporando mejoras en su estética y en su funcionamiento, y en el siglo XX pasaron a formar parte integral de la iconografía social de nuestra especie. Los relojes mecánicos consiguieron precisiones impensables en épocas anteriores, pero sus piezas —como las de nuestro propio cuerpo— estaban sometidas a un continuo desgaste, con la consecuente pérdida de eficiencia y fiabilidad del mecanismo de medida, a menos que los materiales originales y el mantenimiento periódico del reloj fueran óptimos.

La conquista de las fracciones pequeñas del tiempo dio otro paso decisivo con la introducción de los relojes electrónicos de cuarzo. El primer reloj de cuarzo fue creado en torno a 1920 por Warren Morrison y J. W. Horton en los laboratorios Bell Telephone de Estados Unidos, pero no fue hasta cinco décadas más tarde cuando diversas empresas japonesas comenzaron a producir masivamente estos relojes a precios tan asequibles que acabaron por democratizar el mercado de la medida del tiempo. Los relojes dejaron de ser objetos artesanales para convertirse en artículos producidos en serie, pero con una precisión excelente, lo cual facilitó su incorporación definitiva a la vida cotidiana de la inmensa mayoría de las sociedades humanas. Los relojes de cuarzo poseen una lámina de este mineral —el segundo más abundante en la corteza terrestre—, que vibra al ser atravesada por la corriente eléctrica producida por una pila. El corazón de cuarzo de los relojes actuales late 32.768 veces por segundo y esta vibración produce una señal eléctrica de la misma frecuencia, que puede subdividirse consecutivamente hasta llegar a generar los impulsos regulares necesarios para medir el paso del tiempo. La señal es recogida por la maquinaria del reloj y transformada finalmente en el movimiento de las manecillas o en el contaje numérico de una pantalla digital. Con la vibración silenciosa de los cristales de cuarzo, el tiempo perdió su voz, pero a cambio las expresiones «dar cuerda» y «poner en hora» desaparecieron para siempre del lenguaje cotidiano.

Y cuando ya parecía que estaba todo inventado en el arte y la ciencia de medir el tiempo, aparecieron en escena los relojes atómicos. Su fascinante incorporación al mundo de la horología fue producto del no menos fascinante descubrimiento de que el átomo de cesio vibra miles de millones de veces por segundo. El cesio recibe su nombre del latín *caesius* (azul cielo), ya que se trata de un metal que presenta dos líneas azules en su espectro y entre cuyas curiosas propiedades está la de tener una consistencia tan blanda que hasta puede untarse el metal mismo sobre una rebanada de pan como si fuera mantequilla. Los primeros relojes atómicos fueron diseñados en 1955 por Louis Essen y John V. Parry, pero no fue hasta 1967 cuando alcanzaron tal fiabilidad y precisión que la Oficina Internacional de Pesos y Medidas los escogió para definir la nueva unidad de tiempo físico. Desde entonces, un segundo dejó de definirse simplemente como la 1/86.400 parte del día solar medio y pasó a ser «la duración de 9.192.631.770 oscilaciones de la radiación emitida en la transición entre los dos niveles hiperfinos del estado fundamental del isótopo 133 del átomo de cesio, a nivel del mar y a una temperatura de 0 °K». Intentando comprender este nuevo y complejo concepto atómico de segundo no podemos evitar sentir la nostalgia de los días azules de nuestra infancia, cuando aprendimos que un segundo es simplemente el tiempo que tardamos en contar de uno en uno a ritmo pausado o el que discurre entre dos latidos de nuestro corazón.

La idea que subyace al funcionamiento de los relojes atómicos es similar a la que gobierna los relojes de péndulo o de cuarzo, pero en este caso el oscilador es un átomo de cesio que, tras ser sometido a radiación de microondas, pasa de un estado de energía a otro. El acoplamiento de estas transiciones energéticas a los mecanismos de un reloj determina finalmente la utilidad de estos instrumentos atómicos para medir el tiempo. Los relojes atómicos comerciales son extraordinariamente precisos y tienen un margen de error menor a un segundo por cada tres millones de años, pero los relojes de laboratorio son todavía mucho más precisos y estables. Sus aplicaciones actuales se centran en situaciones en que se requiere una precisión y reproducibilidad máximas en la medida del tiempo, como, por ejemplo, la sincronización de los relojes oficiales del mundo entero para definir el TAI (tiempo atómico internacional) o los sistemas de posicionamiento global (GPS). Estos sistemas de navegación reciben señales de satélites equipados con relojes atómicos y, tras medir el tiempo de retardo de la señal de cada satélite, pueden determinar con suma precisión las coordenadas espaciales. Los nuevos relojes de este tipo construidos por el NIST de Estados Unidos (National Institute of Standards and Technology) y basados en átomos de estroncio, torio o iterbio son tan exactos que podrían llegar a detectar las ondas gravitacionales y ayudarnos a proseguir nuestro viaje cronométrico hasta alcanzar el asombroso tiempo de Planck ($5{,}39 \times 10^{-44}$ segundos), que representa el intervalo temporal más pequeño que puede medirse.

Y así, mientras escuchamos *Clocks* («Relojes»), de Coldplay, podemos recapitular lo que hemos aprendido sobre la conquista del tiempo. Hora tras hora, minuto tras minuto, segundo tras segundo, la humanidad destejió el tiempo —revisando idea tras idea, reloj tras reloj y latido tras latido— de la misma manera que Newton descompuso el arcoíris, y entonces el mundo pudo al fin saber qué hora era. Los humanos le tomaron la medida al tiempo y, tras conquistarlo, se abrió paso la disciplina temporal y, con ella, la puntualidad. Sin embargo, las profundas transformaciones económicas y sociales asociadas a la revolución industrial y a la evolución cultural iban a otorgar al tiempo un protagonismo estelar en la vida cotidiana. Es como si, en realidad, el tiempo fuera circular y hubiera sido capaz de tomar la medida a los humanos y convertirnos en sus esclavos. Afortunadamente, en algunos lugares del planeta hubo quien no se sometió tan fácilmente a esta tiranía cronométrica y trató de ignorar, de minimizar y hasta de matar el tiempo.

CAPÍTULO 5

Los asesinos del tiempo

«Que los dioses maldigan al primer hombre que descubrió cómo señalar las horas y que maldigan también a aquel que en este lugar erigió un reloj de sol para cortar y despedazar de modo tan infame mis días en pequeños trozos.» Estas duras palabras del comediógrafo latino Plauto (254-184 a.C.) corroboran la idea de que no todos los humanos aceptaron de buen grado la capacidad de medir el tiempo adquirida por nuestra especie. Así, aquí y allá, en el pasado lejano y en el cercano, fue surgiendo una creciente colección de cronófobos que nos han ido mostrando —cada uno a su manera, como las familias infelices citadas por Tolstói en *Anna Karenina*— su deseo de enfrentarse al tiempo.

Sorprendentemente, el inuktitut, la lengua de los inuits que habitan el Ártico oriental canadiense, carece de palabras para definir el concepto de tiempo; y hasta la llegada de los misioneros europeos y los comerciantes de pieles en el siglo XIX, el tiempo de estos esquimales se seguía midiendo por el ciclo de las estaciones, los movimientos de los astros y las migraciones de los animales de los que se alimentaban. Muy alejados geográficamente de los inuits, pero sostenidos por principios vitales parecidos, los pirahã sobreviven en las selvas del Amazonas en un mundo sin tiempo, ignoran la noción de edad y están instalados exclusivamente en el presente. Los bororos del Mato Grosso brasileño viven también en un curioso mundo de continuo presente, tal como señaló el antropólogo Claude Lévi-Strauss, quien, tras convivir con ellos muchos meses, concluyó que «es imposible no sentir nostalgia ante la tribu de los bororos, una sociedad que abolía el tiempo».[1] Esta forma de entender la vida convierte a los pirahã y a los bororos en pioneros y maestros de las más recientes modas en el ámbito de la meditación como la denominada *mindfulness*, que propone centrar la atención en el ahora, y no en el ayer o el mañana, con el fin de mejorar nuestro bienestar emocional.

Estas actitudes vitales que ignoran el tiempo del mundo están en peligro de extinción, pues desde que comenzó la introducción forzada o forzosa del tiempo del reloj se encuentran gravemente amenazadas. Tal vez ello explique la aparición de personajes históricos como Martial Bourdin, un anarquista francés que en 1894 quiso detener el tiempo atentando contra el Real Observatorio londinense de Greenwich Park, el lugar que regulaba el tiempo del mundo con un bello reloj de veinticuatro horas. Su ingenuo propósito de luchar contra la fuerza del tiempo no solo fracasó, sino que además acabó con su propio tiempo vital, pues la bomba que Bourdin portaba estalló antes de lo previsto y su cuerpo roto saltó por los aires. Sin embargo, el trágico final de aquel anarquista sirvió de inspiración al arte, el cine y la literatura, incluida la novela de Joseph Conrad *El agente secreto*, que recrea la aventura de Martial Bourdin en la figura del espía Adolf Verloc. Este anarquista inglés también quiso volar el reloj de Greenwich, pero su vida terminó tan mal como la de Bourdin.

Unos cuantos años después de la publicación de la novela de Conrad, el filósofo Herbert Marcuse, en una conferencia pronunciada en 1967 y titulada «Liberation from the affluent society», retomó la idea de reconstrucción social simbolizada por la destrucción de los relojes. En esa influyente conferencia, Marcuse citó las siguientes palabras de su colega Walter Benjamin en torno a los acontecimientos acaecidos en París durante la breve vigencia de la Comuna francesa: «En todos los rincones de la ciudad de París, había gente disparando a los relojes de las iglesias y de los palacios, expresando de manera más o menos consciente la necesidad de parar el tiempo antiguo y de que comenzase el nuevo tiempo».

Sin embargo, el viejo tiempo no se detuvo, nadie logró asesinarlo y en pocos años el reloj se convirtió en el uniformador general de la vida cotidiana en el tercer planeta del sistema solar. La humanidad se apresuró a crear las instituciones que permitieran dar las instrucciones necesarias para poner en hora todos los relojes del mundo, entre las cuales figuraba el departamento del Tiempo de la Oficina Internacional de Pesas y Medidas ubicada en París. Allí, los guardianes del tiempo decidieron que el modesto segundo, que nació diminuto, relativo y bien poco importante cuando los relojes solo llegaban a contar las horas, se convirtiera en una de las siete unidades básicas de medida de todo lo que acontece a nuestro alrededor. Acompañando al metro (para medir la longitud), al kilogramo (masa), al mol (cantidad de sustancia), al kelvin (temperatura), al amperio (corriente eléctrica) y a la candela (intensidad luminosa), el segundo (tiempo) pasó a ser protagonista de la vida humana. El mundo había alcanzado por fin la uniformidad temporal, el llamado tiempo universal coordinado, la hora oficial para toda la Tierra.

Si, en términos simbólicos, tuviéramos que escoger una única hora de referencia, esta no podría ser otra que las diez y diez, ya que la inmensa mayoría de los relojes que vemos expuestos en los catálogos marcan este momento concreto del día entre los muchos que podrían haberse escogido. Comprobamos así que hasta en la medición del tiempo impone su ley la publicidad, pues los estudios de mercado mostraron que esa es la hora en que las manecillas muestran una geometría visual que sugiere armonía y optimismo, mientras que las ocho y veinte, la hora inicialmente escogida, es un reflejo antropomórfico de la tristeza o la pesadumbre. Lamentablemente, parece que los publicistas de la industria del tiempo nunca leyeron a Jorge Luis Borges y que, por tanto, tienen su reloj universal un poco atrasado, pues no saben que la hora perfecta es las diez y veinte, la hora del recuerdo del pasado y de la melancolía del futuro.

Esta es la breve historia de cómo acordamos, o de cómo otros acordaron por nosotros, que todos los seres humanos estuviéramos sincronizados. Por motivos prácticos de puntualidad social, local y universal, nos vimos obligados a abandonar la idea de que cada tiempo particular tiene la esencia de lo único y de lo individual. Sin embargo, sincronía no significa sintonía, y en tiempos modernos han comenzado a aparecer representantes de nuestra especie que proponen nuevas formas de relacionarnos con el tiempo, maneras originales de interaccionar con esta magnitud y hasta de rebelarnos contra su propia esencia. Las obvias dificultades de todos los que se oponen a las corrientes sociales dominantes en cada momento no son obstáculos insalvables para esos idealistas, románticos o iluminados que aspiran a rescatar del baúl de la historia propuestas tan improbables como la de destruir el tiempo. Siguiendo la estela negacionista o abolicionista de Martial Bourdin y los miembros de la Comuna francesa, un grupo de activistas se reúne cada 31 de diciembre en lugares tan simbólicos como los Campos Elíseos de París para protestar contra la llegada del nuevo año y romper los relojes que marcan el ritmo del tiempo. Sin embargo, hasta ahora, sus quejas no han impedido que a medianoche se produzca el cambio anual prefijado en el calendario y el tiempo continúe impasible su camino.

La medida del tiempo tampoco ha estado exenta de implicaciones políticas, como atestigua el extravagante hecho de que, en Corea del Norte, el 15 de agosto de 2015 se retrasaron los relojes treinta minutos como desagravio por el daño infligido a los norcoreanos setenta años atrás, cuando, según su presidente, «los malvados imperialistas japoneses privaron a Corea incluso de su propia hora». La India también ha puesto su sello de independencia del orden temporal mundial, pues, además del típico patrón diario de veinticuatro horas, utiliza sistemas de medida temporal tan curiosos como complejos. Así, el día hindú se divide en 30 *muhrta* de 48 minutos o en 60 *ghatikas* de 24 minutos, mientras que la *ghatika* se puede subdividir en 30 *kala* de 48 segundos o en 60 *pala* de 24 segundos.

La rebeldía frente a la tiranía del tiempo también ha sido motivo frecuente de inspiración para los artistas y creadores. El sudafricano William Kentridge preparó en 2012 una gran instalación llamada *The refusal of time*, en la que, a través de animaciones cinematográficas y espectáculos de danza en vivo, discute la visión convencional del tiempo, negando incluso el horario universal de Greenwich, y nos estimula a pensar sobre el concepto de temporalidad de una manera diferente. De manera más sencilla pero con gran impacto visual, Ruth Ewan creó en 2011 dos colecciones de relojes de diez horas que se instalaron en diversos lugares de la ciudad inglesa de Folkestone y en el Museo de Arte Moderno de Varsovia. Esta obra conceptual de decimalización del tiempo imitaba el calendario republicano francés que se instauró en octubre de 1793 durante la Revolución francesa. Cada día de este calendario se dividía en diez horas, cada hora en cien minutos y cada minuto en cien segundos. El calendario republicano estuvo vigente durante doce años y se volvió a implantar en 1871 durante el breve periodo de la Comuna francesa; pero finalmente los franceses abandonaron la idea de vivir a un ritmo temporal distinto y sus relojes volvieron a marcar el tiempo de todos. La artista Ruth Ewan se inspiró en este acontecimiento histórico para construir relojes en los que el mediodía llegaba cuando las agujas marcaban las cinco y la medianoche se alcanzaba a las diez en punto. Los relojes decimales de Ewan simbolizan la posibilidad de redefinir el tiempo, pero podemos pensar que, más que una crítica del tiempo oficial, son una invitación a redefinir el tiempo vital de cada uno de nosotros. De hecho, estos relojes forman parte de una instalación artística global denominada *Podríamos haber sido cual-*

quier cosa que hubiéramos querido, que nos recuerda con optimismo que incluso el tiempo se puede reinventar.

La búsqueda artística de un tiempo más humano y más personal fue interpretada de una manera muy singular por el pintor japonés On Kawara, que el 4 de enero de 1966 comenzó a elaborar una serie de cuadros titulados *Today* («Hoy») en los que solo aparecía el día, mes y año en que los pintaba. Hoy, hoy, hoy, como la canción de James Taylor: así se enfatiza la fuerza del presente como motor del tiempo y de la toma de decisiones. Cuando murió en Nueva York a finales de junio de 2014, On Kawara ya había creado miles de obras de diferentes colores y tamaños, pero con una única fecha como elemento protagonista y exclusivo de cada pintura. En su afán por describir de manera personal y minimalista el paso del tiempo, el suyo y el de nadie más, Kawara realizó además cuatro series de obras que registraban el momento en que iniciaba el día, lo que leía en los periódicos, adónde iba y a quién se encontraba. Así, el artista On Kawara, que contaba su edad en días para enfatizar su obsesión por el presente, fue pionero en crear una versión bella y sugerente de las actuales redes sociales, en las que millones de usuarios comparten sin pudor cada instante de su vida cotidiana.

Mientras On Kawara vivía en el presente y registraba sus días uno a uno con meticulosa y conmovedora atención, otros rebeldes del tiempo corriente como el ingeniero informático Danny Hillis propusieron mirar al futuro y construir un reloj gigante cuyo minutero avanzara una sola vez al año y que estuviera dotado con unas campanas que tañeran una sola vez cada siglo y con un cuco que se asomaría al mundo una sola vez cada milenio. Hillis y sus seguidores crearon la Long Now Foundation en 1996 o en 01996, si nos atenemos a su manera de contar el tiempo para evitar los problemas que supondrá la introducción de la decena de millar en la sociedad humana dentro de ocho milenios, si es que nuestra civilización persiste para entonces. El empleo de cinco dígitos para expresar los años deja muy patente el objetivo de esta fundación, que no es otro que perseguir el fomento del pensamiento a largo plazo. Asumen así con indisimulado optimismo la nueva temporalidad que posiblemente ofrecerá el futuro que se avecina, incluyendo las inauditas posibilidades de prolongación de la vida humana que algunos prometen. Hillis desarrolló en 1999 un prototipo del reloj de los diez mil años, que se exhibe en la actualidad en el Museo de Ciencias de Londres. Finalmente, tras un largo periodo de gestación de la idea y gracias al apoyo económico de Jeff Bezos, el fundador de Amazon, el monumental reloj de más de ciento cincuenta metros de altura e impulsado por energía térmica ha empezado a construirse en el interior de una montaña hueca situada en el oeste de Texas. Cuando en la próxima década se concluya su construcción, este gigantesco reloj de los diez mil años se nos presentará como una extraordinaria obra de ingeniería del tiempo que, sobre todo, incitará a la reflexión.[2]

En efecto, el diseño y la construcción de un reloj que mide el tiempo en años y siglos, por extravagante que parezca a muchos, es una llamada de atención a una sociedad como la actual en la que todo es urgente o inminente, apresurado o acelerado. Por ello, la falta de pensamiento sobre múltiples aspectos de la vida cotidiana, pero también sobre cuestiones sociales decisivas, consigue banalizarlos y, en última instancia, condenarlos a la nada y al olvido. El reloj de los diez mil años se ha convertido así en un curioso contrapunto del que se conoce como «reloj del fin del mundo», que de manera simbólica controla el riesgo de extinción de nuestra especie. Este reloj virtual fue creado en 1947 por un grupo de científicos de la Universidad de Chicago, que desde entonces revisan cada año las amenazas que se ciernen sobre la humanidad. En este reloj simbólico, las 00:00 horas indican el fin del mundo, pero en el momento de su puesta en marcha marcaba las 23:53, es decir, siete minutos antes del apocalipsis. Desde entonces, el reloj del fin del mundo se actualiza anualmente según los datos derivados de guerras, conflictos nucleares, amenazas biológicas o cambios climáticos, por citar solo algunos hechos luctuosos. En 1953, en plena guerra fría y tras la explosión de diversas bombas nucleares estadounidenses y soviéticas, hubo que adelantar el reloj cinco minutos hasta situarlo en las 23:58; estábamos, por tanto, rozando el punto de no retorno para nuestra especie. El paso de los años y los cambios en el panorama geopolítico con el resquebrajamiento de la Unión Soviética bajaron el nivel de riesgo y, en 1991, el reloj del apocalipsis se retrasó hasta las 23:43. Desafortunadamente, en 2018, acontecimientos tales como el incremento del potencial atómico de diversas naciones, la grave tensión política entre Corea del Norte y Corea del Sur, y el ascenso al poder de dirigentes populistas en varios países del mundo devolvieron la hora final a su máximo histórico y volvimos a situarnos en las 23:58, a tan solo dos minutos de la hecatombe de nuestra civilización. Durante 2019, continuamos ahí, al borde del precipicio, pero en enero de 2020, ante la falta de compromiso político global frente al cambio climático y cuando todavía no se tenían nada más que unos mínimos indicios de lo que luego ha sido la desastrosa pandemia de la COVID-19, el reloj del apocalipsis se adelantó de nuevo hasta situarse a 100 segundos para la medianoche. Nunca hemos estado tan cerca del fin del mundo.[3]

El reloj de los diez mil años y el reloj del fin del mundo representan así símbolos contrapuestos del afán de algunas personas que quieren hacernos reconsiderar el valor del tiempo y su influencia en el futuro de la humanidad; un futuro que será más o menos lejano según nuestra actitud colectiva como especie dominante del planeta Tierra en este Holoceno en el que ya estamos inmersos. En nuestra opinión, el mensaje final que se desprende de estos proyectos es que todavía hay tiempo para cambiar el tiempo y para modificar nuestra relación con él. Para ello no hay que intentar asesinarlo, como Martial Bourdin o Adolf Verloc, ni ignorarlo, como hacen los inuit o los pirahã, ni recrearlo artísticamente, como hicieron On Kawara o Ruth Ewan, ni redimensionarlo, como intentan hacer Danny Hillis o Jeff Bezos. A veces basta con cambiar la propia representación del tiempo para llevarlo a un estado de individualización personal que nos permita percibir este concepto como algo más humano que el frío movimiento de unas agujas mecánicas o de unos contadores digitales que nunca descansan.

Siguiendo estas ideas, el escultor y diseñador británico Crispin Jones ha creado recientemente una amplia colección de relojes de pulsera que, en lugar de mostrar el estatus social del propietario, están provistos de unas características que dotan de humanidad a su propia medida de la temporalidad.[4] Entre ellos, y tal como se recoge en el excelente libro de Simon Garfield titulado *Cronometrados*, podemos mencionar el reloj Avidus, o reloj del estrés, que trata de imitar la sensación de que el tiempo vuela cuando estamos estresados, por lo que el reloj avanza tanto más rápido cuanto más estresado está su portador. Y cuanto más relajado se encuentra este, más lento va su reloj. Mejor todavía: si el portador del Avidus se encuentra inmerso en un estado reflexivo o meditativo, el reloj es capaz de invertir la flecha del tiempo y moverse hacia el pasado. El reloj Summisus, o reloj de la humildad, tiene una esfera sobre la que, además de la hora, aparece la mítica frase latina *memento mori* («recuerda que vas a morir») para advertirnos sobre la fugacidad de nuestra existencia. Otro de los relojes de la colección es el Prudens o reloj de la discreción, que se lee sin mirar, por lo que no ofendemos a nadie cuando queremos que el tiempo pase rápido y miramos obsesivamente el reloj en un vano intento de acelerarlo. Prudens tiene dos esferas contrapuestas, una a cada lado de la muñeca. Cuando el portador rota el brazo en el aire, un mecanismo interno transmite la hora a la esfera de la cara interior de la muñeca y nos permite saber discretamente qué hora es sin importunar a nuestros acompañantes. Muy interesante es el concepto que subyace al desarrollo del reloj Fallax o reloj de la sinceridad, que incorpora unos sensores a modo de minúscula máquina de la verdad y, cuando el portador miente, aparece en la pantalla una palabra que confirma su falta de sinceridad. Por su parte, Docilus es un reloj interior capaz de transmitir a su portador una pequeña descarga eléctrica a intervalos impredecibles, lo cual provoca una mayor interiorización del tiempo y una menor dependencia tanto del reloj como de los horarios estrictos. Por último, Adsiduus y Mantra son los relojes de la personalidad, que presentan al portador mensajes aleatorios, tanto positivos como negativos, que contribuyen a generar autoestima en las personas inseguras y humildad en las arrogantes y prepotentes. Curiosamente, hay apasionados de los relojes que no parecen tener problemas de autoestima. Este es el caso del boxeador norteamericano Floyd Mayweather, que adquirió recientemente un reloj diseñado por el joyero Tadashi Fukushima y valorado en dieciocho millones de dólares; y es que en nuestra época hay individuos que no parecen tener límite en sus ambiciones ni en sus excentricidades.[5]

En resumen, el ritmo vertiginoso de la vida actual, que discurre por una vía de alta velocidad, ha hecho que uno de los grandes logros de la humanidad —la medida del tiempo— se haya convertido muchas veces en una pesadilla más que en un motivo de orgullo intelectual y social. Hoy, cada vez que pensamos en recuperar una vida más lenta, serena y equilibrada, hablamos de desconectar y presentamos tal concepción como sinónimo de perder el control del tiempo y de evitar que el tiempo nos controle a nosotros. En paralelo, algunos rebeldes del tiempo han inventado nuevas formas de relacionarnos con su inevitable latido continuo, incansable e implacable y han construido relojes tan curiosos como imaginativos que marcan desde diez horas hasta un año y que, además de darnos la hora, nos informan de nuestro estado emocional y nos hacen recomendaciones para mejorarlo.

Sin embargo, ni la melancolía de una vida más lenta ni la fantasía de rebelarnos contra el tiempo pueden hacernos olvidar nuestra horológica realidad: somos una torre de tejido biológico humano andante y pensante que funciona al ritmo marcado por una legión de relojes moleculares, químicos, hormonales y neurológicos que conversan entre sí y que logran marcar el ritmo diario de nuestra vida y de nuestras rutinas bioquímicas. ¿Cuáles son estos relojes biológicos?, ¿dónde están y cómo funcionan?, ¿cómo se coordinan para sintonizar nuestro tiempo vital con el tiempo del mundo, haciendo posible la aventura cotidiana de nuestra supervivencia?

CAPÍTULO 6

Los relojes de la vida

Hace cerca de cuatrocientos años, el entonces joven pintor Rembrandt van Rijn se acercó con su inmenso talento artístico a la medicina y, en su *Lección de anatomía*, recreó con maravilloso realismo las emociones que surgen al contemplar la intimidad del cuerpo humano. El 16 de enero de 1632, las miradas de los asistentes a la disección del desafortunado y finado ladrón Adriaan Adriaanszoon por parte del doctor Nicolaes Tulp reflejaban curiosidad, asombro, entusiasmo y hasta miedo. En aquella época, las clases de anatomía todavía constituían una manera excelente de aproximarse a los secretos macroscópicos que esconde el cuerpo humano. Andreas Vesalius, Miguel Servet y otros pioneros anatomistas y fisiólogos encontraron en las salas de autopsias nuevas estructuras y nuevos mecanismos que contribuyeron a explicar el funcionamiento de los seres vivos. Sin embargo, ninguno de ellos fue capaz de detectar en el más minúsculo y disimulado rincón de nuestro cuerpo los relojes de la vida, esos ultramicroscópicos cronómetros moleculares que dictan los ritmos biológicos.

Un siglo después de que Rembrandt creara una de las obras maestras de la pintura, el astrónomo francés Jean-Jacques Dortous de Mairan intuyó la existencia de los relojes biológicos e inauguró la ciencia de la cronobiología. El polímata Dortous de Mairan fue un curioso explorador de los universos mayúsculos, escribió con precisión sobre las bellas auroras boreales y su nombre quedó para siempre unido a un cráter de la Luna y a una nebulosa cercana a Orión. Al mismo tiempo que su mente y sus ojos viajaban por las lejanas estrellas, De Mairan disfrutaba observando mundos tan cercanos como los de las plantas, que ponían una nota de vida y color a su lugar de trabajo. Allí, cuidaba con mimo unos cuantos ejemplares de *Mimosa pudica*, una planta que abre sus hojas al amanecer y las pliega al final del día, y cuyo nombre deriva de su enorme sensibilidad, pues basta rozarla con la mano para que de manera tímida y pudorosa cierre sus hojas como cuando llega la noche.

Intrigado por el comportamiento cíclico de sus sensibles y pudorosas mimosas, una cálida tarde de verano de 1729, Dortous de Mairan realizó un sencillo experimento: cogió dos de sus plantas y las guardó en la permanente oscuridad de un armario. A la mañana siguiente examinó cautelosamente con la tenue luz de una vela las mimosas encerradas en el armario y quedó asombrado al observar que tenían las hojas completamente abiertas. Al concluir la tarde, las hojas volvieron a cerrarse con disciplina y puntualidad en el interior de su oscuro habitáculo en cuanto cayó el sol. Así es que, a pesar de haber estado totalmente privadas de la luz del sol, las hojas de *Mimosa pudica* conservaban su ritmo de apertura y cierre foliar como si tuvieran una misteriosa e inexplicable capacidad de medir el tiempo.

Las fascinantes observaciones de Jean-Jacques Dortous de Mairan fueron recogidas en un sucinto artículo de una sola hoja y poco más de trescientas palabras, preparado con la ayuda de su amigo Jean Marchant y publicado en la revista *Histoire de l'Académie Royale des Sciences* (París, 1729). El artículo de Marchant y De Mairan se titulaba simplemente «Observación botánica» y ambos fueron muy prudentes al concluir que, aun sin ver o recibir su luz, las plantas podían sentir el sol y saber qué hora era en cada momento del día. Sin embargo, no se atrevieron a aventurar la provocativa idea de que este misterioso reloj podría estar alojado en el interior de las propias mimosas. Desafortunadamente, según relata Jean Marchant, su colega Dortous de Mairan estaba demasiado ocupado investigando temas tan diversos como la relación entre los colores del arcoíris y las notas de la escala musical, la definición de distintos parámetros rotacionales de la Tierra o la búsqueda de las inexistentes lunas de Venus. Por ello, invitaba a los botánicos y a los físicos a proseguir sus estudios preliminares sobre el sueño de las mimosas y probar «con otras plantas, con ramas o flores que se abran durante el día y se cierren durante la noche, si se comportan como la mimosa sensitiva en un lugar cerrado».

La investigación sobre los todavía hipotéticos relojes de la vida entró así en una fase de lento progreso, hasta que en 1823 el botánico suizo Augustin Pyramus de Candolle repitió con éxito los experimentos de Dortous de Mairan. Se descartó entonces que supuestas variaciones en el grado de oscuridad o cambios en la temperatura o la humedad ambiental pudieran haber influido en los resultados obtenidos. Pyramus de Candolle precisó que, en condiciones de total oscuridad, el periodo de los movimientos foliares de *Mimosa pudica* estaba próximo a las veinticuatro horas, pero que en condiciones de luz constante se reducía a veintidós horas. Además, De Candolle fue capaz de invertir el día y la noche utilizando una fuente de luz artificial, a la que las plantas respondían ajustando sus ritmos una vez pasados los primeros momentos de confusión horaria. El propio Charles Darwin, el gran maestro de la evolución biológica, se interesó vivamente por el movimiento de las plantas, y en 1880 publicó un libro sobre este tema en el que proponía que las propias plantas eran las generadoras de sus ritmos diarios.[1]

Así, poco a poco, germinó y floreció la idea de que las plantas poseen un reloj interno, independiente de los factores ambientales y capaz de organizar sus ritmos biológicos en ciclos circadianos (término que viene de los vocablos latinos *circa* y *diem*, y que expresa una duración cercana al día). Finalmente, el progreso científico en este campo llegó a consolidarse a mediados del siglo XX con los trabajos de Colin Pittendrigh, Erwin Bünning y Jürgen Aschoff, que en un esfuerzo conjunto demostraron que más allá del mundo vegetal también había relojes endógenos que marcaban ritmos circadianos en los demás seres vivos, en las criaturas que nadan, vuelan, saltan, corren, reptan o caminan.[2] En suma, desde las bacterias hasta los humanos, todos los seres vivientes llevaban reloj. Sin embargo, pese a esta rotunda conclusión, en términos moleculares, el campo de la cronobiología apenas había avanzado. Ni Rembrandt ni ninguno de los mejores artistas de los siglos siguientes habrían podido pintar ningún reloj en sus particulares lecciones de anatomía, ya que su naturaleza física seguía siendo desconocida. ¿Dónde se ocultaban nuestros eficientes, pero aparentemente invisibles, cronómetros internos?

El mejor candidato para contar el tiempo fue siempre el corazón. Aristóteles, uno de los grandes defensores de este músculo como sede de las sensaciones y emociones humanas, ya propuso que el tiempo debería medirse en latidos. De manera general, el corazón de cada uno de nosotros tiene un ritmo de unos setenta latidos por minuto, que en un año suman cuarenta millones y en toda nuestra existencia, alrededor de tres mil millones. Resulta fascinante constatar cómo una y otra vez actúa sobre nosotros la magia de los números de la vida; pensemos que venimos al mundo con los tres mil millones de nucleótidos* que configuran el lenguaje genómico del ADN* que nos hace únicos, y al mismo tiempo disponemos de tres mil millones de latidos cardíacos que se irán consumiendo durante nuestro tranquilo o apresurado paso por la vida. Sin embargo, tuvimos que esperar a la década de 1970, cuando ya se habían completado cerca de cien mil ciclos circadianos desde que Jean-Jacques d'Ortous de Mairan observara con exquisita atención un armario oscuro con dos plantas mimosas y pudorosas en su interior, para saber que nuestros relojes biológicos dominantes no se encuentran en el corazón. El gran secreto del cronómetro humano y de sus equivalentes en otros seres vivos estaba en el cerebro, algo que podría parecer sorprendente, pues las plantas de Jean-Jacques no tienen cerebro, aunque sí poseen reloj y hasta memoria, pero eso ya es otra historia.[3]

Nuestro principal contador del tiempo de la vida está localizado en un pequeño y discreto lugar del cerebro llamado núcleo supraquiasmático, ubicado en el hipotálamo justo por encima del punto donde se cruzan los nervios ópticos. Esta minúscula entidad anatómica está formada por unas veinte mil neuronas, lo cual parece una insignificancia comparado con los cien mil millones de neuronas que conforman el gigantesco universo de nuestra mente. Sin embargo, son decisivas para regular los ciclos circadianos o diarios de las fases de sueño y vigilia, las fluctuaciones de la temperatura corporal, la tensión arterial, la frecuencia cardíaca o el ritmo al que deben dividirse las células. En algunas de estas funciones vitales participa también un segundo reloj cerebral localizado en la glándula pineal, donde, según el mecanicista René Descartes, la sangre se convertía en «espíritus animales» que posteriormente se extendían por todos los nervios. El propio Descartes consideraba que esta glándula era también el lugar de nuestra máquina corporal donde se manifiesta el influjo del alma, una manera inteligente de solventar la ausencia de pruebas sobre la ubicación física concreta de esta entidad introducida conceptualmente por los sabios griegos. La glándula pineal, cuyo nombre deriva de su forma de piña (*konareion* en griego; *conarium* en latín), también es conocida como «tercer ojo» porque se trataría de un vestigio de un ojo primitivo adicional semejante a la retina y sensible a la luz. Estos dos relojes circadianos operan de manera conjunta: el pineal controla fundamentalmente el ritmo de sueño y vigilia atendiendo a las fluctuaciones cíclicas de la luz, mientras que el cronómetro supraquiasmático se ocupa de la coordinación de múltiples aspectos de nuestra fisiología, entre los cuales se encontraría el mantenimiento homeostático de la temperatura corporal. De esta manera conseguimos establecer el ajuste fisiológico interno de nuestro organismo frente a las variaciones diarias de factores ambientales tan determinantes como la luz y la temperatura; unas variaciones que a su vez vienen impuestas por la todavía incansable rotación de la Tierra.

El hallazgo de estos relojes maestros de la vida en el interior del cerebro humano y de los de muchas otras criaturas, pero no en el corazón, otorga pleno sentido molecular al maravilloso verso «detén mi corazón y latirá mi cerebro» escrito por Rainer Maria Rilke.[4] Tal como hemos discutido anteriormente, el cerebro es el constructor de esa sensación subjetiva que llamamos tiempo, pero la evolución biológica ha impuesto asimismo a nuestra máquina de pensar una enorme responsabilidad adicional: la de medir ese tiempo que teóricamente ni siquiera existe.

La complejidad y diversidad de la curiosa relojería humana no se detiene en estos dos cronómetros cerebrales, sino que existen también relojes moleculares internos en la mayoría de las células de nuestro cuerpo que dirigen el ritmo funcional de los tejidos y órganos construidos por dichas células. Somos, por tanto, un auténtico reloj pensante y paseante que, para mantenerse en marcha, necesita sincronizar ese universo cronométrico que late a su manera particular en la mayoría de los billones de células que configuran nuestro cuerpo. Esta tarea de ajuste de todas las horas y tiempos parece casi tan difícil como la de medir una magnitud temporal que numerosos físicos y filósofos consideran que solo existe de manera subjetiva en nuestra mente, pero, una vez más, la evolución ha encontrado la forma de solucionar esta compleja cuestión.

El gran coordinador de todos nuestros tiempos biológicos y de los de muchos otros mamíferos es el núcleo supraquiasmático, que recibe e integra información básica de los cambios ambientales en parámetros esenciales como la luz y la temperatura. Una vez procesados los datos recibidos, el reloj supraquiasmático de nuestro cerebro define el compás conjunto y envía el ritmo y el tono adecuados a los innumerables relojes auxiliares de nuestras células mediante impulsos eléctricos y señales químicas de diverso cariz, entre las cuales se encuentran iones como el calcio, hormonas como la melatonina y neurotransmisores como la dopamina. Estos mensajeros moleculares viajan rápidamente por la sangre y alcanzan sus tejidos y órganos diana. Allí, las células que construyen estos tejidos y órganos ponen en marcha su oscilación circadiana. En el mundo que late bajo la piel que habitamos, estas oscilaciones rítmicas podrían recordarnos a la danza de Henri Matisse, y hasta podríamos imaginar que está perfectamente coreografiada en la intimidad celular cual si fuera una de las impecables interpretaciones de *El lago de los cisnes* de Tchaikovsky realizadas por el Ballet de Moscú. Otros podrían creer que estos ritmos moleculares se asemejan a la ejecución de elegantes movimientos acompasados por parte de los distintos tipos celulares al modo de los representados por la inolvidable Loïe Fuller y por la magnífica Isadora Duncan, a quien Celia Cruz dedicó una muy rítmica canción. Sin embargo, mientras escuchamos estos ritmos rusos o caribeños que nos ha regalado el arte, debemos admitir que los mecanismos que dirigen nuestros relojes internos son mucho más sutiles que estas bellas y estimulantes composiciones musicales o pictóricas. Para entender los ritmos de la vida tenemos que descender al brillante inframundo subcelular y explorar las posibles funciones y alteraciones en las diversas macromoléculas que allí conviven y cuya tarea es construir nuestros relojes y ponerlos en hora.

Las oscilaciones circadianas de las células de nuestro cuerpo son reflejo de ciertos cambios en las concentraciones de distintas proteínas en el interior celular, así como del subsiguiente diálogo que entre ellas se establece para amplificar y enriquecer el mensaje recibido desde las neuronas supraquiasmáticas. El trabajo iniciado en torno a 1970 con moscas de la fruta por Ronald Konopka y Seymour Benzer, continuado más tarde por científicos como Jeffrey C. Hall, Michael Rosbash y Michael W. Young, condujo a la identificación de las proteínas PER y TIM codificadas por los genes *per* (del inglés *period*, periodo) y *tim* (del inglés *timeless*, eterno), que permitieron explicar el funcionamiento general del cronómetro circadiano. Con el impulso de la luz, las proteínas PER y TIM se abrazan estrechamente en el citoplasma celular y forman una pareja molecular que va aumentando de nivel hasta que finalmente se alcanzan las concentraciones suficientes para que cada reloj vital funcione a pleno rendimiento. Después, a medida que va acabando el día y comienza a avanzar la noche, PER y TIM se trasladan al núcleo celular, ese santuario subcelular donde se aloja y protege el material genético. Con la ayuda de algunos intermediarios —como las proteínas CLK (del inglés *clock*, reloj) y CYC (del inglés *cycle*, ciclo)—, se desactivan en ese núcleo los propios genes *per* y *tim* encargados de producir las proteínas PER y TIM, con lo que el ritmo disminuye lentamente hasta que al final desaparece por completo.[5]

Estudios posteriores han confirmado que nuestros relojes circadianos funcionan básicamente de la misma forma, con ligeras diferencias en el número y en las características de algunos de sus componentes. Por ejemplo, la función que desempeña TIM en el reloj de las moscas de la fruta la lleva a cabo en nosotros la proteína denominada CRY. Además, en nuestras células, la pareja de CLOCK se llama BMAL1 y hay diversas variantes de PER (PER1, PER2 y PER3) que pueden emparejarse de manera análoga con un CRY/TIM humano, que es mucho más promiscuo que su equivalente en moscas y otros organismos. La importancia de los relojes internos de los seres vivos quedó recientemente de manifiesto con la concesión del Premio Nobel de Medicina de 2017 a los investigadores estadounidenses Jeffrey C. Hall, Michael Rosbash y Michael W. Young por sus descubrimientos relacionados con los genes y las proteínas que regulan los relojes de la vida.

En suma, y en un alarde de simplificación, podemos decir que el funcionamiento de nuestro reloj circadiano se basa en buena medida en ciclos sucesivos de activación e inactivación de una pareja de genes cuyo compromiso vital dura tan solo veinticuatro horas, pero que opta por renovarse una y otra vez mientras se mantengan con vida las células que albergan las piezas génicas y proteicas del reloj. Sin embargo, es obvio que cada célula particular tiene sus responsabilidades, sus obligaciones y sus necesidades. No es lo mismo ser una neurona que un hepatocito o un fibroblasto. ¿Cómo influyen estas diferencias intercelulares en el funcionamiento de los múltiples relojes de la vida que trabajan simultáneamente en las distintas regiones de nuestra geografía celular?

La mayoría de los billones de células de nuestro cuerpo y la práctica totalidad de los miles de proteínas producidas por cada una de estas células manifiestan oscilaciones temporales que no se limitan al simple incremento o reducción de su actividad en función de los niveles de luz y oscuridad ambientales. No todas las funciones fisiológicas acontecen a la misma hora, por lo que en nuestro interior se produce una auténtica sinfonía de movimientos oscilatorios que van aumentando o disminuyendo de manera coordinada a medida que va transcurriendo el día y la noche. Por ejemplo, nuestro sistema inmunológico es más activo en el sueño nocturno, lo cual se consigue en parte mediante la disminución durante la noche de los niveles de cortisol, una hormona que causa estrés e inmunosupresión. Además, nuestro sueño más profundo se logra a las dos de la madrugada, nuestro cuerpo tiene su temperatura más baja alrededor de las cuatro de la mañana y la presión sanguínea tiende a alcanzar su máximo en torno a las seis de la tarde. Asimismo, algunas enfermedades suelen comparecer a distintas horas en su inesperada e indeseada visita a nuestros cuerpos. Las migrañas y los infartos de miocardio surgen con mayor frecuencia a primera hora de la mañana, mientras que los ataques epilépticos se presentan con mayor probabilidad entre las tres y las siete de la tarde. Se cumple así en la salud y en la enfermedad, y con notoria claridad, el viejo aforismo habitualmente atribuido a Albert Einstein (aunque es más probable que su autor fuera John Wheeler) según el cual la única razón para que el tiempo exista es que no todas las cosas ocurran a la vez.

En efecto, la existencia de una enorme diversidad celular en formas y funciones hace imprescindible la existencia de numerosas estrategias para contar el tiempo en cada una de ellas. Además, ello obliga a un gran esfuerzo de coordinación por parte del reloj central supraquiasmático, pero también a que el cuerpo respete en todo momento las necesidades temporales de cada tipo de célula. Este esquema de razonamiento nos lleva a una firme conclusión: sentir y medir el tiempo es el afortunado resultado evolutivo de una rica y fructífera conversación entre relojes celulares. Sin embargo, investigaciones recientes sobre los distintos lenguajes de la vida han demostrado que nuestras células también contienen formas adicionales de contar el paso del tiempo. Entre ellas podemos citar los relojes genéticos, epigenéticos y proteicos, como, por ejemplo, los construidos por el sistema telomerasa-telómeros, que cuenta las veces que se divide una célula; los que determinan los cambios en la decoración química de nuestro genoma; o los que se basan en el empleo de ciclinas y de quinasas dependientes de ciclinas para controlar el compás de la división celular.

En un libro sobre el tiempo cronológico, el tiempo biológico y la inmortalidad celular no puede faltar la descripción de los telómeros* (del griego *telos*, final y *meros*, parte), unas estructuras de seis unidades nucleotídicas (TTAGGG) repetidas centenares o miles de veces y situadas en los extremos de nuestros 23 pares de cromosomas.* Los telómeros actúan como si fueran las pequeñas caperuzas de plástico colocadas en los cordones de los zapatos, y protegen y estabilizan a los cromosomas para evitar que se deterioren o que se fundan y confundan unos con otros. Curiosamente, y debido al mecanismo biológico de replicación o copia del ADN, cada vez que se divide una de nuestras células (excepto las germinales y las tumorales) se pierden algunas de estas copias de seis letras nucleotídicas situadas en los extremos cromosómicos y entonces los telómeros se van acortando. Por eso, medir la longitud de los telómeros se ha convertido en una forma de definir el número de divisiones que ha experimentado una célula y, por ende, en una manera de determinar su edad biológica. El estudio de los telómeros es un aspecto de enorme interés en la investigación actual sobre el cáncer y el envejecimiento. No en vano, Elizabeth H. Blackburn, Carol W. Greider y Jack W. Szostak recibieron el Premio Nobel de Medicina de 2009 por el descubrimiento de la telomerasa, conocida como la enzima de la inmortalidad por su capacidad de activar la síntesis de los telómeros e impedir el envejecimiento celular.[6]

Mucho más reciente es el hallazgo del reloj epigenético por parte del matemático Steve Horvath en 2013. El epigenoma es uno de los lenguajes biológicos cuyo estudio ha adquirido un creciente interés en los últimos tiempos al reflejar el diálogo del genoma con el ambiente. El lenguaje molecular epigenómico se puede asimilar a la ortografía del genoma y surge a partir de cambios reversibles y dinámicos en lo que podíamos llamar la decoración o el etiquetado químico del ADN o de las proteínas denominadas histonas, que pliegan y empaquetan nuestro gigantesco material genético en los minúsculos confines de las células. El epigenoma se encarga de organizar la información almacenada en el genoma para dar sentido gramatical al mensaje genético y para que en cada caso se exprese la información que es precisa para la vida. Uno de los códigos epigenéticos esenciales es la metilación del genoma, un proceso que consiste en la adición de un sencillo grupo químico metilo ($-CH_3$) a ciertas citosinas de ese largo verso interminable que es nuestro material genético. Por norma general, la metilación genómica es sinónimo de silencio, de manera que si el promotor o interruptor de un gen está metilado en sus citosinas (una de las cuatro letras de la vida, junto con la adenina, la guanina y la timina), ese gen estará apagado y su información no se expresará. Steve Horvath y sus colaboradores quisieron examinar los patrones de metilación presentes en el genoma de más de ocho mil individuos de edad cronológica bien definida. Tras un riguroso y complejo análisis de los millones de citosinas metiladas en el genoma humano, los investigadores identificaron un total de 353 lugares genómicos cuya metilación se ajustaba de manera consistente al paso del tiempo en distintos tipos celulares del mismo individuo. Este nuevo reloj epigenético es capaz de predecir la edad cronológica de un individuo con un margen de error de alrededor de tres años y es posible que en el futuro pueda convertirse en un adecuado marcador biológico de nuestra edad cronológica y contribuir a anticipar el diagnóstico de diversas enfermedades asociadas al paso del tiempo.[7]

Finalmente, en nuestras células y en las de muchos otros organismos existe un reloj específico para controlar el momento en que cada célula debe tomar una decisión fundamental en el curso del crecimiento y desarrollo de todo ser vivo: me divido o no me divido, esa es la cuestión principal. La división celular tiene lugar a ritmos distintos dependiendo del tipo de células implicadas y de la función del órgano del que forman parte. Hay células que se dividen muchísimo, como, por ejemplo, las células del epitelio intestinal, que lo hacen hasta dos veces al día, mientras que las células hepáticas apenas se dividen (tan solo una vez cada uno o dos años) y las neuronas son incapaces de hacerlo una vez desarrolladas plenamente. El mecanismo general de la división celular depende de un reloj molecular conservado evolutivamente desde las levaduras hasta los humanos y que implica la intervención de múltiples proteínas, entre las cuales destacan las quinasas dependientes de ciclinas y las mismas ciclinas. Las primeras activan el ciclo celular mediante una reacción química de fosforilación que provoca la incorporación de grupos fosfato en otras proteínas. Por su parte, las ciclinas son proteínas cuyas oscilaciones dirigen el ciclo celular. Cuando sus niveles son elevados, el ciclo celular queda detenido, pero una vez que se empieza a proceder con la división, las ciclinas se destruyen y el ciclo avanza sostenidamente hasta culminar en la duplicación celular. Los científicos británicos Timothy Hunt y Paul Nurse y el estadounidense Leland Hartwell fueron galardonados con el Premio Nobel de Medicina de 2001 por sus descubrimientos sobre las claves reguladoras del ciclo celular.[8] Este galardón, sumado a los obtenidos por Blackburn, Greider, Szostak, Hall, Rosbash y Young, es una clara demostración de que los pioneros en el estudio de los relojes de la vida han sido invitados con frecuencia a Estocolmo los primeros días de diciembre para reconocer y aplaudir sus contribuciones científicas en los ámbitos de la cronobiología y la cronomedicina.

En definitiva, si cuatro siglos después de su *Lección de anatomía* Rembrandt van Rijn tuviera la posibilidad de hacer un viaje en el tiempo, podría pintar los relojes de la vida y ubicarlos correctamente en el cuerpo humano. De todas formas, seguiría siendo una tarea extraordinariamente compleja por la gran cantidad y diversidad de los cronómetros celulares, genéticos, epigenéticos, proteicos y metabólicos que ocupan cada rincón de nuestro organismo. Y todavía tendríamos que añadir una nueva categoría, los relojes emocionales, cuya localización es incierta, pero cuya influencia resulta decisiva para nuestra vida. Jorge Luis Borges describió de manera muy hermosa el mecanismo de funcionamiento de estos relojes cuando dijo: «Estar contigo o no estar contigo, esa es la medida de mi tiempo».[9] En suma, son tantos los relojes que nos habitan, nos ocupan y nos preocupan que lo verdaderamente asombroso es que trabajen al unísono o al menos en la armonía molecular necesaria para ayudarnos a marcar el compás de la vida cotidiana. Por ello no es extraño que se produzcan fallos o desajustes en unos y otros, ya sea en los responsables de crear la percepción del paso del tiempo o en los encargados de medir su avance, en los que cronometran nuestras rutinas vitales o en los que nos sorprenden de cuando en cuando midiendo nuestras aventuras o desventuras emocionales. Aparecen así en la narrativa humana las enfermedades del tiempo. ¿Cuáles son y cómo surgen estas enfermedades? ¿Son incurables o se pueden tratar? Si fuera posible dominar el tiempo vital, ¿desaparecerían las enfermedades? ¿Serían entonces realidad los sueños de inmortalidad?

CAPÍTULO 7

Las enfermedades del tiempo

Un martes cualquiera de un mes cualquiera de un año cualquiera, el mundo se puso triste y durante tres días llovió tanto en el pueblo caribeño de Elisenda y Pelayo que llegaron a fundirse y confundirse el cielo, el mar y la playa. Su casa se llenó de cangrejos desorientados incapaces de reconocer sus territorios marinos habituales, por lo que hubo que devolverlos a su lugar natural.

> La luz era tan mansa al mediodía, que cuando Pelayo regresaba a la casa después de haber tirado los cangrejos, le costó trabajo ver qué era lo que se movía y se quejaba en el fondo del patio. Tuvo que acercarse mucho para descubrir que era un hombre viejo, que estaba tumbado boca abajo en el lodazal, y, a pesar de sus grandes esfuerzos, no podía levantarse, porque se lo impedían sus enormes alas.

Nos cuenta Gabriel García Márquez que ese señor tan viejo no era otra cosa que un ángel de carne y hueso, aunque con un insoportable olor de intemperie que lo hacía muy humano. No es extraño que centenares de curiosos se acercaran a casa de Pelayo y Elisenda para contemplar de cerca una criatura tan maravillosa como inmortal, aunque aparentemente muy venida a menos.

Además, y asumiendo la capacidad natural de los ángeles para hacer milagros, a la casa también «vinieron en busca de salud los enfermos más desdichados del Caribe: una pobre mujer que desde niña estaba contando los latidos de su corazón y ya no le alcanzaban los números, un jamaicano que no podía dormir porque lo atormentaba el ruido de las estrellas, un sonámbulo que se levantaba de noche a deshacer dormido las cosas que había hecho despierto, y muchos otros de menor gravedad».

Curiosamente, y pese a que la intención de García Márquez muy probablemente no fuera esa, su relato titulado «Un señor muy viejo con alas enormes» es un buen compendio de las enfermedades del tiempo. En esta categoría se pueden incluir todas las afecciones que se producen por errores en los mecanismos celulares y moleculares encargados de percibir ordenadamente el paso del tiempo o en los responsables de medir su duración. El impacto de las patologías del tiempo suele ser devastador; de hecho, tras su imparable progreso llegamos a quedarnos «en nada y en olvido» hasta convertirnos simbólicamente en esos cangrejos caribeños sumergidos en un mar de profunda confusión que nos deja para siempre sin futuro.

La gran mayoría de las enfermedades del tiempo tiene su origen en el cerebro, lo cual parece lógico porque en esta voluminosa masa temblorosa, gris y blanda se encuentran los relojes maestros y también blandos de nuestro cuerpo, incluido el cronómetro central supraquiasmático del que emanan múltiples señales que marcan nuestros ritmos metabólicos, digestivos, respiratorios, cardíacos y hasta emocionales. Daños cerebrales, como los causados por traumatismos, infecciones y algunas mutaciones, pueden provocar alteraciones directas o indirectas en estos relojes neuronales, que a su vez terminan generando graves desajustes en su propia labor de sentir y medir el tiempo de la vida.

En los últimos años se ha avanzado notablemente en el estudio multidisciplinar de las claves médicas, biológicas, psicológicas y sociales subyacentes a una categoría de enfermedades relacionadas con la muy humana capacidad de percibir el tiempo. Estas patologías pueden afectarnos en tres dimensiones relacionadas con nuestras posibilidades de recordar el pasado, de vivir el presente y de soñar el futuro.

Tras contemplar la serie de autorretratos que pintó William Utermohlen entre 1996 y 2001, sobran las palabras para describir el desgarro que supone padecer la enfermedad de Alzheimer, una patología neurodegenerativa de creciente incidencia en la sociedad humana y que imposibilita el recuerdo del pasado. Bill Utermohlen fue un pintor norteamericano fielmente adscrito al movimiento del Pop Art, el cual se caracteriza por un lenguaje visual muy colorista y una notable precisión y realismo en la representación pictórica de personajes y objetos cotidianos. En noviembre de 1995, tras una carrera artística fructífera y sin sobresaltos, el azar hizo llegar a Utermohlen —que a la sazón contaba sesentaiún años de edad— una gran ola de Hokusai en forma de diagnóstico de alzhéimer. Esta devastadora enfermedad fue descrita hace poco más de cien años por el psiquiatra alemán Alois Alzheimer tras observar la implacable destrucción mental que sufrían algunos de sus pacientes mayores de cincuenta años. El análisis histopatológico del cerebro de Augusta D., su primera paciente, reveló una notable pérdida de neuronas en el córtex cerebral, además de una cierta constitución de acúmulos proteicos interneuronales (que hoy sabemos que están formados por la proteína beta amiloide) y de filamentos neurofibrilares en el interior de las propias neuronas (constituidos por la proteína tau). Pese al progreso en los estudios realizados por miles de investigadores en todo el mundo, hoy, un siglo después de su descripción, la enfermedad de Alzheimer sigue siendo incurable.[1]

Bill Utermohlen supo desde el principio que esta dramática enfermedad del tiempo le iba a robar el pasado y el futuro, pero aun así luchó por anclarse al presente y regaló al mundo una colección de autorretratos pintados cada año como una suerte de narración artística del avance de la enfermedad a través de su cerebro, antes de que lograra apoderarse definitivamente de su mente. La primera obra, pintada al óleo en 1996, refleja la rabia y la fuerza con que Utermohlen se enfrentó inicialmente a su afección. Los trazos siguen siendo firmes y seguros, los colores lucen brillantes y tanto las formas como el contexto están bien definidos, pues la figura del artista, perfectamente reconocible, se halla encerrada entre barrotes de tonalidades verdes, tal vez como símbolo de la prisión que supone la enfermedad para la imprescindible libertad creativa de Utermohlen. A partir de entonces, las emociones que trasladan sus autorretratos pasan de la precisión y determinación iniciales a la confusión y la desolación de obras posteriores, se pierde realismo y detallismo y los colores se van apagando hasta que finalmente desaparecen. En su última obra, realizada en 2001, ahora ya solo con lápiz y papel, y titulada *Cabeza con mancha de café*, William Utermohlen se subió definitivamente al viento del olvido, dibujó su rostro con un triste e indeciso trazo oscuro y viajó hacia la nada más absoluta, allí donde el tiempo ha dejado de existir.

Otros grandes artistas, como, por ejemplo, Willem de Kooning, experimentaron también su propio viaje en el tiempo hacia la nada y el olvido. Este pintor de origen holandés, pero que desarrolló su labor creativa en los Estados Unidos, está considerado como uno de los maestros del expresionismo abstracto norteamericano junto con los también imprescindibles Jackson Pollock y Mark Rothko. A De Kooning le diagnosticaron alzhéimer en 1989 y, como sucedió con Bill Utermohlen, su obra pictórica cambió sustancialmente desde entonces. Tras el diagnóstico, Willem de Kooning entró en una fase de euforia creativa, similar a la que afectó a Vincent van Gogh en la última etapa de su vida, y pintó más de trescientos cuadros hasta su muerte, algunos de los cuales son considerados obras esenciales de su producción artística. Al mismo tiempo, algunas de sus obras anteriores se revalorizaron de manera extraordinaria: *Interchange*, por ejemplo, se subastó en 2015 por más de trescientos millones de dólares. Fue el precio más alto pagado jamás por un cuadro y hoy en día solo ha sido superado por el bellísimo y evocador *Salvator mundi* atribuido a Leonardo da Vinci y vendido en 2017 por más de cuatrocientos cincuenta millones de dólares. Curiosamente, poco después de la muerte de William de Kooning en 1997, el grupo galés Manic Street Preachers compuso la canción *His last painting* («Su último cuadro»), en la que se narra con emoción el viaje al olvido del célebre artista y pone así un contrapunto musical a esta dramática enfermedad.

Las patologías neurodegenerativas como el alzhéimer, que padecieron y reflejaron en sus obras William Utermohlen y Willem de Kooning, son extraordinariamente frecuentes y su incidencia crece de manera continua debido en parte a la mayor longevidad humana. En la actualidad, se estima que la enfermedad de Alzheimer afecta aproximadamente a unos cien millones de personas. Del total de casos diagnosticados, un pequeño porcentaje responde a factores hereditarios; concretamente, se deben a mutaciones en genes como *APP*, *PSEN1* y *PSEN2* heredadas de nuestros progenitores. El ejemplo más característico de alzhéimer hereditario se encuentra en la comunidad colombiana de Yarumal, donde más de cinco mil personas han padecido, padecen o padecerán una forma precoz de la enfermedad. La maldición, pues así es como llaman allí a esta patología neurodegenerativa, está causada por una mutación en el gen de la presenilina 1 (*PSEN1*) que se viene transmitiendo con herencia dominante desde los lejanos tiempos en que los primeros españoles se establecieron en la región.[2] En cualquier caso, la inmensa mayoría de los casos de alzhéimer surgen del desgaste de nuestras células por efecto del uso, de manera que el paso del tiempo disminuye la eficiencia de los mecanismos de limpieza neuronal y se acumulan agregados proteicos indeseados, los cuales a su vez generan respuestas inflamatorias crónicas y envían asimismo señales bioquímicas inadecuadas que conducen a la muerte masiva de neuronas y al deterioro cognitivo. Paradójicamente, el alzhéimer y otras patologías neurodegenerativas son enfermedades del tiempo causadas por el tiempo mismo.

Sin embargo, hay otras formas mucho menos frecuentes, pero más extremas si cabe, de perder los recuerdos del tiempo pretérito y, de paso, dificultar los sueños del tiempo futuro.

El músico británico Clive Wearing también llevaba una vida tranquila y sin sobresaltos como director de orquesta hasta que, sin previo aviso, el azar le llevó como a Utermohlen su propia ola de Hokusai, pero en su caso en forma de un virus que le robó tanto sus recuerdos como su capacidad de recordar. Corría el año 1985 cuando Clive sufrió una encefalitis viral que se extendió por todo el hipocampo, la región del cerebro que se ocupa de la construcción y evocación de recuerdos, y lo dañó de manera irreversible. Desde entonces, Clive sufre amnesia retrógrada, por lo que es incapaz de recordar hechos acontecidos antes de que su cerebro fuera infectado por el virus del herpes; pero además padece amnesia anterógrada, así que tampoco puede evocar nada de lo que ha ido sucediendo en su vida después de sufrir la encefalitis viral. Sorprendentemente, Clive mantuvo su capacidad de emocionarse con la música, aunque es incapaz de recordar nada que haya ocurrido hace más de siete segundos en su particular cronómetro vital. Víctor Jara, en su mítica canción *Te recuerdo Amanda*, decía que «la vida es eterna en cinco minutos», curiosamente el mismo tiempo que Mario Benedetti juzgaba suficiente para soñar la vida entera; pero para Clive Wearing la medida de la eternidad es mucho más breve, quizás solo ese único segundo que parece mantenerse en el tiempo en *Alicia en el País de las Maravillas*. El pasado no existe en la mente de Clive y el futuro es imposible de imaginar, por lo que su vida es un conjunto de presentes que se van apretujando uno contra otro, pugnando por aparecer brevemente en el tiempo, para luego desvanecerse para siempre en su también breve eternidad.[3]

Si pudiera acordarse de pedírselo, Clive Wearing se pondría muy contento si alguno de esos extraordinarios seres humanos incapaces de olvidar le regalara un poco de su excesiva e innecesaria memoria, lo cual nos hace pensar que «unos tanto y otros tan poco», en la vida ciertamente, pero también en la memoria. Paseando por la historia, por la literatura y por el cine hallamos unos cuantos campeones de la hipermemoria, sean reales o imaginarios. Cenn Fáelad mac Aillila fue un poeta irlandés que participó en el 636 en la batalla de Maigh Rath (la actual Moira), donde resultó gravemente herido en la cabeza. Cenn no solo sobrevivió a su lesión, sino que, según la tradición, tras la herida ya no pudo olvidar nada hasta el momento de su muerte, acontecida cuarenta y tres años más tarde. Por su parte, Ireneo Funes —el genial memorioso creado por Borges— perdió el conocimiento al caerse del caballo y, cuando volvió en sí, «comenzó a ser capaz de recordar todo objeto y todo fenómeno con una memoria prodigiosa y detallada, cualquiera que fuese su antigüedad». Y viajando de la literatura al cine, el talento de Alfred Hitchcock nos legó la curiosa película *39 escalones*, en la que se narran las aventuras del Señor Memoria, un hombre con una memoria tan superlativa que todo lo sabía y todo lo recordaba.[4]

La lista de héroes del recuerdo comenzó a crecer y posteriormente adquirió una garantía de realidad con los *savants* de la vida moderna, un grupo de sabios atípicos con frecuentes rasgos de autismo, pero en algunos casos con habilidades tan portentosas como la de poseer una memoria casi infinita. Kim Peek es tal vez el personaje más representativo de este reducidísimo grupo de seres tan especiales que solo olvidan la importancia de olvidar. Kim inspiró la película *Rain Man*, protagonizada por Dustin Hoffman, y hasta el momento de su muerte en 2009 asombró al mundo con su capacidad virtualmente ilimitada de almacenar información de cualquier tipo.

Otro pequeño grupo de personas padecen lo que se conoce como hipertimesia, es decir, una memoria autobiográfica excepcional. Dos mujeres estadounidenses, Jill Price y Marilu Henner, y la australiana Rebecca Sharrock se encuentran entre los pocos seres humanos en que se ha podido verificar este extraño don o pesadilla que les permite recordar desde niños, y para siempre, cada instante, cada detalle de su vida, por nimio e intrascendente que sea. En otros casos, el objetivo de las hazañas mentales de estos grandes memoriosos es mucho más específico. Por ejemplo, el estudiante de medicina Alex Mullen, campeón mundial de memoria en 2016, fue capaz de memorizar en menos de veinte segundos el orden de todas las cartas de una baraja después de haber sido bien mezcladas. El matemático Daniel Tammet, *savant*, sinésteta y autista, ostenta el récord europeo de memorización y recitado del número pi con 22.514 dígitos en poco más de cinco horas.[5] Por último, la especialidad memorística del hiperpolíglota Alexander Argüelles son los idiomas. Argüelles ha estudiado cerca de setenta lenguas y es capaz de comunicarse perfectamente en más de cincuenta, como si él mismo fuera un auténtico Google Translator, pero con sustrato biológico, o sea, de carne y hueso.

También en relación con el tiempo y la memoria, no podemos olvidar esa condición humana a la que, ya en 1688, el físico Johannes Hofer llamó nostalgia, del griego *nóstos* (regreso) y *álgos* (dolor), para intentar reflejar la profunda añoranza del pasado que afecta a quienes la padecen. Hoy, la nostalgia o «mal de corazón» está ampliamente instalada en una sociedad que no acaba de encontrar su rumbo o su ritmo, e incluso ha adquirido una nueva dimensión al desplazarse al otro extremo de la flecha del tiempo y convertirse en la añoranza del futuro, tal vez la forma más dolorosa y más verdadera de la melancolía. De hecho, la depresión —ese eclipse emocional que afecta a muchos millones de seres humanos— y en general todas las patologías que arañan el alma, dondequiera que esté situada en nuestro cuerpo, son auténticas enfermedades del tiempo, pues para los que las sufren, el futuro suele perder todo su sentido temporal y vital. Por último, no podemos olvidar una enfermedad del tiempo de muy reciente consideración llamada «afantasía», que consiste en la imposibilidad de recrear y construir imágenes visuales en la mente, cosa que compromete seriamente su capacidad de intuir el futuro. Así, los pacientes afantásicos nos recuerdan al hombre de hielo de Haruki

Murakami, al que no le interesa el futuro y, de hecho, ni siquiera sabe qué significa porque «el hielo no tiene futuro, todo lo que posee es el pasado que encierra».

Todas estas patologías del tiempo tienen algo en común: la generación de daños de uno u otro tipo en nuestra capacidad de percibir el tiempo, ya sea en nuestra mirada al pasado, en la vivencia del presente o en la anticipación del futuro. Sin embargo, todavía queda espacio y tiempo en este libro para describir otro importante grupo de enfermedades del tiempo que no están relacionadas con las alteraciones de la memoria, «el único paraíso del que no podemos ser expulsados»[6] mientras mantengamos intacta la capacidad de recordar y nos hallemos a salvo de los virus o las mutaciones que actúan como ladrones de mentes. Estas otras patologías temporales surgen de daños en la arquitectura neuronal del núcleo supraquiasmático o por defectos en los genes que controlan la función de los distintos relojes biológicos. Ambos tipos de alteraciones provocan cambios profundos en los patrones del sueño y contribuyen al desarrollo de diversas afecciones metabólicas, inmunológicas y neurológicas. Además, cada vez hay más pruebas de que los desajustes en el control del tiempo celular impulsan la progresión tumoral.

Dormir es sinónimo de vivir. La falta de sueño es la peor pesadilla para millones de seres humanos. Generalmente, nuestros patrones de sueño siguen ciclos de noventa minutos que se suceden rítmicamente durante la noche. Sin embargo, los avances en cronobiología y cronomedicina han permitido demostrar la gran plasticidad de los ciclos circadianos en la especie humana y, dependiendo de variantes genéticas que ocurren de manera natural en nuestro ADN, el reloj supraquiasmático puede avanzar más o menos rápido. Estos polimorfismos o variaciones no patológicas que tienen lugar en distintos genes de las familias *PER*, *CLOCK* o *CRY* determinan la aparición de diversos cronotipos que oscilan entre los denominados en inglés *larks* (alondras/madrugadores) y *owls* (búhos/trasnochadores) y contribuyen a explicar las preferencias humanas por hábitos diurnos o nocturnos, respectivamente.[7]

Aparte de estos polimorfismos genéticos que generan tendencias de sueño y vigilia, existen mutaciones que afectan profundamente a la función de los genes del reloj nuclear supraquiasmático y causan dos enfermedades conocidas como síndromes de la fase del sueño avanzada o retrasada (ASPD y DSPD, por las siglas en inglés de *advanced/delayed sleep phase disorder*). Mutaciones en los genes *PER2*, *CRY2, CSNK1D* y *TIM* hacen que el cronómetro supraquiasmático avance de manera excepcionalmente rápida hasta completar el ciclo en menos de veinticuatro horas y cause el síndrome ASPD. Este trastorno de los grandes madrugadores les lleva a comenzar sus actividades mucho antes de que amanezca y a terminar la jornada rendidos de sueño mucho antes de que caiga la noche. La enfermedad del sueño o tripanosomiasis, provocada por el protozoo parásito *Trypanosoma brucei* y transmitida por la mosca tsé-tsé, es otro ejemplo de ASPD. Por el contrario, mutaciones en el gen *CRY1* provocan un ritmo circadiano lento, y de ahí que los grandes trasnochadores no encuentren nunca el momento de irse a dormir ni tampoco el momento de levantarse de la cama. Además, hay enfermedades neurodegenerativas, como el alzhéimer y el párkinson, que cursan con desregulación circadiana y provocan la falta de sueño consolidado como daño colateral de la propia patología neuronal. Por último, y rivalizando en el drama con estas devastadoras patologías, podemos citar algunas enfermedades raras hereditarias, como, por ejemplo, el insomnio familiar fatal, causado por mutaciones en el gen *PRNP*, codificante del prión, una partícula proteínica con propiedades infecciosas capaz de destruir las neuronas talámicas. Se pierde así el control del ciclo sueño-vigilia y los pacientes entran en una fase de insomnio creciente que, junto a otros desajustes fisiológicos, acaba por costarles la vida.[8]

Sorprendentemente, pero cumpliendo de nuevo el viejo adagio de que cada patología tiene su opuesta, la pesadilla de algunas personas no es dormir poco, sino dormir en exceso. Estos pacientes presentan enfermedades con nombres tan descriptivos como hipersomnia, narcolepsia o síndrome de la bella durmiente, que también suelen estar provocadas por alteraciones directas o indirectas en los relojes circadianos. La hipersomnia* se caracteriza por un sueño constante, involuntario y extremo durante el día y por una gran dificultad para despertar del sueño nocturno. Su origen no está bien definido, pero comparte muchas propiedades con la narcolepsia,* una rara enfermedad en cuyo estudio molecular se ha progresado de manera notable. La narcolepsia está causada por una deficiencia de hipocretinas, una pareja de hormonas neuropeptídicas que desempeñan una importante función a la hora de mantenernos alerta y en estado de vigilia durante el día. Por eso, los pacientes narcolépticos tienen auténticos ataques de sueño y son capaces de quedarse dormidos de repente en cualquier momento, en cualquier lugar, en cualquier situación y en cualquier posición. A menudo, estos enfermos sufren también episodios de cataplejía o pérdida súbita del control muscular, normalmente provocada por emociones fuertes como la furia o la risa. El origen del déficit de hipocretinas característico de la narcolepsia está en la destrucción (tras un ataque autoinmune) de las neuronas productoras de estos neuropéptidos en el hipotálamo, el lugar del cerebro donde late el gran reloj supraquiasmático. Estos hallazgos demuestran que las enfermedades de exceso de sueño tienen una relación directa con defectos en el control del tiempo que realizan nuestros relojes internos y abren nuevas oportunidades cronoterapéuticas para corregir las deficiencias en el sistema hipocretinérgico y volver a poner en hora el reloj nuclear supraquiasmático.[9]

Algunos trabajos también han sugerido que el síndrome de la bella durmiente o síndrome de Kleine-Levin puede estar asociado a daños en neuronas hipotalámicas, como ocurre en la narcolepsia. El nombre de «síndrome de la bella durmiente» deriva de un cuento tradicional en el que se relata la historia de una bella joven que se pinchó con una aguja en un dedo y que desde entonces ha quedado condenada a dormir sin pausa hasta que aparezca el hombre de su vida, que la despertará con un beso. Tuvieron que transcurrir cien años antes de que llegara el esperado príncipe para resolver el problema y brindar un final feliz al cuento. Con menos glamur e inocencia que los que se recogen en este romántico relato, el síndrome de Kleine-Levin se nos presenta como un trastorno del sueño que consiste en dormir durante largos periodos de tiempo, que pueden abarcar desde un día entero hasta varias semanas. Después, y sin necesidad de besos románticos, los pacientes se despiertan como si nada hubiera pasado durante el prolongado tiempo en el que han estado dormidos, aunque enseguida muestran una manifiesta desorientación temporal, un grave deterioro emocional y deseos compulsivos de comer que sin duda han sido provocados por el profundo descontrol de sus relojes internos.[10]

De todas formas, en el complejo panorama de esta acelerada sociedad de nuestros días no necesitamos tener mutaciones en los genes de nuestros relojes blandos, ni sufrir un ataque autoinmune en nuestras neuronas supraquiasmáticas para estar en permanente batalla contra el tiempo y los relojes que lo miden. ¿Cuáles son esos otros problemas que surgen de nuestra relación con el tiempo? ¿Tienen algún componente celular o molecular? ¿Hay alguna solución para ellos?

Los nuevos usos sociales en cuanto a la gestión del tiempo personal y colectivo, los cambios y las deficiencias nutricionales o la creciente longevidad de nuestra especie son ejemplos de disruptores circadianos capaces de desconcertar al reloj biológico humano más preciso. Respecto al primer factor, hay que destacar que el progreso tecnológico e industrial del siglo pasado hizo que los patrones diarios de luz y oscuridad se fueran difuminando hasta desaparecer por completo en los lugares más habitados del planeta. La luz natural y la luz artificial entraron en disputa y, al final, en las ciudades, parece que alguien se olvidó de apagar las bombillas y las farolas al menos unas horas durante la noche. Como consecuencia del empleo masivo y continuado de iluminación eléctrica incluso a pleno sol y de nuestra supuesta obligación de sacar el máximo rendimiento económico a todas nuestras actividades productivas, han aumentado los trabajos a turnos no solo en las industrias, sino en múltiples ocupaciones del sector de los servicios. Por otra parte, el notable incremento de los viajes intercontinentales y transoceánicos ha traído como consecuencia que la expresión *jet lag* (desfase horario) se haya incorporado al vocabulario cotidiano de muchos miles de seres humanos. Estos nuevos y frecuentes viajeros en el tiempo, aunque muy modestos en su alcance, se ven sometidos a continuos y abusivos retrasos y adelantos del reloj circadiano, cambios para los que sus piezas y mecanismos no están preparados. Además, la enorme y creciente adicción de nuestra especie a todo tipo de dispositivos electrónicos hace que una buena parte de los ojos humanos estén día y noche más pendientes de lo que ocurre en ese mundo virtual en el que nunca se apaga la luz, que de lo que ofrecen los ciclos naturales de la vida.

La conclusión que nos traen todos estos nuevos usos sociales es que parece que hay que estar siempre despierto, activado y, por tanto, bien alimentado para evitar el *jet lag* social; pero la realidad es que en esta faceta nutricional tan decisiva para generar armonía celular y molecular tampoco podemos decir que el resultado sea muy brillante. Hoy está bien claro que los cambios y las deficiencias alimentarias reprograman y dañan el reloj circadiano y que, recíprocamente, las alteraciones en los genes de este cronómetro central provocan cambios metabólicos. La estrecha conexión molecular y funcional entre el reloj neuronal y el reloj metabólico se ha puesto recientemente de manifiesto en los estudios metagenómicos de la microbiota,* que han evaluado los cambios en los patrones genómicos de las múltiples especies bacterianas que abarrotan nuestro intestino. Mutaciones de los genes del reloj circadiano inducidas específicamente en las células intestinales de ratones experimentales provocan disbiosis,* la cual supone la pérdida del equilibrio necesario entre los distintos componentes bacterianos que cohabitan en el intestino. Además, alteraciones similares inducidas específicamente en el páncreas mientras que el resto de los relojes corporales se mantienen en perfecto funcionamiento, provocan diabetes. De esta forma se introduce el lenguaje metagenómico —la suma de todos los genomas que cohabitan en nuestro cuerpo, incluyendo los de la abundante flora bacteriana— en nuestra gramática del tiempo y de sus enfermedades.[11]

Por último, en este breve paseo por la lista de disruptores de los relojes circadianos no podemos olvidar que el simple transcurso del tiempo es un factor de riesgo importante por cuanto desajusta su funcionamiento. La edad provoca una acumulación de daños en nuestro organismo, e incluso en los relojes maestros celulares, que pierden su ritmo, adquieren un comportamiento errático y envían señales equivocadas o a destiempo al resto de los relojes internos. Análogamente, el reloj que controla el ciclo celular y decide cuándo deben dividirse las células también se desajusta a medida que envejecemos y con el tiempo provoca confusión y caos en un proceso tan exquisitamente modulado como la división de las células. Así, sin que podamos hacer mucho por evitarlo, se acaba destruyendo en nuestra relojería interior la sincronía que tanto necesitamos para sobrevivir en armonía.

Aunque la ciencia nos está acostumbrando a proponer estrategias terapéuticas en las que es difícil distinguir la realidad de la magia o de la fantasía, las enfermedades del tiempo no parece que vayan a curarse con románticos besos de princesas o príncipes de cuento de hadas. Entre las aproximaciones más utilizadas para ajustar nuestros ritmos circadianos perdidos podemos citar el uso de plantas o hierbas medicinales como la valeriana, la manzanilla, la kava o la melisa, todas ellas reconocidas desde hace siglos por su capacidad de actuar como sustancias relajantes y promotoras del sueño. Además, y dado que la luz solar es decisiva en la regulación de nuestro reloj circadiano, van creciendo los usuarios de las denominadas cajas de luz, unos sencillos dispositivos de fototerapia que irradian una luz similar a la del sol y que en pocas semanas logran adelantar nuestro reloj interno hasta hacernos despertar más temprano de manera natural. Sin embargo, la estrategia más utilizada en la actualidad para mejorar nuestra gestión del tiempo vital es el empleo de suplementos de melatonina. Esta neurohormona de la oscuridad se produce en la glándula pineal y se libera lentamente en la circulación sanguínea entre las ocho y las diez de la noche, cosa que provoca un creciente adormecimiento y acomoda la fisiología del cuerpo para la fase de sueño. El uso de suplementos de melatonina es hoy muy popular, aunque muchos de sus efectos positivos no han sido demostrados de manera inequívoca y su utilización como medicamento aprobado está todavía restringida a ciertas situaciones de insomnio primario o a las alteraciones en el reloj circadiano características de las personas ciegas.

Otra estrategia adicional muy sensata y sencilla para mejorar nuestra percepción del tiempo es la realización de ejercicio moderado y el empleo de diversos enfoques nutricionales —incluyendo ayunos intermitentes— que también tienen cierto valor cronoterapéutico. Sin duda, debemos mantener una alimentación sana y equilibrada y evitar la ingesta o el empleo de productos tóxicos que oxidan o atascan nuestros relojes internos. No en vano, nuestra percepción del tiempo puede verse seriamente afectada por la ingestión excesiva de alcohol, como en el caso del síndrome amnésico de Korsakoff, o por el consumo de drogas neurotóxicas capaces de embarcarnos en lo que se define precisamente como *viajes* para reflejar la pérdida de noción espacio-temporal que los acompaña.

Finalmente, podemos considerar la todavía remota posibilidad de atrasar ampliamente nuestros relojes biológicos o detenerlos por completo para volver a ponerlos en marcha cuando vengan tiempos mejores. Así, mediante métodos todavía experimentales, se puede llegar a alcanzar lo que se llama «animación suspendida», una especie de hibernación humana que será probablemente imprescindible para afrontar los largos viajes interestelares de los futuros exploradores del universo. También en fase muy preliminar de experimentación se encuentra el intento de combatir la fuerza del tiempo mediante la criogenización, basada en la congelación o vitrificación de nuestro cuerpo con la remota esperanza de que en el futuro podamos devolverlo a la vida. Estas tecnologías, recreadas magistralmente por Don DeLillo en su novela *Cero K*, se discutirán más ampliamente en el capítulo de nuestro libro dedicado a la dilatación del tiempo.

En suma, por unas causas u otras, los patrones circadianos de comportamiento biológico pierden un ritmo que se lleva sintonizando y ajustando con maravillosa precisión desde que, hace alrededor de mil millones de años, los organismos pluricelulares aparecieron por primera vez en el planeta de los genes. Entonces, los rudimentarios relojes bacterianos que habían evolucionado para que la división celular aconteciera en el momento más favorable del día a fin de evitar mutaciones, comenzaron a adquirir una gran diversidad y una gran complejidad. Inesperadamente, después de tantos años invertidos en poner en hora los relojes internos, a medida que pasa el tiempo, nuestra vida comienza a perder el compás con nuestra biología, hasta que al final declina por completo cuando hemos consumido esos tres mil millones de latidos que a todos nos corresponden cuando venimos al planeta Tierra.

Sentir el tiempo y medir el tiempo, pero también pasar el tiempo, y perder el tiempo, y ganar tiempo, y disfrutar del tiempo, y soñar el tiempo, y sufrir el tiempo…

Y sí, sin duda, sufrir el tiempo, porque pese a que esta magnitud física inventada por los humanos nos regala cada uno de los instantes de nuestra vida, su discurrir cotidiano es el que nos arrebata esa misma vida que él nos ofrece. El tiempo no espera a nadie, ni siquiera a Mick Jagger y a sus Rolling Stones quienes ya lo reconocieron cuando compusieron su mítica canción *Time waits for no one*. No en vano, el paso del tiempo es la causa principal de las múltiples enfermedades asociadas al envejecimiento, las que a todos nos alcanzan cuando la entropía acude a su ineludible cita con nuestra anatomía.

En este escenario de resignación que nos acompaña desde que hace mucho, muchísimo tiempo Zeus envió a Pandora a nuestro planeta para extender entre nosotros todas las enfermedades del mundo (incluso las que todavía no conocemos), han comenzado a levantarse voces discrepantes. El progreso de la ciencia y de la tecnología hace que el concepto de imposible vaya retrocediendo a ritmo vertiginoso en muchos ámbitos, pero todavía hay grandes barreras que limitan el avance del conocimiento de los mecanismos de funcionamiento de la vida y de la mente humana. El estudio del envejecimiento es una de estas fronteras, pero los que todo lo poseen menos el poder sobre el tiempo han comenzado a preguntarse si sería posible dominar el tiempo para vencer al envejecimiento natural y alcanzar sus sueños de inmortalidad.

Esta compleja cuestión cierra la primera parte de nuestro libro, que ha estado centrada en una reflexión acerca del tiempo del mundo y del tiempo de la vida. En compañía de la pintura, la música y la literatura, hemos avanzado pausadamente en la descripción del concepto de tiempo, observado desde la física y la tecnología, pero también desde la medicina y la biología. Después, hemos analizado las diferentes maneras de percibir y medir el tiempo, los propios viajes en el tiempo y hasta las personas que desean ignorar o matar el tiempo. Finalmente, hemos revisado las múltiples enfermedades que surgen de la complejidad biológica inherente a nuestra fascinante capacidad de sentir y medir el tiempo. Toda esta información es esencial para abordar la segunda parte de este libro, cuyo mayor afán es tratar de contestar a esta gran pregunta: ¿es posible dominar el tiempo y vencer al envejecimiento?

SEGUNDA PARTE

El envejecimiento y la longevidad

CAPÍTULO 8

El origen del envejecimiento

El tiempo cósmico alumbra y apaga estrellas y soles, dispersa y devora galaxias y constelaciones, engendra y destruye planetas y lunas. El tiempo geológico junta y separa continentes, llena y vacía océanos, levanta y erosiona cordilleras, congela y derrite hemisferios, excava y rellena valles, enciende y apaga volcanes. El tiempo biológico crea bacterias y algas, intoxica y oxigena la atmósfera, puebla de seres microscópicos el mar y la tierra, inventa plantas y animales, genera y extingue especies, incansablemente, una tras otra, incluidas algunas de las que parecerían intocables, como los dinosaurios, los mamuts y los neandertales. El tiempo cultural transforma a los cazadores-recolectores en agricultores; sustituye las cuevas por casas de adobe; hace crecer pueblos y ciudades; inventa la irrigación y la escritura, ritos y religiones, lenguajes y sonidos; genera y aniquila civilizaciones, que nacen con esperanza y mueren en catástrofes naturales o en guerras insoportables, dejando tras de sí muchas huellas: templos en ruinas, fragmentos de cerámica, fíbulas de bronce, esqueletos y huesos, inscripciones lapidarias, rollos de papiro, mitos, supersticiones, leyendas, versos y algunas obras de arte. Pero mientras todo esto sucede, el tiempo biológico sigue trabajando sin pausa día y noche, hasta que, al final, ese mismo tiempo que crea a los seres vivos es el que los apaga: a las secuoyas y a las rosas, a los leones y a las gacelas, a las ballenas y a las amebas, y también al *Homo sapiens sapiens*, el ser humano que sabe que sabe, y por eso piensa, y sueña el tiempo, y acaba construyendo esta Gran Historia del tiempo del mundo y del tiempo de la vida.

¿Por qué se apaga el tiempo de la vida? Ya en la infancia nos damos cuenta de que los seres humanos tenemos distintas edades y de que nuestros abuelos se diferencian de nuestros padres por sus arrugas y su fragilidad. Pronto nos familiarizamos con la idea de la muerte y aceptamos como natural el hecho de que llegue antes a los ancianos que a los adultos o a los jóvenes. En nuestro entorno cultural sentimos como una terrible injusticia el hecho de que alguien muera antes de tiempo o a destiempo, con la vida a medio hacer y los sueños sin soñar. Nos alivia relativamente la idea de que la muerte suele llevarse a los mayores, habitualmente después de una larga enfermedad, pero nos asusta cuando nos golpea sin avisar. Instintivamente, inscribimos nuestra propia esperanza de vida en las tablas de contabilidad de quienes llevan el censo de mortalidad de nuestra especie y evaluamos el tiempo aproximado que nos queda por vivir, si es que antes no nos arrastra la gran ola de Hokusai hasta depositarnos sin más en el Gran Mar del infinito. Situamos nuestro tiempo de vida en el tiempo del mundo. Cuando somos jóvenes aparcamos la cuestión de la muerte y hasta nos llegamos a creer inmortales. Pero tarde o temprano empezamos a formularnos preguntas sobre el porqué, sobre las razones profundas de nuestra condición humana y sobre el eterno dilema de si la vida merece la pena ser vivida y si debemos asumir el rol que nos ha asignado la sociedad y aceptar el destino que nos ha reservado la inexorable ley de la naturaleza. Jaime Gil de Biedma lo dejó escrito con honda belleza en su poema «No volveré a ser joven»:

> Que la vida iba en serio / uno lo empieza a comprender más tarde / como todos los jóvenes, yo vine / a llevarme la vida por de-

lante. / Dejar huella quería / y marcharme entre aplausos / envejecer, morir, eran tan solo / las dimensiones del teatro. / Pero ha pasado el tiempo / y la verdad desagradable asoma: / envejecer, morir, / es el único argumento de la obra.

Nuestro origen evolutivo se sitúa en el mismo instante del amanecer de la vida, el Big Bang biológico que hizo eclosionar nuestra historia natural con la generación espontánea de la primera célula. A partir de esta célula elemental se desarrollaron los diferentes tipos de células primitivas (procariotas, sin núcleo ni orgánulos) y millones de años más tarde las células más elaboradas y ambiciosas (eucariotas, con núcleo y diferentes tipos de orgánulos), que en una fase inicial fueron unicelulares y después se agregaron para formar las especies multicelulares, hongos, plantas y animales, hasta colonizar todos los rincones del planeta. Todos los seres vivos somos parientes lejanos, descendientes de la misma célula primigenia surgida hace más de tres mil quinientos millones de años. Teóricamente, nos podemos prolongar eternamente en el tiempo (no nosotros exactamente, pero sí nuestros ovocitos y espermatozoides), si tenemos hijos o hijas que procreen una descendencia que a su vez se reproduce hasta donde los límites de la Gran Historia humana, planetaria y universal lo permitan. Aceptando nuestra posición en este gran continuo biológico, en el que cada eslabón está unido al anterior y al que le sigue por un hilo real de ADN, podemos llegar a creer que nuestro linaje es potencialmente inmortal.

Sin embargo, a partir de la adolescencia somos perfectamente conscientes de que cada uno de nosotros es mortal, no solo por el hecho de que *podemos* morir, sino por la certidumbre de que *debemos* morir, ya que, si no lo hacemos de forma inesperada y accidental a una edad temprana, nos apagaremos en la edad tardía después de decaer físicamente por la fuerza del tiempo. ¿Cómo es posible que la evolución de las especies que ha logrado tan maravillosos resultados —orcas y orquídeas, elefantes y mariposas, dinosaurios y colibríes, tortugas y medusas— nos haya deparado a los humanos esta suerte? La oficina de concesión de cuotas de longevidad perteneciente al departamento de diseño biológico ha sido injusta con nosotros, pues hay criaturas no humanas que son extremadamente longevas. Además, existen otras especies que no presentan señales de envejecimiento, e incluso algunas que parecen ser inmortales y siguen viviendo tranquilamente entre nosotros, sin darse ninguna importancia.

Si volvemos la mirada al pasado más lejano, podemos percibir cómo la mitología nos habla también de la inmortalidad y nos crea dudas razonables sobre la posibilidad de lograr este hipotético don, porque bien sabemos que los mitos clásicos no son otra cosa que brillantes o dramáticas narraciones de lo que nunca ha acontecido en el mundo real, pero que, de alguna manera y a menor escala, también puede ocurrir a nuestro alrededor e incluso afectarnos a nosotros mismos. Uno de los pocos seres humanos que alcanzó la inmortalidad fue el famoso Titón, hijo del rey de Troya, que logró la increíble hazaña de enamorar a una diosa, la hermosa Eos, deidad alada de la aurora cuyos dedos rosados abren las puertas del cielo al amanecer y permiten que pase el carro del Sol. Para fortalecer su relación sentimental, la propia Eos rogó al gran Zeus que le concediera la inmortalidad a su amado Titón y, tras pensarlo mucho, el padre de los dioses del Olimpo accedió finalmente a la petición de su hija. Lamentablemente, Eos se olvidó de solicitar para Titón la eterna juventud que todos los dioses poseen, por lo que podemos imaginar lo difícil que resultó la convivencia entre ambos a medida que fue pasando el tiempo. Finalmente, la solución escogida para intentar aliviar el problema fue convertir al inmortal Titón en un grillo. El mito cuenta que cada mañana, al despertar, Eos vierte unas lágrimas que producen el rocío para alimentar a Titón, quien, sin embargo, solo repite a lo largo del día y de la noche que quiere «morir, morir, morir». Este sugerente relato lleno de sabiduría nos ayuda a resolver nuestras dudas: la inmortalidad y la eterna juventud son cosas de dioses, o de los viejos roqueros que, según Miguel Ríos, nunca mueren. Nosotros somos imperfectos mortales que nos vamos disolviendo en el océano del tiempo y envejecemos inexorablemente hasta que nos llega el momento de despedirnos de la vida.

Las dudas sobre la inmortalidad parece que se desvanecen, pero nuevas preguntas comparecen masivamente en nuestra mente: ¿por qué en la lotería de la Gran Historia nos ha tocado ser mortales y menos longevos que otros seres vivos? ¿Fue un lamentable olvido o un imperdonable error? ¿La competición en las etapas evolutivas iniciales fue tan exacerbada que acabó demandando más creatividad en las estrategias agresivas de predación y defensa que en la continuidad pacífica de aquellos seres que ocupan nichos más tranquilos en la pugna por la existencia? ¿Se dejó de lado la prevención evolutiva de las enfermedades degenerativas y malignas, porque normalmente los individuos de todas las especies morían muy jóvenes de modo accidental, víctimas de predadores o de microbios? ¿No hubo necesidad de inventar un mecanismo óptimo de control del apetito capaz de evitar la obesidad, porque en el mundo antiguo nunca se había producido una sobreabundancia de manjares hipercalóricos? ¿Es posible que la naturaleza no haya inventado ningún mecanismo para evitar el envejecimiento, simplemente porque no tuvo ocasión para ello?

Antes de intentar contestar estas preguntas sobre el origen del envejecimiento, podemos situarnos en un escenario completamente diferente e imaginar que no hubo errores ni omisiones, sino que la naturaleza fue muy activa y creativa a la hora de ingeniar mecanismos para impulsar este complejo proceso biológico. Surge así una nueva colección de cuestiones: ¿hubo una intervención sobrenatural para imponernos nuestra condición de humanos mortales condenados a envejecer, como cuenta el relato de la expulsión del paraíso en la tradición judeocristiana o el del final de la edad de oro en la mitología griega? ¿Es por tanto un problema teológico más que teleológico? ¿Surgió el envejecimiento como castigo colectivo por el pecado original? ¿Fue la ciega evolución biológica la que nos llevó a este punto porque las especies que inventan y mantienen la vejez y la muerte obligatorias para sus miembros son más aptas para la lucha por la existencia?

Para aproximarnos a este gran océano de preguntas, no hay nada mejor que la figura de Charles Darwin, cuyo viaje en el *Beagle* alrededor del mundo cambió para siempre su mente y la de casi todos nosotros. Desde un punto de vista evolutivo, debemos asumir que no son los individuos los que se seleccionan positivamente para dar lugar a una nueva especie o para prolongar su existencia; solo sus células reproductoras o gametos perdurarán en el futuro, solo ellas transmitirán sus genes a la posteridad. El resto de las células se llaman somáticas porque configuran el soma,* término que hace referencia a todas aquellas estructuras corporales cuya misión es ayudar a que las células reproductivas aseguren la continuidad de la especie. Por eso, la evolución se lava las manos y se desentiende del soma una vez que los portadores efímeros de los gametos han conseguido reproducirse y garantizar la supervivencia de la especie. La longevidad de los individuos que ya se han reproducido es irrelevante, e incluso cabe la posibilidad de que para el progreso evolutivo sea una ventaja que las viejas generaciones eviten la competición con las jóvenes y abandonen discretamente el escenario donde se representa la vida.

En suma, dado que todo apunta a que lo que más importa en la evolución son los gametos, sus portadores serían elementos desechables una vez cumplida su función. Así es como surgió la «teoría del soma desechable» para explicar el origen del envejecimiento.[1] Esta teoría formulada por el biólogo británico Tom Kirkwood resulta tan atractiva como interesante, pero no resuelve el enigma de si la vejez es producto de un descuido pasivo, es decir, de la ausencia de estrategias evolutivas para suprimirla, o bien procede de un diseño manifiesto que condujo a la invención de mecanismos para imponerla y acelerar así el cambio generacional. Dado que según Theodosius Dobzhansky nada tiene sentido en biología si no es a la luz de la evolución, una manera lógica de avanzar en el estudio de esta cuestión es comparar nuestra forma de envejecer con la de otras especies que están más o menos alejadas en el árbol evolutivo de la vida, para intentar disponer de una visión más global de este fenómeno natural.[2]

Las humildes bacterias que nos precedieron en la vida y que probablemente nos sobrevivirán cuando hayamos desaparecido del planeta de los genes no tienen consignados el envejecimiento y la muerte en su lista de prioridades. Cuando no hay soma y cada célula se presenta también como un gameto, las bacterias son potencialmente inmortales. Estos organismos se dividen de manera simétrica —cada célula da lugar a otra idéntica—, y, aunque en el reparto de bienes subcelulares entre una y otra puede haber ligeras asimetrías que hacen que formalmente el envejecimiento bacteriano no pueda descartarse, en esencia podemos asumir que las bacterias son máquinas perfectamente preparadas para dividirse *ad infinitum*. Por supuesto, una bacteria puede morir por quedarse sin agua o sin alimento, o por sufrir una irradiación masiva de rayos ultravioleta, o por tener que afrontar un cambio extremo en la temperatura ambiental, o por haber sido envenenada con un antibiótico o devorada por otro organismo. Sin embargo, cada célula bacteriana que llega a dividirse ha cumplido con su propósito de crear otra bacteria igual a sí misma para formar el eslabón preciso entre la generación anterior y la posterior, diluyéndose poéticamente en un futuro sin límite. La inocencia de lo simple; la simpleza de lo inocente.

El asunto se vuelve bastante más complicado cuando la división es asimétrica, como en el caso de la levadura de panadería o de cerveza (*Saccharomyces cerevisiae*). Esta amable especie que nos procura la fermentación del pan y los placeres de la cerveza y el vino tras convertir el azúcar en alcohol es un organismo unicelular como las bacterias, pero tiene núcleo celular como los eucariotas y como nosotros mismos. *S. cerevisiae* suele dividirse de modo asimétrico. Una célula se divide por gemación en dos células distintas: el brote (una célula hija de menor tamaño) y la célula madre original (mayor en dimensión y edad). Con el paso del tiempo, la capacidad reproductora de las células madre se agota en el instante que alcanza un límite llamado «longevidad replicativa» que se parece mucho al experimentado por nuestras propias células. Además, esta especie de levadura posee otras particularidades, como la de vivir en colonias, que la hacen asemejarse a un ser multicelular en el que se reparten los trabajos y las responsabilidades. Por ejemplo, algunas tareas metabólicas las llevan a cabo células del centro de la colonia, mientras que otras son realizadas por habitantes de la periferia colonial. Curiosamente, si cultivamos *S. cerevisiae* en el laboratorio en condiciones que imitan su vida en colonia, podemos observar un límite en su supervivencia cuando se agotan los nutrientes. Este límite bordea la llamada «longevidad cronológica» y está determinado por genes y procesos bioquímicos que también regulan nuestra propia longevidad. Más aún, y de nuevo tal como sucede en nuestro mundo interior, las células de *S. cerevisiae* también se pueden suicidar altruistamente por el bien de la colonia y aumentar así las posibilidades reproductivas de otras células supervivientes. Estas células entran en fase de esporulación y actúan como mensajeras que viajan en el aire buscando nuevas fuentes de alimentación y, al mismo tiempo, la oportunidad de acoplarse con otras células de la misma especie, pero de sexo opuesto, para poder prolongar la vida colonial en el futuro. Por tanto, resulta fascinante que esta sencilla y microscópica levadura ya guarde en su interior los misterios de la vida y de la muerte, pero también los secretos primarios del sexo, del dilema moral entre egoísmo y altruismo, y del épico triunfo del individuo sobre la muerte colectiva gracias al sacrificio y al incierto esfuerzo viajero de unas pocas y generosas células.[3]

Avanzando por el árbol de la vida mediante la escalera de Jacob en forma de ADN que pintó Salvador Dalí, podemos detenernos a continuación en el sorprendente hongo *Dictyostelium discoideum*, que puede vivir entre el estado unicelular y el multicelular, por lo que es considerado como una especie frontera entre ambos modos de vida. Cuando hay abundancia de alimentos, este moho vive de manera unicelular, así que disfruta de una existencia individualista y puede que hasta deliciosamente hedonista. Pero, en condiciones de escasez, sus células se agrupan entre sí en medio de un torbellino discoideo que se contrae y de esta manera generan una estructura anatómica que se asemeja a un hongo: tienen un pedúnculo con un cono en la parte superior. Las células del pedúnculo se suicidan para dotarle de rigidez estructural a través de un proceso de lignificación, lo cual posibilita que el tallo tenga fuerza suficiente para soportar el cono. Es allí, en la cúspide, donde se forman las esporas, listas para viajar por el aire en busca de nuevas tierras fértiles. La historia se repite. Algunas células mortales se sacrifican para que otras puedan tener la oportunidad de inmortalizarse.[4] Llegados a este punto, podemos plantear un paralelismo con la condición humana. ¿Estamos los seres humanos, con nuestros somas desechables semejantes a los de hongos y mohos, heroicamente dispuestos a perecer individualmente para que nuestra estirpe tenga una oportunidad de vencer al tiempo y al envejecimiento? Este dilema moral, aplicable tanto al análisis de la conducta individual como de la colectiva, no tiene una solución fácil, pero quedó planteado para siempre desde el momento en que la evolución inventó la multicelularidad y adoptó la separación de células en formas reproductoras y no reproductoras.

Este viaje evolutivo a las claves de la longevidad nos lleva así al mundo multicelular, en el que, a pesar de la abrumadora variedad de formas de vida, se aplica una regla de organización común. Cada organismo se forma a partir de una única célula que a través de múltiples divisiones genera billones de células que luego se especializan. Algunas de estas células especialistas, a las que hemos llamado gametos, quedan reservadas para la función reproductora. Otras, las conocidas como células somáticas, asumen nuevas funciones al convertirse en diferentes formas celulares que, por ejemplo, definen la superficie del organismo, determinan la rigidez de su estructura, facilitan su movilidad, participan en la captación de nutrientes, o aseguran la circulación y distribución de fluidos. Este proceso de diferenciación celular suele ser irreversible, especialmente en los organismos ubicados en lo alto del árbol de la vida. Además, durante el desarrollo se pasa de un estadio inicial primitivo y sin forma a una compleja organización anatómica, en un camino sin retorno que implica intrincados pliegues y reordenamientos de formaciones celulares. Comprobamos así que el desarrollo embrionario ya siembra las primeras semillas del envejecimiento; mientras nuestro cuerpo se organiza anatómicamente y sus células se diferencian para adoptar múltiples formas, se están franqueando ya las primeras etapas irreversibles hacia una complejidad cuyo mantenimiento a largo plazo va a resultar difícil y costoso.

Curiosamente, hay alguna enigmática excepción a esta regla, como la pequeña medusa *Turritopsis dohrnii*, que vive en los mares del Japón y del Mediterráneo, en esas aguas que reflejan todos los posibles azules del mundo y donde resuenan las voces de Kenta Kiritani y de Joan Manuel Serrat. En situaciones de estrés (por toxicidad ambiental) y de senescencia (acceso a la madurez sexual), la medusa adulta pone en marcha un proceso inverso de desarrollo: deshace su umbrela y sus tentáculos para fusionar sus estructuras anatómicas en una especie de pelota amorfa, a partir de la cual se forma luego un pólipo del que pueden generarse varias medusas. Este ciclo de desarrollo normal (del pólipo a la medusa) y reverso (de la medusa al pólipo) puede repetirse sin límite, de modo que *T. dohrnii* acaba convirtiéndose en un animal teóricamente inmortal. Parece difícil, mucho más incluso que estornudar con los ojos abiertos, que nosotros podamos adoptar una estrategia parecida. De hecho, si pudiéramos deshacer nuestro desarrollo extrauterino —siguiendo los pasos narrados en *El curioso caso de Benjamin Button*, cuyo protagonista tiene la cronología vital invertida, ya que nació anciano y va convirtiéndose en niño— resulta inimaginable que pudiéramos volver al útero y deshacer la embriogénesis hasta alcanzar un estado primario de células indiferenciadas y a partir de ellas completar nuevamente su desarrollo y diferenciación en el sentido normal. Nosotros creemos que, para nuestra desgracia o nuestra fortuna, quién sabe, nunca podremos imitar las proezas biológicas de *T. dohrnii*, aunque de su estudio podemos extraer importantes lecciones acerca de la plasticidad del envejecimiento que tal vez nos puedan llevar a mejorar nuestra propia longevidad. Algo parecido acontece con la hidra vulgar (*Hydra vulgaris*) —pariente cercana de las medusas y los corales—, que de vulgar no tiene nada porque también se comporta como un organismo inmortal. La hidra, un pólipo de agua dulce que normalmente se reproduce asexualmente formando brotes, está formada por un saco de células progenitoras que van reemplazando a las células gastadas o envejecidas cuando es preciso. Su capacidad de renovar indefinidamente sus propias células progenitoras convierte a la hidra, al menos técnicamente, en un ser inmortal.[5]

Los humanos no somos ni hidras ni medusas, pero a cambio tenemos el cerebro del que ellas carecen, por lo que podemos pensar un poco más en la cuestión del origen del envejecimiento. Observando la naturaleza que nos rodea, salta a la vista que a menudo existe una relación notoria entre el tamaño de las especies animales y su esperanza de vida. El gran tamaño corporal suele ser sinónimo de longevidad más extendida. Un elefante vive quince veces más que un ratón, pero se ve superado en dimensión y en esperanza de vida por la ballena boreal, un enorme y longevo leviatán de los paraísos helados que puede vivir más de doscientos años. Los genes del delicado y musical ruiseñor quedan en silencio décadas antes que los del gigantesco albatros viajero y no cabe duda de que, en el reino de los insectos, la diminuta mosca de la fruta envidiará por comparación la larga longevidad de las cucarachas.

Desconocemos la razón que subyace a esta correlación, pero es posible que la medida del tiempo sea diferente en los animales de mayor tamaño, ya que sus ciclos de reproducción son más lentos. Así, la gestación dura dos años en los elefantes, una eternidad en comparación con las tres semanas que necesitan los ratones para traer al mundo una nueva camada de diminutos descendientes. También sabemos que las especies más longevas han acumulado durante su evolución una serie de cambios en el genoma que las protegen contra algunos aspectos del envejecimiento. Por ejemplo, los elefantes poseen múltiples copias del gen *TP53*, un potente inhibidor de tumores. De manera análoga, el genoma del Solitario George —el último representante de la especie de tortugas gigantes *Chelonoidis abingdonii*, que llegan a vivir alrededor de doscientos años— presenta duplicaciones en ciertos genes de reparación y defensa inmune que favorecerían su extraordinaria longevidad.[6]

¿Dónde se sitúa el *Homo sapiens* en este contínuum que determina la correlación positiva entre dimensión corporal y esperanza de vida? Afortunadamente, en este parámetro resultamos muy favorecidos, pues la longevidad humana es superior a la que corresponde a nuestro tamaño. Vivimos bastantes más años que animales como los gorilas, los caballos, las vacas, los antílopes o los leones, todos los cuales nos superan en peso y tamaño. Nuestra especie constituye un ejemplo positivo excepcional, lo que implica que la evolución biológica no nos ha tratado tan mal como algunos postulan. En cualquier caso, no podemos olvidar que nuestra exclusiva evolución cultural nos ha permitido mejorar el entorno que nos rodea e imponer medidas higiénicas y socioeconómicas que nos han regalado un tiempo adicional al que nos habían asignado inicialmente las leyes primitivas de la naturaleza. Simbólicamente, nuestros días tienen ya casi treinta horas en lugar de las veinticuatro oficiales, aunque esas seis horas adicionales no las disfrutamos cada día, sino que las acumulamos en nuestro particular banco del tiempo, cuyas puertas se abren en una edad tardía que estaba prácticamente vetada para la mayoría de nuestros antecesores.

Los humanos no somos los únicos seres afortunados en este sentido. La rata topo desnuda (*Heterocephalus glaber*) es un roedor que vive más de treinta años, aunque apenas supera en tamaño al ratón de laboratorio, cuya esperanza de vida está en unos tres años. Sorprendentemente, la tasa de mortalidad de la rata topo desnuda no aumenta cuando envejece, así es que vulnera de manera flagrante la ley de Gompertz (formulada por un experto en seguros de vida), merced a la cual la probabilidad de morir aumenta con la edad.[7] Este llamativo y estrafalario roedor, sin pelo, con grandes dientes y alargado como una salchicha o como el título de la novela sobre *Robinson Crusoe* (que no tiene solo estas dos palabras, sino sesenta y ocho), resulta también extraordinario en otros aspectos. Vive bajo tierra y no regula su temperatura corporal como los demás mamíferos, sino que se asemeja a un reptil, ya que se trata de un organismo poiquilotermo cuya temperatura interior se corresponde con la exterior. Su organización social es bastante compleja, muy parecida a la de las hormigas, ya que en cada colonia hay una única hembra reproductora y varios machos inseminadores. Las razones de su extrema resistencia al estrés, a las variaciones de temperatura, a la sequedad, al dolor y al cáncer no se conocen en detalle, pero parece lógico pensar que los mecanismos que permiten la renovación y la reparación de los tejidos son excepcionalmente eficaces en esta especie.[8]

En resumen, la existencia de especies que desafían la regla general que relaciona tamaño corporal con longevidad resulta muy estimulante en términos científicos, pero es improbable que estos curiosos representantes del zoológico de Matusalén, capaces de vivir largo tiempo e incluso de no envejecer nunca, puedan servir como modelos experimentales óptimos para el estudio del envejecimiento humano. De hecho, si utilizamos estos organismos como modelo, el objeto de nuestro estudio irá envejeciendo a la par que nosotros y es posible que cuando estemos en condiciones de comenzar a extraer conclusiones del proceso de envejecimiento, seamos ya demasiado viejos. Los científicos que trabajamos sobre el envejecimiento no debemos olvidar nunca que el envejecimiento también trabaja sobre nosotros. Por eso, el estudio de los mecanismos biológicos de este complejo proceso también necesita especies que en condiciones normales tienen una corta esperanza de vida. Se reducen así los costes y los experimentos duran mucho menos tiempo. Por esta razón, en la gran mayoría de los laboratorios de investigación, incluidos los nuestros en Oviedo y París, trabajamos con ratones cuya vida concluye en menos de tres años frente a los treinta que sobrevive una rata topo.

En paralelo, nosotros y muchos otros científicos tratamos de complementar los estudios sobre el envejecimiento usando asimismo organismos más sencillos y efímeros que los ratones, como, por ejemplo, la levadura de la cerveza (*S. cerevisiae*), el gusano elegante (*Caenorhabditis elegans*) y la mosca de la fruta (*Drosophila melanogaster*), que viven en torno a diez, veinte y treinta días, respectivamente. Todos ellos son muy útiles para la investigación de ciertos aspectos de la longevidad, pero su distancia evolutiva respecto del *Homo sapiens* reduce significativamente su valor. Por último, es muy interesante la reciente propuesta de que un pez africano llamado *killifish* (*Nothobranchius furzeri*), cuya esperanza de vida es de apenas tres meses, puede servir como nuevo modelo experimental para la investigación sobre el envejecimiento. Su breve vida, su fácil manejo y reproducción, y su relativa proximidad evolutiva a los humanos lo convierte en una nueva estrella del zoo de Matusalén dentro de la sección de vidas cortas pero intensas. El tiempo dirá si las expectativas científicas sobre este curioso pez africano, que no nada en las aguas del río de la inmortalidad, eran fundadas o exageradas.[9]

En conjunto, todos estos modelos experimentales han permitido explorar científicamente las dos posibilidades generales que podrían explicar la existencia de la vejez y la inexorabilidad de la muerte. Recordemos que la primera opción sería que no se requirió la fuerza de la evolución para evitar el envejecimiento y, por tanto, la naturaleza se olvidó de suprimir la senectud, de la misma forma que Eos olvidó pedir al gran Zeus la eterna juventud para Titón. La segunda opción implicaría que la evolución pudo haber inventado activamente el envejecimiento para eliminar a las generaciones antiguas y evitar así que compitan con las más jóvenes. Hay argumentos que apoyan una opción u otra, pero, como ocurre casi siempre con los problemas complejos, no hay soluciones únicas o sencillas. La búsqueda de respuestas ha llevado a la propuesta de una hipótesis adicional, el «antagonismo pleiotrópico», que se encuentra a medio camino entre las dos opciones ya mencionadas y que se puede resumir diciendo que algunos genes pueden tener efectos opuestos en diferentes etapas de la vida.[10] Así, una adaptación evolutiva que tuvo un efecto positivo inmediato en la supervivencia de una especie al aumentar su aptitud reproductora pudo tener un efecto negativo a largo plazo para la esperanza de vida. Hay algunos ejemplos que nos pueden ayudar a entender mejor esta idea. La capacidad de asimilar grandes cantidades de fructosa, el azúcar contenido en la fruta, probablemente nos hizo más aptos para acumular grasa en tiempos de bonanza estival u otoñal y poder prepararnos mejor frente a la escasez alimenticia del invierno; pero esta misma aptitud nos predispone a la obesidad en la sociedad moderna. De manera semejante, los eficaces mecanismos celulares que evitan que todos desarrollemos cáncer a una edad temprana, frenando o abortando la división de las células dañadas, también limitan la capacidad de regeneración de nuestros tejidos a una edad avanzada. Por último, la impresionante capacidad de nuestros glóbulos blancos para defendernos contra toda una serie de agentes infecciosos puede volverse contra nosotros y causarnos enfermedades autoinmunes o un estado de autoinflamación estéril que contribuye a la progresión del envejecimiento.

En resumen, parece probable que, desde el punto de vista de la biología de la evolución, el origen del envejecimiento sea una mezcla de diversos factores —olvido, diseño y accidente— que parecen imposibles de desentrañar por nuestro limitado conocimiento y, además, porque todos ellos pueden contribuir de manera conjunta a generar el problema. Según el filósofo Karl Popper, un problema abandona el mundo de la ciencia y entra en el ámbito de la fe cuando no puede tratarse con un método científico experimental. Adoptando este punto de vista, la pregunta sobre el origen del envejecimiento no solo se nos plantea como una cuestión científica, sino también como un problema metafísico. Intuimos que la fuerza del tiempo nos doblegará como individuos, borrará las civilizaciones, extinguirá las especies, apagará el sol, colapsará las galaxias; pero no entendemos las causas subyacentes a este inexorable desenlace si no es por la invocación abstracta al «aumento de la entropía» como principio, motor y final de la Gran Historia del mundo y de la vida.

Resulta muy insatisfactorio asumir la muerte anunciada del tiempo biológico y hasta del tiempo cósmico sin haber señalado a un solo responsable, pero si la evolución sigue las leyes del azar y de la selección tal como Darwin las entendía, tenemos que admitir que nuestra obligada temporalidad no tiene ningún culpable adicional. Cuanto más pensamos y más sabemos, mejor entendemos que debemos aceptar nuestra suerte mortal, no con amargura, sino con esa sonrisa que según Albert Camus mostraba Sísifo antes de comprobar que su piedra volvía a caer por la montaña. Sí, posiblemente Kronos nos devorará a nosotros, sus hijos, pero Aión nos convencerá de que la vida es cíclica y de que somos meros eslabones de una cadena generacional infinita mientras esperamos que Kairós nos brinde cada día nuevas oportunidades de disfrutar del tiempo de la vida en el tiempo del mundo. ¿Es compatible esta narrativa optimista sobre el tiempo biológico con la historia del pensamiento humano sobre el envejecimiento? El siguiente capítulo tratará de responder a esta pregunta.

CAPÍTULO 9

La historia del envejecimiento

Hace casi cinco mil años, un deslumbrante pionero de las técnicas de publicidad actual sobre el antienvejecimiento escribió en Egipto una frase inmortal en el que se conoce como *Libro secreto del médico*: «Recubra la piel con este ungüento y suprimirá todas las arrugas de la cara; cuando la carne haya quedado bien impregnada, se le embellecerá la piel y desaparecerán todas las manchas y las irregularidades; eficacia garantizada por infinidad de casos». Este histórico texto, que llegó a nuestras manos tras ser copiado en el famoso Papiro de Smith, está redactado con escritura hierática (una escritura hecha a base de jeroglíficos rápidos y sencillos, y que es una curiosa precursora de los mensajes redactados en nuestros teléfonos móviles). Se trata de uno de los documentos médicos más antiguos que se conservan hoy día. Su lectura nos retrotrae en el tiempo y nos recuerda que las señales del envejecimiento en la anatomía humana se encuentran en el origen de nuestra propia existencia como especie.

Al envejecer nos arrugamos, tanto por dentro como por fuera; en nuestro rostro se excavan surcos cada vez más extensos y más profundos; la piel se cubre de manchas e imperfecciones; nuestro cuerpo se encoge al reducirse la turgencia de los discos intervertebrales, la elasticidad de las articulaciones y la tensión de los músculos lumbares y abdominales; disminuye nuestra capacidad de adaptar la frecuencia cardíaca al esfuerzo físico, mientras que las paredes arteriales ganan rigidez y acumulan depósitos calcáreos; nuestros sentidos pierden su característica agudeza: se atenúa nuestra percepción de las frecuencias agudas para avanzar después hacia la sordera general y se reduce también nuestra capacidad visual, primero a corta distancia y más tarde en su totalidad, con ciertas degeneraciones maculares o con esas temibles cataratas que no son las del Niágara ni las de Iguazú, pero que nos roban la maravillosa capacidad de ver el mundo; y, por último, disminuye nuestra agudeza de espíritu, hasta el punto de que se dilata nuestro tiempo de reacción, se ralentiza el cálculo mental, perdemos paulatinamente el equilibrio y la memoria de corto plazo y, al final, el olvido se apodera de todo nuestro pasado remoto.

Resulta casi trivial enumerar el catálogo de cambios fisiológicos y patológicos que acompañan a la vejez, pero no resulta nada fácil definir su comienzo exacto, aun cuando tengamos delante el bellísimo cuadro de Gustav Klimt que lleva por título *Las tres edades de la mujer* y que fue pintado en la Viena de principios del siglo xx en un ambiente de efervescencia cultural que fomentó la exploración de nuevas formas de pensamiento y de expresión artística. La obra de Klimt muestra a un grupo de tres figuras femeninas que encarnan la infancia, la maternidad y la vejez. Muchos años antes que el maestro vienés, algunos artistas reflejaron también en sus obras el paso del tiempo en los seres humanos, pero ninguno fue capaz de conjugar de manera tan conmovedora la ternura, la belleza y la tristeza como lo hizo Klimt en aquel lienzo, en aquella pintura tan vibrante y a la vez tan sombría. Sin embargo, la perfecta definición visual y artística de las tres edades pintadas por Klimt parece todavía insuficiente para responder a la pregunta siguiente: ¿a qué edad empezamos exactamente a envejecer?

La obligada reflexión acerca de esta cuestión se puede afrontar desde cuatro perspectivas diferentes. En primer lugar, podemos considerar que envejecemos a partir del mismo instante de la concepción, cuando el espermatozoide penetra en el ovocito y comienza el desarrollo embrionario. En este estadio inicial, cuando solo somos una minúscula acumulación de células, sin atisbo aún de conciencia alguna, el reloj biológico puede detenerse por medio de la congelación. En tal caso, un embrión empezaría a envejecer tras su descongelación y posterior implantación en el útero receptor. Salvo en esa situación específica, este enfoque tan pragmático, basado en la idea de que envejecemos desde el mismo punto de partida, nos permite concebir la vida como un contínuum sin necesidad de ponerle una fecha exacta al envejecimiento, con lo cual estaríamos eludiendo la pregunta planteada más arriba.

También podríamos buscar un punto de inflexión y definir el inicio del proceso de envejecimiento como el momento a partir del cual nuestro organismo decae, pero de nuevo nos encontramos con la dificultad de concretar los parámetros adecuados. Basta analizar el mundo del deporte mientras suena la estimulante y envolvente canción olímpica *Carros de fuego*, compuesta por Vangelis, para darnos cuenta de que la decadencia empieza a edades bien diferentes, dependiendo de la disciplina que elijamos. Desde que en 1976 la mítica Nadia Comăneci ganó tres medallas de oro en Montreal con solo catorce años, las campeonas olímpicas de gimnasia han sido normalmente chicas que no pasaban de los veinte. En el atletismo, no es habitual encontrar campeonas o campeones de más de treinta años. En los deportes más técnicos, que suelen requerir mayor experiencia, como es el caso del tenis, los deportistas treintañeros que se mantienen en la élite de la competición son celebrados por su excepcional resistencia al paso del tiempo. Algo parecido ocurre en los deportes colectivos con mucha exigencia física, como el fútbol y el baloncesto, donde los cuarenta años representan una especie de Everest que habría que aspirar a subir. El campeón mundial de ajedrez con mayor edad en las convocatorias del siglo XXI ha sido Viswanathan Anand, quien ganó en 2013 a los cuarenta y tres años. ¿Significa esto que, para los deportistas, la vejez empieza a los veinte, a los treinta o a los cuarenta años, tras haber alcanzado sus mayores logros deportivos? En cambio, en otras profesiones, el éxito llega a edades más avanzadas, y, de hecho, en nuestro gremio socioprofesional, el de los científicos y profesores universitarios, se llega bastante tarde a la cátedra de nuestra materia, a los títulos honoríficos, a la aceptación en nuestro sector, a los premios de investigación; generalmente estamos ya en la cincuentena o incluso más allá, pese a que, en la mayoría de los casos, las mejores contribuciones se han realizado mucho antes.[1] Lo único que nos puede consolar y motivar es que existen excepciones a la regla y que siempre ha habido científicos que han hecho sus grandes descubrimientos en edades tardías, del mismo modo que hay artistas cuya excepcional creatividad no se apagó con su vejez. Basta contemplar la *Santa Anna* pintada entre 1503 y 1519 por Leonardo da Vinci (1452-1519) para percatarnos del genio de un hombre maduro, capaz de mantener su fuerza creativa hasta el final de su tiempo. En resumen, no parece que podamos fijar una fecha objetiva para el apogeo —y, por tanto, el principio del decaimiento— de los seres humanos.

A la hora de otorgar una fecha al inicio de la vejez, tendríamos una tercera posibilidad de hacerlo considerando un parámetro fisiológico que tiene un impacto manifiesto en la lógica que impulsa la evolución de las especies: la pérdida de la capacidad reproductiva. La fertilidad femenina disminuye notablemente a partir de la cuarentena y acaba irreversiblemente con la llegada de la menopausia, mientras que la fertilidad masculina puede extenderse hasta edades muy avanzadas. Actualmente, existe la posibilidad de prolongar la fecundidad femenina congelando los ovocitos para su fertilización *in vitro* (o los embriones en fases tempranas del desarrollo) y su posterior implantación en el útero de mujeres quincuagenarias o hasta sexagenarias, pero esta es una medida excepcional que debe ser muy bien evaluada antes de su aprobación. ¿Podemos afirmar entonces que las mujeres envejecen prematuramente en comparación con los varones? Ciertamente no, dado que en la práctica totalidad de países desarrollados la esperanza de vida de las mujeres supera en seis u ocho años a la de los hombres.

Por último, podemos llegar a considerar que la entrada en la vejez es un concepto meramente social, carente de sustrato biomédico objetivo, y que necesitaría en última instancia de una definición administrativo-legal, como la transición de la infancia a la edad adulta, en la cual se establecen unos límites difusos y más bien fluctuantes. Nos referimos a la edad de responsabilidad penal, variable según la jurisprudencia de cada Estado; es la mayoría de edad que define la emancipación y la participación en la vida democrática como elector; el derecho a conducir un coche (que en algunos países anglosajones es reconocido antes que la mayoría de edad jurídica), a consumir alcohol (establecido en algunos lugares de Estados Unidos en los veintiún años, es decir, con posterioridad a la mayoría de edad) o a contraer matrimonio (que en algunos países, paradójicamente, puede disfrutarse antes de la mayoría de edad). Con la misma dificultad, se puede situar el umbral de la vejez en una suma concreta de años, como, por ejemplo, la edad a partir de la cual se goza de algún descuento en las visitas a museos o en los transportes públicos. También se puede aplicar el concepto de salida del mercado de trabajo, sea voluntaria (como en Estados Unidos) u obligatoria (como en Europa), por cuanto esta permite alcanzar la edad del «retiro» en los países anglosajones, la de la «pensión» en muchos países del continente europeo o la de la «jubilación» en la concepción eufemística de la lengua castellana. En suma, disponemos de muchas clasificaciones y todas ellas bien diferentes, pero hasta el momento no hemos encontrado una fórmula general para definir el concepto de transición a la vejez.

Hasta ahora hemos tratado de analizar las razones profundas del envejecimiento, pero no hemos sido capaces de resolver con claridad la cuestión. Tampoco hemos sido capaces de asignar una fecha más o menos precisa a la transición hacia el fenómeno biológico de la vejez. Lo que sí parece factible es analizar cómo ha evolucionado la idea del envejecimiento a través de la historia. Para comenzar este ejercicio, debemos desconectarnos un momento de la pantalla del teléfono, de la tableta o del ordenador, no solo en la pura realidad física de la acción, sino también en términos intelectuales, y rebobinar nuestros recuerdos. Hace una o dos generaciones, antes de la irrupción de la inmediatez electrónica en nuestra vida cotidiana, la transmisión de la historia familiar se realizaba sobre todo por vía oral, lo cual confería a los mayores una función muy relevante, pues eran los depositarios de la memoria familiar y de nuestra experiencia colectiva como sociedad. Hasta 1900, la esperanza media de vida era de unos treinta años en todo el orbe. Hoy, la longevidad media está por encima de los setenta en el mundo entero y en los ochenta en un elevado número de países, entre ellos Japón, Singapur, Israel, Corea del Sur, Nueva Zelanda, Canadá, Costa Rica y las naciones de Europa occidental. ¿Cómo es posible que en tan poco tiempo se haya conseguido algo tan espectacular?

Hasta el comienzo del siglo xx, como no había apenas medidas higiénicas ni medicina preventiva ni vacunas ni antibióticos ni asepsia ni anestesia siquiera, las enfermedades infecciosas, la desnutrición y la hipovitaminosis diezmaban a los niños y a los adolescentes. Cada parto entrañaba un riesgo mortal para la madre y para el recién nacido; una herida abierta era sinónimo de muerte por gangrena; una fractura mal curada normalmente derivaba en deformidad; los abscesos dentales a menudo provocaban una endocarditis mortal; la viruela dejaba marcadas cicatrices en el rostro de quienes la superaban; la sífilis, la tuberculosis y la lepra eran enfermedades incurables y desde luego letales; la peste, el tifus y la gripe despoblaban villas y ciudades. Solo unos pocos llegaban a esa edad tardía en la que se accedía al dudoso privilegio actual de los infartos, los accidentes cerebrovasculares o los cánceres, enfermedades que antes ni se diagnosticaban ni se trataban. Aunque a muchos les pueda parecer increíble, los datos disponibles indican que las epidemias, las guerras, las catástrofes naturales y la violencia eran más devastadoras que en la actualidad. Incluso en tiempos de la pandemia causada por el coronavirus SARS-CoV-2 —el virus del miedo que en unas semanas cambió el mundo—, el número de personas fallecidas a causa de esta infección es pequeño comparado con el de las que sucumbieron a otras enfermedades infecciosas de tiempos pretéritos.

Desde la Prehistoria hasta 1900, llegar a la vejez era algo tan excepcional que se consideraba un mérito personal. Muchas veces se rendía tributo y hasta se veneraba a los ancianos, a quienes se atribuía una profunda sabiduría alimentada por la experiencia de los años. En su forma extrema, el patriarca (y, en algunas sociedades, la matriarca) ejercía el poder sobre su tribu, aun cuando su vigor físico o mental estuviera ya comprometido por el paso del tiempo, y era aceptado y protegido por los demás miembros de su entorno. En ocasiones, los ancianos se arrogaban el rol de chamán o de sacerdote y de esta manera se erigían en intermediarios de lo profano y lo sagrado. Otras veces asumían el papel de jueces para mantener el orden y mediar en los conflictos. Esta clásica gerontocracia, el gobierno de los mayores, está perdiendo importancia en el mundo moderno, sobre todo en los sectores más pujantes, pero sigue de alguna forma vigente en las organizaciones religiosas, en la jerarquía de las universidades, en las academias científicas y literarias, y, de forma residual, en los gremios políticos. Poco a poco, se desvanece el arquetipo del viejo sabio que sigue estudiando y escribiendo a pesar de la cercanía de la muerte tal como nos lo presentaba, hace más de cuatrocientos años, el genial y misterioso Michelangelo Merisi da Caravaggio en su pintura de san Jerónimo.

En las sociedades con tradiciones puramente orales eran los ancianos quienes habían acumulado más conocimientos históricos, estratégicos y técnicos, y eran además custodios de la memoria colectiva. Esta situación apenas cambió con la invención de la escritura, ya que la lectura de papiros o pergaminos copiados a mano era el privilegio reservado a unos pocos. Recordemos que la *Ilíada* y la *Odisea* se transmitieron durante siglos por vía oral y que su lenguaje no coloquial y su estructura en hexámetros las protegieron de la deformación textual. Con la invención de la imprenta, los libros empezaron a difundirse a gran escala y entonces la población alfabetizada aumentó sustancialmente. Fue en esta época cuando el conocimiento humano comenzó a conservarse sobre todo en forma escrita y, como consecuencia, los ancianos perdieron importancia en su labor mnemotécnica. Pero todavía seguían desempeñando la función de archivo familiar; eran ellos quienes recolectaban las anécdotas del pasado y por ello recibían la atención de su entorno.

Dentro de este contexto de relativo respeto hacia los ancianos, algunos Estados europeos adoptaron unas políticas públicas que les otorgaban derechos económicos especiales. Destacan, en este sentido, los primeros sistemas de pensión pública para militares, que fueron seguidos por la pensión reconocida a los funcionarios franceses mayores de sesenta años a partir de 1853, el establecimiento en 1883 de una pensión vitalicia para todos los mayores de sesenta y cinco años en la Prusia de Bismarck y, dos guerras mundiales más tarde, la generalización de los sistemas de pensión integrados en la Seguridad Social en prácticamente todos los países europeos. Con estas medidas, el anciano dejaba de estar a cargo de la familia para pasar a manos del Estado, cosa que ejemplifica el creciente dominio de las políticas públicas sobre lo que antes se había considerado un asunto puramente privado. A la vida activa se le impone una fecha de caducidad, y de esta manera se fuerza a los mayores a retirarse a una edad máxima y se les garantiza una remuneración, aunque normalmente de inferior cuantía a la obtenida durante el ejercicio de su actividad profesional. En Europa, empresas y trabajadores destinan una parte de sus beneficios o de su salario a una caja de pensiones, que luego redistribuye entre los pensionistas los ingresos obtenidos de esta forma. Este sistema de redistribución entra en competición y, a veces, en confrontación directa con la lógica del ahorro individual o colectivo (sea en forma de seguro personal de vida o como plan de pensiones), en el que cada cual es responsable de su jubilación, que es el modelo que triunfa en Estados Unidos.

En el imaginario colectivo de la posguerra europea, a partir de la década de 1950, se presenta a los recién retirados con una cierta aureola de felicidad. El lenguaje da buena cuenta de ello, pues en castellano se emplea la palabra «jubilados» para remarcar la alegría que representa cerrar ese ciclo vital, mientras que en otros idiomas se usa la palabra «retirado» que posee un significado más introspectivo y discreto. Liberado de las vicisitudes de la vida laboral, gozando todavía de buena salud y con una esperanza de vida de quince o veinte años por delante, el jubilado o retirado viaja, explora nuevos horizontes culturales, camina y hace deporte, realiza acciones de voluntariado social y disfruta de la vida. Esta imagen idílica choca evidentemente con el hecho de que el retirado pierde su mundo referencial, ve reducido su poder adquisitivo, se aísla progresivamente de la vida social y experimenta un decaimiento de su fuerza física y mental hasta que al final enferma irremediablemente. A esta realidad se añaden tres acontecimientos relativamente recientes que han transformado la posición de los mayores en nuestra sociedad: la individualización, con la consecuente ruptura de la solidaridad familiar; la aceleración tecnológica de la vida cotidiana, que ha provocado una metamorfosis inaudita de la percepción de nosotros mismos y de nuestro lugar en el mundo; y, por último, la revolución demográfica de los últimos años, que conlleva un notable aumento del colectivo de individuos de edad avanzada.

Fue en mayo de 1968, con sus históricas consecuencias en el plano social y político, cuando Occidente asistió a la definitiva liberación del individuo de las convenciones sociales y de los vínculos afectivos hacia su país, su región, su ciudad, su familia y su pareja. Así, se permite o incluso se recomienda que el individuo entre en la competición sin límites del mercado laboral y que se ponga a disposición de las empresas o las instituciones públicas, pues se verá compensado por un nuevo sueño de autorrealización personal por la vía del trabajo. Esta transformación de la evaluación interna de los individuos y del mundo referencial ético-moral repercute por partida doble en la situación de los ancianos. Por un lado, el joven *Leistungsmensch* (el hombre que se define a sí mismo por su rendimiento) ya no tiene ni tiempo ni energía para ocuparse de sus familiares mayores, cuyo cuidado recae en la asistencia pública. Por otra parte, los ancianos educados previamente como *Leistungsmenschen* se ven como seres inútiles, dado que ya no tienen ningún currículo que mejorar, ni méritos y retribuciones que acumular, ni tampoco escalas sociales por las que ascender, y esto sucede justo cuando su imagen pública empieza a perder brillo e interés.

Pero quizás lo más llamativo de esta breve historia del envejecimiento es la transformación social que ha provocado la reciente aceleración tecnológica y que está afectando tanto a niños y adolescentes como a adultos menores de cincuenta años. En sus comienzos, la revolución de internet facilitó la circulación de medios de información y comunicación que ya existían en nuestra sociedad: los libros, las revistas, los periódicos, los catálogos comerciales, las guías turísticas, las agencias de viajes y el intercambio epistolar por vía electrónica. Sin embargo, en poco tiempo se ha impuesto una revolución mucho más radical merced a la difusión masiva de datos mediante teléfonos inteligentes y dispositivos portátiles que están permanentemente conectados a unas redes informáticas cada vez más imponentes. Redes sociales como Facebook, Instagram, LinkedIn, Snapchat o WhatsApp están acaparando el tiempo personal y redefiniendo la autorrepresentación del individuo en el ciberespacio, en el cual presenta una visión idealizada de sí mismo. Tan exagerada es la importancia de la proyección individual en el ciberespacio que algunos gurús del «transhumanismo» —la era de superación de la condición humana a través de las nuevas tecnologías— sostienen que es posible llegar a la inmortalidad por medio de la inteligencia artificial.* Algoritmos sofisticados podrían reemplazar en las redes sociales al usuario fallecido y así continuar emitiendo mensajes desde sus perfiles electrónicos; tales algoritmos estarían calculados de modo que prorroguen la trayectoria de la persona fenecida, respeten sus valores e imiten su vocabulario, su humor y hasta su personalidad, con lo cual se convierte en inmortal en esta red invisible. Los vivos no se percatarían de que el personaje real ha expirado, pues no en vano sigue respondiendo a los mensajes como si fuese él mismo, inalterado e inmutable. El ciberespacio como sustituto del más allá. El sueño de la inmortalidad alcanzado en diferido y por personas interpuestas.

Este ejemplo extremo ilustra la sensación creciente de que el mundo de las redes sociales puede llegar a quebrar la comunicación real, pues su mala u obsesiva utilización vuelve asociales a los usuarios, los despoja de cualquier atisbo de individualidad, fomenta la difamación anónima y cobarde, y crea una adicción a la inmediatez de la respuesta y a los *likes*. Resulta llamativo que el tiempo pasado ante las pantallas aumente cuanto más baja es la extracción social —como si fuera el nuevo opio del pueblo— y que los hijos de muchos empresarios de Silicon Valley, la élite tecnológica del planeta, tengan prohibido el acceso a los teléfonos inteligentes para que se mantengan en ellos aficiones en riesgo de extinción, como el simple placer de leer.

¿Cómo afecta esta transformación tecnológica a los ancianos? En general, y pese a algunos casos excepcionales que todos conocemos en nuestro propio entorno, se puede decir que los más viejos no están en el mundo nuevo; día a día, se ensancha la brecha intergeneracional hasta crear un abismo infranqueable. Los ancianos apenas utilizan internet para consultar las noticias o comprar productos en los catálogos virtuales, lo cual hace que queden definitivamente separados del mundo de los jóvenes. Tristemente, para muchos jóvenes, capturados por un cibermundo sin fronteras pero superficial, los viejos han dejado de existir.

Como consecuencia de la delegación del cuidado de los ancianos en el sector público, de la fragmentación de las familias y del abandono del mundo real a manos del virtual, los individuos más fuertes ya no se ocupan de los débiles. De ahí que las personas mayores pasen a instalarse cada vez más en un limbo bien alejado del mundo de los trabajadores activos. Abrumados por las tareas cotidianas, con serias dificultades para gestionar sus cuentas electrónicas (de la Seguridad Social, de la asistencia pública o del fondo de pensiones) y escasos contactos familiares, languidecen con el avance del tiempo, su peor enemigo, y su vida ya no está llena de mañanas esplendorosas como en los días azules de su infancia.

La representación social de la vejez también se ve influenciada por los cambios demográficos, que siguen la misma tendencia en casi todos los países (con la notable excepción del África subsahariana), es decir, una disminución de la fertilidad acoplada a una espectacular reducción de la mortalidad, lo que aritméticamente conlleva un aumento del segmento de los mayores en la población general. Las pirámides demográficas que presentan la distribución de la población en función de la edad y en las que antes se observaba una base amplia de niños cuya representación iba reduciéndose con la edad hasta llegar a una aguda cúspide de ancianos, se van convirtiendo en columnas (en las que cada generación tiene una representación similar hasta una edad avanzada) o incluso en pirámides invertidas (donde la base que representa a los jóvenes es más estrecha que la parte superior correspondiente a los adultos). No cabe duda de que los ancianos aumentan continuamente su porcentaje de representación en la población general, por lo que alcanzar la edad tardía se está convirtiendo en algo común, aunque basta la llegada de una pandemia como la de la COVID-19 para recordarnos la dramática vulnerabilidad de los más mayores.[2]

En este escenario con más sombras que luces, debemos resaltar un dato importante de carácter positivo que analizaremos en profundidad más adelante. El umbral temporal que estadísticamente separa vigor y debilidad, salud y enfermedad, validez e invalidez, dependencia e independencia, se está retrasando con los progresos higiénicos y médicos. No solo aumenta la longevidad (el ciclo vital), sino que también se alarga la esperanza de vida con buena salud (el ciclo sano). En el Imperio romano y en la Edad Media, llegar a sexagenario era un privilegio reservado a las clases superiores, los patricios y los nobles, respectivamente. Hay que imaginarse a ese sexagenario romano o medieval como una persona debilitada, crónicamente enferma en la mayoría de los casos y similar a un nonagenario o centenario del siglo XXI. En la actualidad, ha aumentado notablemente la esperanza de vida, pero también la perspectiva de vivir mucho tiempo con buena salud. Esto significa que en el mundo de la población activa queda incluido un número creciente de personas que hace décadas habrían sido descartadas, pues cada vez se retrasa más la edad del retiro facultativo u obligatorio en la mayoría de los países desarrollados. Los adelantos de la civilización, de la higiene, de la alimentación, de la medicina preventiva, por muy criticables y deficientes que nos puedan parecer, han ofrecido a los destinos individuales un nuevo horizonte. La probabilidad de que una mujer o un hombre maduros puedan encarar el presente inmediato o el futuro cercano con optimismo ha aumentado gracias a los avances sociales, económicos, técnicos y científicos, que son limitados, ciertamente, pero que están alargando la perspectiva vital de los mayores.

En resumen, en el curso de la historia, la representación social de la vejez ha pasado de la glorificación a la compasión hasta llegar a una notable marginación. Los viejos han abandonado el mundo de los activos, pero la edad en la que se franquea el umbral de la vejez se va retrasando gracias a los adelantos científicos y tecnológicos y a los progresos en la prevención y curación de las patologías asociadas a la edad.

Recapitulemos lo discutido hasta ahora en la segunda parte de este sueño del tiempo. Hemos mirado al pasado para intentar descubrir si el envejecimiento tiene futuro. En los dos capítulos precedentes hemos buscado el origen del envejecimiento y su evolución a lo largo de la historia. El análisis de las claves científicas, sociales y culturales de este proceso biológico nos ha mostrado la diversidad de teorías existentes sobre cómo el tiempo descubrió el envejecimiento y se puso a trabajar implacablemente para asegurar su continua presencia entre nosotros. La evolución cultural ha cambiado sustancialmente nuestra percepción de los efectos del tiempo cósmico sobre el tiempo biológico, nuestro tiempo personal, el que soñamos cada día, cada minuto y cada segundo de nuestra vida. Sin embargo, el progreso científico y social no logra distraernos de la idea de que el envejecimiento tiene garantizado su futuro entre los seres humanos durante una larga temporada. Pese a ello, los mercaderes del tiempo nos siguen hablando del esplendor de la inmortalidad y del ocaso del envejecimiento.

La base para sustentar estas propuestas deriva de los incuestionables progresos que han tenido lugar en distintos ámbitos de la medicina, la biología y la inteligencia artificial, así como del desarrollo de cualquier tecnología lo suficientemente avanzada que —como a Arthur C. Clarke— nos siga pareciendo indistinguible de la magia.[3] Entender estas propuestas, cuestionarlas, criticarlas o asumirlas es una obligación de la sociedad actual para que las decisiones que en su momento debamos tomar tengan un componente lo más sólido e informado posible. Para ello, tenemos que dar un paso adicional y explorar el mundo minúsculo para buscar las claves moleculares y celulares del envejecimiento, un campo en el que resulta imprescindible integrar informaciones dispersas y contradictorias. Solo así podremos avanzar en la discusión de las verdaderas posibilidades de dilatar el sueño del tiempo en nuestra época.

CAPÍTULO 10

Las claves del envejecimiento

El tiempo no existe, pero pasa y vuela. Nos lo recuerda cada mañana el implacable espejo que se encarga de desmentir a quienes nos dicen un día sí y otro también que pronto seremos inmortales y perfectos. La mayoría de los seres vivos envejecen, exceptuando algunas de las extraordinarias especies de las que ya hemos hablado, como las hidras y las medusas, que parecen inmortales. Los vertebrados no resistimos el paso del tiempo e inexorablemente envejecemos. Como dice Pablo Milanés en su bella canción *Años*, «el tiempo pasa, nos vamos poniendo viejos». Curiosamente, decaemos hasta en condiciones óptimas de vida, en ausencia de patógenos, sin estar expuestos a agentes tóxicos o a factores de estrés conocidos, manteniéndonos adecuadamente alimentados, sin enfermedades aparentes y con una higiene vital y mental irreprochables. De nuevo, tenemos que admitir que el envejecimiento es un proceso natural, complejo y democrático que a todos nos afecta y a todos nos iguala. Ni los apóstoles de la alimentación sana, ni los deportistas de élite, ni los mejores expertos en el cuidado del cuerpo o de la mente, ni los investigadores sobre el envejecimiento, ni los mercaderes de la longevidad ni los profetas de la inmortalidad son inmunes a los efectos del paso del tiempo. Nadie, absolutamente nadie se salva de la decadencia física, excepto aquel que tiene la desdicha de morir súbita o violentamente a una edad temprana. A nadie, ni siquiera al que todo lo tiene, le pasan los años sin daños.

Los signos externos de la vejez son claramente detectables. Somos capaces de estimar la edad de cualquier individuo con una precisión sorprendente. En ocasiones podemos subestimar la edad de una persona que lleva una vida muy saludable y, por el contrario, sobreestimar la de un individuo deteriorado por las circunstancias de su vida o por las enfermedades que lo merman. En este sentido, son muy curiosos los resultados de un estudio danés en el que se fotografió a una larga serie de parejas de gemelos idénticos en una edad madura y luego se pidió a un grupo de enfermeras que hiciesen una estimación de la edad de ambos hermanos. El gemelo al cual se le habían atribuido más años tenía una altísima probabilidad de morir antes que su gemelo aparentemente más joven. Este experimento ilustra cómo el aspecto exterior, reflejado en una sencilla fotografía del rostro, constituye un excelente biomarcador de la edad biológica y de la propia edad cronológica.[1]

Nos guste o no, la mirada de los otros es lo que nos suma o resta años y nos convierte en más o menos viejos. Sin embargo, lejos de lanzar una sombra de duda sobre los métodos científicos, estos estudios sobre gemelos nos permiten concretar dos ideas. En primer lugar, el envejecimiento se nos presenta como un compendio de alteraciones que están estrechamente coordinadas entre sí. En realidad, los cambios externos de la fisonomía reflejan las perturbaciones del interior del cuerpo, que a su vez derivan de alteraciones bioquímicas, moleculares y celulares. En segundo lugar, los humanos tenemos una capacidad extraordinaria para detectar la edad cronológica de nuestros congéneres, quizás porque esta facultad ha sido seleccionada durante la evolución para asegurar un comportamiento adecuado en el entorno familiar y social. En cualquier caso, necesitamos dar un paso adicional que nos lleve del aspecto externo del envejecimiento a los rincones más íntimos del cuerpo humano, a esos sectores a los que no llegamos ni con nuestros ojos ni con nuestra intuición.[2]

Hoy, por fin, la ciencia nos ha permitido levantar el velo que cubre el misterio del envejecimiento y aclarar las causas generales de un proceso que se detecta a simple vista por el aspecto de la piel y que se reconoce hasta en la voz. Bajo ese barniz superficial se esconden cambios profundos en los órganos, los tejidos, las células y las moléculas que aseguran nuestra supervivencia. En este capítulo analizaremos las características moleculares y celulares del envejecimiento, adentrándonos en algunos detalles imprescindibles para entender cómo nuestra maravillosa maquinaria biológica se ve afectada por el paso del tiempo. Al final del relato, y tras conocer los retos diarios a los que se enfrenta un organismo tan complejo como el nuestro, puede que cambiemos nuestro punto de vista y ya no nos preguntemos por qué envejecemos, sino cómo es posible que seamos capaces de vivir tanto tiempo. Lo sorprendente no es envejecer; lo verdaderamente milagroso es sobrevivir.

Hace ya más de una década, los trabajos de investigación de nuestros respectivos laboratorios comenzaron a converger en el ámbito del estudio científico del envejecimiento y de la longevidad. Fruto de intensas y estimulantes conversaciones en Asturias, en París y en otros lugares del mundo en los que coincidíamos en reuniones y congresos, empezamos a pensar que para avanzar en el análisis molecular del envejecimiento era fundamental tratar de integrar la creciente información generada de manera muy dispersa por investigadores de muy diversos campos. Con ello, tal vez podríamos construir un nuevo marco de pensamiento para organizar el futuro trabajo en este campo de conocimiento, cuya importancia es capital para el devenir de nuestra especie. Tomando como modelo la idea de los oncólogos moleculares Douglas Hanahan y Robert Weinberg —que describieron en 2000 y 2011 las denominadas claves del cáncer—, consideramos que nuestra primera prioridad sería definir las *claves del envejecimiento*, algo que para nuestra sorpresa nadie había hecho hasta entonces. Pronto nos pusimos de acuerdo en que cada una de estas claves tendría que satisfacer tres condiciones. En primer lugar, esa característica biológica debería manifestarse durante el envejecimiento normal y no solo en el contexto de los síndromes de envejecimiento prematuro u otras patologías ligadas a la edad. Además, su agravamiento experimental (es decir, las manipulaciones diseñadas por los científicos para acentuar esa característica o propiedad biológica) debería acelerar el envejecimiento. Por último, su atenuación experimental (es decir, su reducción mediante intervenciones terapéuticas) debería retrasar el envejecimiento normal y aumentar la probabilidad de llegar con buena salud a una edad más avanzada.

Sobre estas premisas teóricas, definimos por primera vez las nueve claves generales del envejecimiento en un artículo publicado en 2013 en la revista *Cell* y al que también invitamos a participar a otros tres expertos europeos en este ámbito (Manuel Serrano, María Blasco y Linda Partridge).[3] Este artículo se ha citado ya varios miles de veces en la literatura científica y se ha convertido en una referencia mundial en este campo. De acuerdo con nuestro trabajo, los nueve denominadores comunes del proceso de envejecimiento se pueden clasificar en tres categorías: primarias, antagonistas e integradoras. Las claves primarias son aquellas que desencadenan el proceso e incluyen la inestabilidad genómica, el acortamiento de los telómeros, las alteraciones epigenéticas y la pérdida de la proteostasis.* Los factores antagonistas se refieren a aquellas respuestas del organismo dirigidas a mitigar el daño producido por los factores primarios. En principio, estas respuestas son beneficiosas, pero si se exacerban o se cronifican, tal como sucede en la edad tardía, se tornan perjudiciales para el organismo. Esta categoría incluye la percepción inadecuada de los nutrientes, la disfunción mitocondrial* y la senescencia celular. Finalmente, los factores integradores son los elementos responsables de definir cómo envejecemos y entre ellos se encuentran el agotamiento de las reservas de células progenitoras y la alteración de los mecanismos de comunicación intercelular.

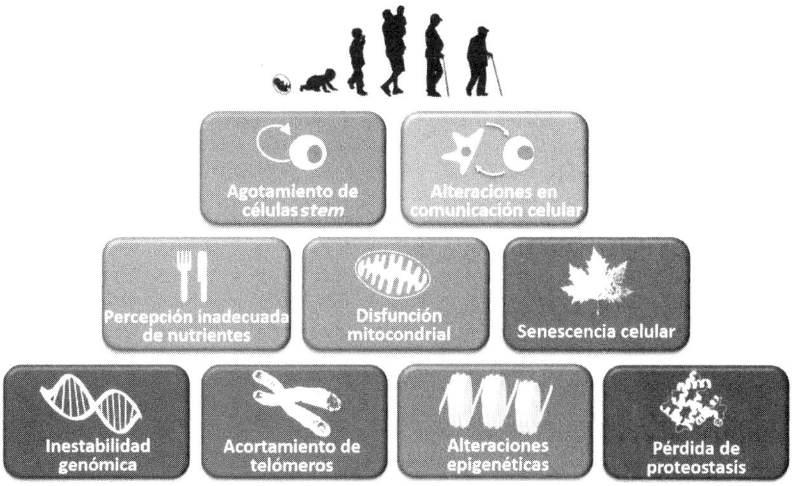

Figura 1. Las claves del envejecimiento (López-Otín *et al.*, *Cell*, 2013)

¿Qué se esconde detrás de estos términos científicos que a muchos lectores les pueden parecer demasiado abstractos? Mientras escuchamos *Only time*, la cálida voz de Enya nos acompaña en este necesario y lento viaje por el árido pero fascinante mundo celular y molecular en busca de los daños que causa el tiempo; y al final, está solo el tiempo.

1. Inestabilidad genómica

Nuestro cuerpo está constituido por células. Crecemos a partir de una única célula, el ovocito de nuestra madre fecundado por el espermatozoide de nuestro padre. Esta célula primordial se divide incansablemente y se diversifica creativamente para generar miles de millones de células diferenciadas en distintos tipos, que siguen un exquisito patrón espaciotemporal durante el desarrollo embrionario, fetal y posnatal, hasta lograr la milagrosa construcción de una nueva vida que piensa, siente y sueña.

Antes de cada división celular, la célula progenitora tiene que duplicar la información contenida en el ADN para transmitirla a sus dos células hijas. El ADN, al que también llamamos genoma, está compuesto únicamente por cuatro unidades químicas básicas —los nucleótidos—, que se pueden considerar las cuatro letras del alfabeto de la vida: A (adenina), C (citosina), G (guanina) y T (timina).[4] El genoma constituye un gigantesco manual de instrucciones para sintetizar las proteínas que hacen posible la vida. Una especie se diferencia de otra en el orden y el número de piezas que construyen su genoma. En las células humanas, el genoma tiene 3.000 millones de pares de nucleótidos y está organizado en 23 pares de cromosomas, 23 heredados de la madre y otros tantos del padre. Cada cromosoma tiene sus nucleótidos (sus cuatro letras de la vida) dispuestos en una larga tira como si fueran las cuentas de un collar, que forma una estructura en doble hélice en la que dos hebras espirales se abrazan entre sí gracias a la complementariedad de sus secuencias. De hecho, a cada A en una espiral le corresponde una T en la espiral complementaria; a cada C, una G, y viceversa. Esta sencilla y elegante organización estabiliza el genoma y permite que un error o ruptura en una espiral sea detectado y reparado a partir de la hebra complementaria.

Nuestras células deben transmitir fielmente a sus descendientes los cromosomas junto con los millones y millones de letras químicas contenidas en ellos. Cualquier error en este proceso podemos pagarlo caro, pues puede causar la muerte de las células, o crear un estado de parálisis irreversible del ciclo celular llamado senescencia, o generar células que se dividen sin control y producen cáncer. Pese a todo lo que pongamos de nuestra parte por evitarlo, los errores suceden y a veces se generan mutaciones que se acumulan con el paso del tiempo. Primero, nuestro material genético sufre daños constantes a lo largo de toda nuestra existencia. Estos daños pueden ser de origen externo, por los inevitables rayos cósmicos, la evitable luz ultravioleta, la radiactividad natural o industrial y un sinfín de agentes químicos capaces de modificar el ADN. También pueden ser de origen interno, ya que el metabolismo normal genera agentes mutagénicos, como los radicales libres que oxidan el ADN. Además de todas estas mutaciones que se acumulan durante las interfases de las divisiones celulares, hay otras que se producen y propagan durante la duplicación del ADN y su distribución entre las células hijas, ya que la maquinaria de síntesis y reparación del ADN es extraordinaria pero imperfecta. Debemos ser conscientes de que copiar sin errores un texto de tres mil millones de letras en unas pocas horas es una hazaña cotidiana y continua, y por ello la comisión de algunos errores no solo es tolerable, sino comprensible.

De una u otra manera, nuestras células sufren daños con el paso del tiempo y los tejidos se convierten en mosaicos compuestos por células con genomas no idénticos y con una diversidad funcional que favorece la expansión selectiva de aquellas que son portadoras de ciertas mutaciones. Poco a poco, estas células mutadas empiezan a expandirse a costa de sus congéneres normales. Allí donde antes había igualdad entre células genéticamente idénticas se instala la competición entre tribus de células muy parecidas, pero a la postre distintas. Se rompe la armonía biológica y se instala el caos celular.[5]

Por tanto, existen dos relojes genéticos que vinculan el tiempo a la inestabilidad genómica: un reloj que opera en la interfase entre divisiones celulares y otro que se acciona con cada división celular. Hay varios mecanismos que pueden acelerar o ralentizar estos relojes. Lógicamente, la exposición crónica a agentes mutagénicos físicos o químicos acelera el envejecimiento. Este hecho es claramente visible en los campesinos o los marineros, cuya cara curtida por el sol revela los estragos del daño causado sobre el colágeno de su piel y el ADN de sus células. Hay otros casos curiosos y muy notorios, como el de los camioneros que circulan con la ventanilla abierta y tienen tan solo un lado de la cara arrugado —el izquierdo en los países en los que se circula por la derecha—, lo cual ejemplifica el daño asimétrico infligido por una exposición solar unilateral.[6]

Por fortuna, la evolución nos ha regalado abundantes y eficientes dispositivos de reparación del ADN para contrarrestar los efectos de las mutaciones. Las proteínas dedicadas a esta tarea detectan los defectos del ADN y muchas veces consiguen repararlos. También hay múltiples mecanismos para evitar o minimizar los problemas surgidos durante la duplicación y redistribución de los genomas entre las células durante su proceso de división. Cualquier defecto en los genes responsables de estos mecanismos de reparación acelera el envejecimiento y causa enfermedades como la tricotiodistrofia, el xeroderma pigmentoso y los síndromes de Bloom, Cockayne, Seckel o Werner.[7] Además, algunos defectos indirectos en los mecanismos de reparación del ADN causan también envejecimiento prematuro. Este es el caso de la progeria* de Hutchinson-Gilford (HGPS, por sus siglas en inglés), que incorpora muchos aspectos del envejecimiento normal y que ha sido ampliamente estudiada en nuestros laboratorios. Esta devastadora enfermedad se produce por una sola mutación en el gen *LMNA*, merced a la cual una C pasa a ser una T entre los tres mil millones de letras genómicas. Este minúsculo cambio crea una proteína tóxica llamada progerina que provoca que las células de estos niños que parecen ancianos adquieran inestabilidad genética y entren en un proceso masivo y crónico de envejecimiento celular. Los ratones modificados genéticamente creados en nuestro laboratorio y portadores de esta misma mutación en el gen *LMNA* envejecen rápidamente y diversas intervenciones experimentales, incluida la edición génica* mediante el sistema CRISPR/Cas9,* mejoran sustancialmente su esperanza de vida. La aplicación en pacientes con HGPS de algunas estrategias terapéuticas previamente ensayadas en estos ratones con progeria nos ha permitido extender notablemente su vida, como en el caso de ese extraordinario ser humano llamado Sammy Basso, y es posible que en un futuro pueda lograrse la cura de la enfermedad.[8]

Por tanto, nuestro genoma nuclear es grande y fiable, pero a la vez frágil e inestable, y acumula mutaciones que no se repararon a tiempo y se propagaron a medida que esas células mutadas se dividieron. Cuanto más tiempo vivimos, más posibilidades tenemos de que las células acumulen mutaciones y se manifieste la inestabilidad del genoma. Además, no debemos olvidar que nuestras células encierran un pequeño genoma adicional en las mitocondrias, los diminutos orgánulos subcelulares que consumen oxígeno para generar la energía que necesitamos para sobrevivir. Lógicamente, las mutaciones en el ADN mitocondrial o sus defectos de reparación también causan envejecimiento acelerado. En suma, la inestabilidad natural de nuestro material genético nuclear y mitocondrial es un fenómeno inevitable y la primera clave general del envejecimiento. Esta inestabilidad es un riesgo que la evolución biológica tuvo que asumir para progresar. Si el genoma fuera perfectamente estable, seguiríamos siendo microbios detenidos en un estado evolutivo sencillo y sin grandes preocupaciones moleculares que no sean el simple aprovechamiento de los recursos disponibles para seguir multiplicándonos. Al reconocer esta inestabilidad genómica como causa general del envejecimiento, se abre la posibilidad de desarrollar intervenciones dirigidas a prevenir o limitar los daños en el genoma y a incrementar su capacidad de reparación. Ambas estrategias representan potenciales elixires moleculares de antienvejecimiento y se están ensayando en numerosos laboratorios. El tiempo dirá si un incremento de la estabilidad del genoma humano va asociado a una mayor longevidad.

2. Acortamiento de los telómeros

Los extremos de los cromosomas, también llamados «telómeros», están compuestos por secuencias cortas y repetidas que tienen que mantenerse para garantizar la estabilidad genómica. Los telómeros se acortan en cada división celular hasta que alcanzan un mínimo crítico que hace peligrar la estabilidad cromosómica. Cabe concebir este recorte como un mecanismo de cuenta atrás que limita la capacidad proliferativa de nuestras células. Cuando cultivamos en el laboratorio células humanas de distintos tipos, estas se dividen unas cincuenta o sesenta veces si proceden de un adulto joven y bastante menos cuando provienen de una persona mayor. El acortamiento de los telómeros es responsable de la parada definitiva de la proliferación celular, con lo cual evitan que las células adquieran la inmortalidad ligada al cáncer. Además, este proceso es un buen ejemplo del fenómeno que hemos llamado «antagonismo pleiotrópico». Un mecanismo que impide la cancerización (positivo a corto plazo) contribuye al proceso de envejecimiento (negativo a largo plazo). En suma, podemos concluir que en cierto sentido el envejecimiento es el precio que tenemos que pagar para evitar el cáncer.

Desafortunadamente, las células precancerosas pueden adaptarse a la crisis telomérica y encontrar vías para evitar el bloqueo de la división celular e incluso para mantener los telómeros. En efecto, el complejo enzimático llamado telomerasa puede resintetizar los telómeros perdidos. Mutaciones que comprometen la función de la telomerasa pueden acelerar facetas aisladas del envejecimiento y provocar enfermedades como la anemia aplásica, la disqueratosis congénita y la fibrosis pulmonar debidas a una reducción de la capacidad proliferativa de las células sanguíneas, cutáneas y bronquioalveolares, respectivamente. La sobreexpresión de la telomerasa puede alargar la vida de los ratones en el laboratorio. Sin embargo, se desconoce si estos efectos se deben exclusivamente al alargamiento de los telómeros o a mecanismos adicionales a través de los cuales la telomerasa puede proteger las células y a los organismos contra la muerte prematura. Varias empresas y laboratorios han desarrollado métodos para medir la longitud de los telómeros en las células sanguíneas, los cuales han revelado que su acortamiento se correlaciona con la edad cronológica y biológica. Además, las infecciones repetidas, la inflamación crónica o las alteraciones emocionales como la ansiedad o la depresión están asociadas con un recorte telomérico, aunque queda por aclarar si este acortamiento es causa o consecuencia del envejecimiento humano y de todas estas enfermedades.[9]

En resumen, numerosos estudios avalan la idea de que el sistema telómero-telomerasa es un mecanismo clave en el proceso del envejecimiento. Hay muchos intentos de crear activadores de la telomerasa para intentar evitar el acortamiento de los telómeros y extender la longevidad, pero la posibilidad de que estos tratamientos lleguen a favorecer el desarrollo de tumores hace que la exigencia de control sea máxima y el avance lento. Sería muy decepcionante acabar concluyendo que el precio de no envejecer sea desarrollar cáncer.

3. Alteraciones epigenéticas

Las cuatro letras de la vida (A, C, G, T) no son los únicos determinantes de la expresión de la información contenida en el genoma. De hecho, existen numerosas modificaciones bioquímicas, tanto del ADN como de las proteínas histonas que lo empaquetan, que influyen decisivamente en cómo, cuándo, cuánto y dónde se expresa la información genética. Entre las modificaciones que afectan al ADN destaca la metilación de las citosinas (la letra C), mientras que las histonas sufren cambios que implican sobre todo metilación y acetilación. Todos estos cambios se denominan epigenéticos, son reversibles y determinan el grado de compactación del material genético y su accesibilidad a los factores de transcripción.* Estas proteínas reguladoras de la transcripción (la copia transitoria de ADN en ARN*) escogen los genes que han de expresarse —de modo análogo a los dedos de un pianista que van pulsando las teclas que han de tocarse en cada momento— para conseguir extraer los mensajes más armónicos para cada instante de vida. El lenguaje genómico se complementa así con el lenguaje epigenético que enriquece el genoma y le da sentido adicional al interpretar con precisión y constancia todas las interacciones de nuestros genes con el ambiente que nos rodea.

Si observamos con detalle las tres versiones que Vincent van

Gogh pintó de su maravilloso cuadro *El dormitorio de Arlés*, podemos establecer una sencilla analogía con los cambios epigenéticos de nuestras células ocurridos durante el envejecimiento. Los tres cuadros —exhibidos en los museos de Van Gogh (Ámsterdam), Orsay (París) y Art Institute (Chicago)— eran prácticamente idénticos cuando el artista los pintó entre 1888 y 1889, pero desde entonces su interacción con el ambiente ha sido muy diferente. Las tres versiones han estado sometidas a distintas condiciones de luz, humedad y temperatura durante más de cien años, y una de ellas incluso sufrió las consecuencias de una inundación en la casa del autor. Sus brillantes colores, que abarcan múltiples tonalidades, con «los muros lila pálido, el suelo de un rojo gastado y apagado, las sillas y la cama amarillo de cromo, las almohadas y la sábana verde limón muy pálido, la manta roja sangre, la mesa de aseo anaranjada, la palangana azul, la ventana verde», se han modificado, apagado y silenciado de manera distinta en cada una de ellas. En suma, las tres versiones han evolucionado epigenéticamente con el paso del tiempo y han dado lugar a obras que mantienen su esencia original y su capacidad de emocionar, pero que reconocemos como cuadros diferentes.

Contrariamente a la genética, que es muy rígida en sus reglas, la epigenética es flexible. Normalmente, las células hijas de una célula madre heredan las mismas modificaciones del ADN y de las histonas que su progenitora. Sin embargo, en el curso de su vida, cada una de ellas adquiere nuevas modificaciones epigenéticas; por ejemplo, una de las células hijas puede diferenciarse para realizar una tarea nueva, mientras que la otra mantiene el rol de su madre como célula progenitora. De este modo, se fijan nuevas identidades celulares. En un mundo ideal sin inestabilidad genética, cada célula tendría que tener el mismo genoma (compuesto por las letras A, C, G y T), pero puede diferenciarse de las demás en su epigenoma.

La mayor parte de las modificaciones epigenéticas se borran cuando se pasa de una generación a la siguiente. Los ovocitos y los espermatozoides olvidan en gran medida su pasado epigenético; resetean su información epigenética adquirida para que la nueva vida surgida a partir de la fusión ovocito-espermatozoide disponga de su propia página en blanco lista para ser escrita con la tinta del presente y sin el peso del pasado. El salto de una generación a la siguiente implica una transmisión genética, no epigenética, pero hoy sabemos que este hecho no es una verdad universal ya que el borrado de las marcas epigenéticas no siempre es completo. Por ejemplo, parece que las hambrunas y la obesidad dejan unas sutiles pero indelebles huellas en el epigenoma que luego se transmiten a la descendencia, modificando así su probabilidad de provocar desajustes en el metabolismo, como los que padecen los diabéticos o los obesos. De esta forma, el epigenoma puede transmitir pautas aprendidas en el pasado a la generación siguiente, así es que no cabe duda de que los postulados del denostado Jean-Baptiste Lamarck sobre la heredabilidad de los rasgos adquiridos eran acertados en este punto. Sin embargo, el papel preponderante del epigenoma consiste en determinar la identidad de las células diferenciadas dentro de nuestro organismo multicelular. Cada célula ejecuta un programa predeterminado al mismo tiempo que conserva una memoria más o menos perfecta de sus antepasadas con sus vivencias y sus posibles adaptaciones al estrés ambiental. Tanto el programa que determina su identidad —no es lo mismo ser una célula del corazón que de un hueso— como la memoria determinada por las vivencias particulares del pasado cristalizan en el epigenoma.

¿Qué papel desempeña el epigenoma en el envejecimiento? Es un reloj molecular, tal vez el más preciso de los identificados hasta el momento. El llamado reloj epigenético se basa en la medición del conjunto de las metilaciones del ADN en los glóbulos blancos. Con la edad, el epigenoma cambia de manera predecible de acuerdo con la edad biológica más que con la edad cronológica. Los factores de riesgo que aceleran nuestro declive, como, por ejemplo, la obesidad y la exposición crónica a radiaciones, adelantan el reloj epigenético. Por otra parte, cuando gracias a las nuevas tecnologías de análisis genómico y epigenómico desciframos el epigenoma de células concretas, podemos comprobar que la identidad epigenética de cada uno de nosotros tiende a difuminarse con la edad, como si la precisión de la herencia hubiera dejado lugar a un creciente desorden. Triunfa de nuevo el caos, se instaura la inestabilidad epigenética.[10]

Contrariamente a las mutaciones del ADN, las alteraciones epigenéticas son reversibles y para nosotros constituyen una gran oportunidad para diseñar nuevas intervenciones antienvejecimiento. Por ejemplo, los inhibidores de los enzimas que acetilan las histonas ralentizan el envejecimiento prematuro de los ratones que hemos creado con la misma mutación que causa la progeria de Hutchinson-Gilford. En suma, los cambios epigenéticos contribuyen al proceso molecular que lleva al envejecimiento y abren el camino hacia futuras intervenciones terapéuticas o preventivas basadas en la reversión selectiva de las metilaciones, acetilaciones u otras modificaciones epigenéticas que acompañan al paso del tiempo.

4. Pérdida de la proteostasis

La biología carece de dogmas, pero el llamado dogma central de la biología molecular establece que el ADN (el genoma que abarca el conjunto de los genes, el diccionario completo) se transcribe en ARN (que se corresponde con las palabras extraídas del diccionario), y este se traduce en proteína, la herramienta final constituida por aminoácidos,* que define la estructura y las funciones celulares. El conjunto de las proteínas de una célula se llama proteoma* y el proceso homeostático que mantiene la armonía de este proteoma recibe el nombre de proteostasis.

¿Por qué es importante la proteostasis? Imaginemos que la célula es un taller de fabricación. El ADN portador de toda la información se copia transitoriamente en el manual de instrucciones (los ARN) para producir las herramientas necesarias (las proteínas, cada una con una estructura tridimensional específica). A veces el producto intermedio es imperfecto y hay que repararlo o descartarlo para luego reciclarlo. La proporción de las piezas que componen una herramienta tiene que ser correcta. La cabeza de un martillo no vale para nada sin su mango, y viceversa. Una taladradora eléctrica tiene cientos de piezas que deben encajar con precisión para que la máquina pueda funcionar. Sin embargo, las herramientas contenidas en la fábrica celular son muy numerosas y su organización se parece más a la de un Boeing 777 con sus tres millones de piezas que a una modesta taladradora. En este complejo esquema de organización celular hay que detectar y descartar continuamente las piezas inadecuadas o superfluas. Además, hay que adaptar el taller a los cambios en la demanda exterior, aumentar la producción de algún tipo de herramienta y reciclar las piezas y los utensilios superfluos.

Con esta simple analogía nos damos cuenta de que el proceso de proteostasis es muy complejo y su inevitable desfallecimiento con el paso del tiempo puede contribuir al progreso del envejecimiento. Con la edad, los defectos de fabricación se hacen más frecuentes, se acumulan las piezas superfluas o mal ensambladas y se forman agregados disfuncionales. El taller no da abasto ante tanto trabajo y la chatarra se amontona conforme la entropía avanza. Este creciente triunfo del desorden funciona como otro reloj biológico que afortunadamente tiene sus propios frenos. Así, las proteínas llamadas «chaperonas» reconocen las proteínas mal plegadas o dañadas y las repliegan conforme a su estructura tridimensional correcta o las acompañan hacia las diferentes vías de reciclaje. Manipulaciones genéticas y farmacológicas diseñadas para aumentar la abundancia de las chaperonas reducen el envejecimiento en organismos modelo (como los gusanos elegantes y las moscas de la fruta), cosa que nos abre una nueva posibilidad para ralentizar el proceso del envejecimiento.

Además de intervenir sobre las chaperonas como estrategia prolongevidad, tenemos la opción de mejorar los propios sistemas de reciclaje. Estos sistemas capturan las proteínas mal fabricadas o dañadas para después proceder a su degradación a través del fenómeno de «proteólisis», que implica la actuación de unas enzimas llamadas proteasas. Existen dos grandes vías de proteólisis: el sistema ubiquitina-proteasoma y la autofagia. En la primera vía, la proteína que debe ser reciclada es marcada con una etiqueta molecular llamada ubiquitina, que le indica que debe dirigirse a una especie de tubo digestivo molecular, el proteasoma. Allí, la proteína ubiquitinada entra por un extremo, se destruye en su interior y por el otro extremo salen los aminoácidos que la formaban. En la segunda vía de proteólisis actúa un orgánulo mucho más grande, el lisosoma, al que podemos imaginar como el estómago de la célula, repleto de enzimas que actúan en un ambiente ácido. La autofagia, palabra que deriva del griego *autos*, «uno mismo» y *fagein*, «comer» (literalmente, comerse a uno mismo), es el fenómeno a través del cual las proteínas y otras macromoléculas acaban en el lisosoma de la célula para ser recicladas.

Hay varias formas de autofagia, pero la más espectacular es la llamada «macroautofagia», en la que las estructuras celulares que deben reciclarse son secuestradas en unas vacuolas llamadas autofagosomas. Una vez terminada la formación del autofagosoma, se fusiona con un lisosoma y da lugar a un autolisosoma, en el cual tiene lugar la proteólisis necesaria para la proteostasis. La macroautofagia (o autofagia, por simplificar) es altamente versátil por varias razones. Primero, porque las estructuras que se incorporan a esta vía de reciclaje pueden ser mucho más grandes que las que caben en el proteasoma, que solo puede digerir proteínas aisladas, una por una. El autofagosoma puede secuestrar agregados de proteínas e incluso orgánulos enteros. Si la célula fuera una ciudad, los autofagosomas serían los camiones de la basura, unos vehículos tan grandes que pueden engullir cualquier estructura, incluso los talleres de producción de proteínas (los ribosomas) y las centrales térmicas (las mitocondrias), y solo respetarían el ayuntamiento (el núcleo que contiene el material genético). Además, la autofagia no solo sirve para reciclar proteínas, ya que hay macromoléculas, como los ácidos nucleicos, los lípidos y los hidratos de carbono, que pueden ser digeridas en los lisosomas. Por último, la autofagia está exquisitamente regulada por la ley de la oferta y la demanda. Cuando la oferta es amplia, entre las muchas estructuras que pueden ser degradadas, se seleccionan las más viejas o las más dañadas. Para ello se marcan como si fueran los árboles de un bosque que amenazan con caerse en el siguiente temporal y son los primeros que deben talarse. Por otra parte, cuando la célula no recibe suficientes nutrientes del entorno, crece la demanda de energía y se activa la degradación de macromoléculas para generar moléculas pequeñas como glucosa, aminoácidos y acetil coenzima A que son utilizadas posteriormente en el metabolismo energético. Es como tratar de mantener el calor en invierno en una casa que se ha quedado sin electricidad. Para sostener la temperatura hay que quemar los muebles en la chimenea, y para ello se escogen primero los que ya son inservibles y están guardados en el trastero. En 2016, el científico japonés Yoshinori Ohsumi fue galardonado con el Premio Nobel de Medicina por sus trabajos pioneros en el estudio de este eficiente sistema celular de gestión de residuos de enorme trascendencia en la salud, en la enfermedad y también en el envejecimiento.

¿Cuál es la conexión de la autofagia con el envejecimiento? La respuesta en este caso es muy clara: la autofagia, nuestro mecanismo de reciclaje macromolecular y celular más potente, disminuye con la edad. La disminución de la autofagia se convierte así en una clave general del envejecimiento y se abre la posibilidad de inducir este proceso de reciclaje como una estrategia prolongevidad. La restricción calórica sin malnutrición, una de las escasas formas bien documentadas de extensión de la longevidad en distintos modelos animales, ejerce efectos positivos en parte gracias a la activación de la autofagia. Por el contrario, la sobreabundancia alimenticia que lleva a la obesidad y favorece el envejecimiento reduce significativamente la autofagia. Algunas sustancias farmacológicas o ciertos compuestos naturales presentes en nuestra dieta también pueden activar la autofagia y aumentar la longevidad en organismos modelo. Análogamente, basta aumentar la autofagia mediante procedimientos genéticos como la sobreexpresión del gen Atg5 para extender la longevidad de ratones. En conjunto, todos estos hallazgos confirman la importancia de activar la autofagia como estrategia general de mejora de la salud y de la longevidad.[11]

Por último, debemos recordar que patologías como la enfermedad de Alzheimer, la enfermedad de Parkinson y otros trastornos neurodegenerativos que se asocian con edades avanzadas derivan de la acumulación de proteínas defectuosas en el cerebro. Ello refuerza la idea de que la mejora o la restauración de la proteostasis, incluyendo la estimulación de la autofagia, puede servir no solo como estrategia antienvejecimiento, sino para el tratamiento de enfermedades neurodegenerativas asociadas a la edad.

5. Percepción inadecuada de los nutrientes

En condiciones de abundancia de nutrientes, los organismos multicelulares activan una serie de señales moleculares que fomentan la absorción de calorías, la síntesis de macromoléculas o anabolismo, la inhibición de las vías de degradación o catabolismo y el crecimiento celular. Estas señales se organizan en dos niveles, extracelular e intracelular, y en conjunto permiten la acumulación de reservas energéticas y favorecen la reproducción de la especie.

En el plano extracelular existen proteínas como la insulina y el factor de crecimiento derivado de la insulina (IGF1, por sus siglas en inglés) que aumentan en situaciones de abundancia nutricional y se unen a sus correspondientes receptores localizados en la superficie celular. Los receptores de insulina y de IGF1 son diferentes, pero una vez activados por sus correspondientes ligandos* convergen en una única vía de transmisión de señales dentro de las células. Una vez que la cadena de señales iniciadas en el exterior celular llega al interior de las células, se incrementa la actividad de algunas proteínas (por ejemplo, PI3K, AKT, mTOR) y se inhibe la de otras (como AMPK o los factores de la familia FOXO). A través de todas estas vías se estimula el anabolismo y se suprime el catabolismo, incluida la autofagia.

Este sistema de señalización tiene un papel primordial en la regulación del envejecimiento, ya que su inactivación conlleva un aumento de la longevidad de levaduras, gusanos, moscas y ratones. Curiosamente, existen mutaciones en humanos capaces de inactivar el receptor de la hormona de crecimiento, que junto con la propia hormona también forman parte del sistema de señalización insulina/IGF1. Estas raras mutaciones causan una forma de enanismo llamada síndrome de Laron, pero a la vez aumentan la esperanza de vida de sus portadores. Por el contrario, un exceso de señales nutricionales es sinónimo de daño a la salud y reducción de la longevidad.

La abundancia de alimentos también influye sobre la actividad de enzimas intracelulares como EP300, mTOR, AMPK y SIRT1 que se consideran sensores de nutrientes y responden a cambios en la concentración de diferentes metabolitos. Por ejemplo, la disminución de acetil coenzima A que se produce tras un descenso de aminoácidos o ácidos grasos activa la enzima AMPK. AMPK también responde a la disminución de adenosina trifosfato (ATP),* que es la molécula rica en energía más importante de la célula. No en vano, cada célula consume la asombrosa cantidad de un millón de moléculas de ATP por segundo, por lo que la AMPK está siempre alerta, mide el estado energético y se activa en situaciones de crisis, advirtiendo a la célula sobre la necesidad de reducir el consumo energético y de aumentar la producción de ATP. En resumen, cualquier carencia de nutrientes se traduce en una modulación de estos sensores; algunos, como EP300 y mTOR, se inhiben, y otros, como AMPK y SIRT1, se activan.

La restricción calórica, definida como reducción del aporte calórico sin carencia nutricional, tiene un efecto benéfico en la salud y en la longevidad de todas las especies examinadas al respecto, incluyendo los primates no humanos. Los longevos habitantes de Okinawa entienden bien este concepto y siguen de manera natural una rutina nutricional llamada *hara hachi bu*, por la que dejan de comer cuando estiman que les falta todavía un 20 % para saciarse. En el mundo occidental, se ha creado una sociedad internacional llamada los CRONies (siglas en inglés de «restricción calórica con nutrición óptima»), con más de siete mil afiliados que imitan esta práctica tradicional japonesa y siguen una dieta rigurosa que reduce la ingesta calórica. Esperamos con curiosidad e interés que dentro de unos años pueda demostrarse la eficiencia de esta aproximación nutricional en humanos al mismo nivel que se ha logrado en muchas otras especies.

De manera análoga a la restricción calórica, algunos trabajos recientes han avalado científicamente la idea de que los periodos regulares de ayuno tienen efectos positivos sobre la salud. Tampoco aquí hay gran novedad pues desde tiempos muy lejanos, muchas culturas han propugnado distintas formas de ayuno como manera de mejorar la salud del cuerpo y del espíritu. Por el contrario, la sobrealimentación tiene un efecto nefasto, ya que acorta la esperanza de vida y precipita la manifestación de las enfermedades ligadas a la edad, incluyendo las patologías metabólicas, cardiovasculares, neoplásicas y neurodegenerativas. Numerosos estudios indican que los efectos beneficiosos o perjudiciales de la moderación y el exceso calóricos, respectivamente, se deben a las alteraciones en los sensores de nutrientes; de ahí la posibilidad de intervenir sobre ellos con agentes farmacológicos o con micronutrientes. Así, la espermidina (un inhibidor de EP300) y la rapamicina (un inhibidor de mTOR) aumentan la esperanza de vida sana y la longevidad de diversas especies animales. Algunos datos indican asimismo que la metformina (un activador de AMPK) y el resveratrol o la nicotinamida (estimulantes de SIRT1) pueden reducir la manifestación de algunas enfermedades, aunque su efecto sobre la longevidad parece limitado.[12]

6. Disfunción mitocondrial

De modo parecido a un juego de muñecas rusas imbricadas una dentro de la otra, si vamos pasando del mundo macroscópico al microscópico, el organismo que envejece contiene órganos que se estropean, compuestos por células cuya función va decayendo, y que a su vez contienen subestructuras llamadas orgánulos que también se deterioran. Uno de los orgánulos subcelulares más importantes es la mitocondria, pues no en vano desempeña un papel primordial en la coordinación metabólica y bioenergética de las células. Las mitocondrias son los únicos orgánulos que tienen su propio ADN, que es mucho más pequeño que el nuclear y cuyas características lo asemejan a un ADN bacteriano. Se cree que las mitocondrias se introdujeron en su célula huésped en forma de bacterias especializadas para luego establecer una interdependencia simbiótica. No es una exageración considerar las mitocondrias como minúsculas centrales térmicas, ya que, a través de la combustión de nutrientes y el consecuente consumo de oxígeno, las mitocondrias generan una parte sustancial de la energía celular en forma de ATP. Esta función primordial se pierde paulatinamente con la edad, de ahí que consideremos la disfunción mitocondrial como una de las claves centrales del envejecimiento.

Las mitocondrias de la célula forman un conjunto dinámico en el que orgánulos individuales se fisionan o fusionan constantemente. Estos orgánulos están repletos de enzimas y metabolitos que coordinan funciones vitales de la célula, pero también tienen unos cuantos factores que, una vez liberados, pueden activar procesos inflamatorios e incluso inducir la muerte por apoptosis,* una forma de suicidio celular cuyo nombre deriva de una palabra griega que significa desprenderse del lugar de acogida, como les sucede a las hojas de los árboles en otoño.

Mientras escuchamos la inolvidable y triste canción de *Les feuilles mortes* sobre el paso del tiempo, interpretada por Édith Piaf, podemos entender que las mitocondrias, dueñas de la vida y la muerte de las células en las que se hospedan, desempeñan un papel trascendental en el envejecimiento. La disminución de la eficiencia bioenergética mitocondrial con el discurrir del tiempo se debe a diversos factores, entre los cuales figuran mutaciones en su ADN, una reducción de su biogénesis, cambios en su estructura y un reciclaje defectuoso. Además, la disminución de la autofagia durante el envejecimiento repercute negativamente sobre las mitocondrias, dado que es el único mecanismo que permite la eliminación de las que se encuentran dañadas y que evita así la indeseada inflamación y la muerte celular. De hecho, existe un proceso llamado mitofagia que se encarga de la destrucción autofágica de las mitocondrias envejecidas. La inhibición de la mitofagia lleva a la acumulación de mitocondrias disfuncionales y al envejecimiento prematuro de las células, de los órganos y, finalmente, del organismo que los alberga, siguiendo de nuevo la lógica de las matrioskas rusas, pero viajando esta vez desde lo diminuto hacia lo visible.

Afortunadamente, contamos con un mecanismo de regulación homeostática mitocondrial que se denomina «mitohormesis». En biología, el concepto de hormesis refleja la idea de que un estímulo dañino aplicado en dosis bajas puede provocar una reacción adaptativa del sistema biológico que protege a las células contra ese mismo daño administrado a dosis más altas. De este modo, un tratamiento moderadamente tóxico puede suscitar una respuesta benéfica que no solo repara el daño inicial, sino que, además, aumenta la resistencia del organismo. La primera ópera de Mozart —compuesta en 1770 cuando solo contaba catorce años y titulada *Mitrídates, rey del Ponto*— nos recuerda que la hormesis ya fue practicada por este mítico monarca que reinó desde el 120 a. C. hasta su muerte en el 63 a. C. Mitrídates VI adquirió merecida fama por su gran resistencia a los venenos. Temeroso de ser asesinado por envenenamiento como le sucedió a su padre, huyó tras la muerte de este y se refugió durante varios años en la naturaleza. Allí, aislado de todo y de todos, se dedicó a experimentar los efectos de distintos venenos ingiriéndolos en dosis crecientes hasta conseguir una inmunidad frente a sus daños. Entonces, volvió a su reino, asesinó a su madre y a su hermano y se casó con su hermana menor, lo cual sugiere que tomar tantas sustancias tóxicas en bajas dosis tal vez le salvara la vida, pero pudo haberle afectado al juicio.

Aplicado a las mitocondrias, el concepto hormético implica que, ante una insuficiencia moderada en la producción de energía por parte de estos orgánulos, se puede inducir una respuesta de mitohormesis que aumenta el reciclado autofágico de las mitocondrias dañadas y la producción de otras nuevas. El descubrimiento de métodos que permitan la activación terapéutica de la mitohormesis puede ralentizar el reloj biológico puesto en marcha por la disfunción mitocondrial y constituir una nueva estrategia de prolongación de la longevidad.[13]

7. Senescencia celular

La senescencia celular es una parada estable, normalmente irreversible, del ciclo celular, que impide la generación de nuevas células e induce unos fenotipos característicos en las células senescentes. Leonard Hayflick describió en 1961 la primera forma de senescencia debida al acortamiento de los telómeros en cultivos de células humanas, pero hoy sabemos que hay otros mecanismos que pueden causar este mismo fenómeno. En particular, las proteínas denominadas p16 y p21 inhiben el avance del ciclo celular y están implicadas en la senescencia celular. De hecho, la frecuencia de células senescentes que producen p16 aumenta con la edad, y quizás constituyen el biomarcador que mejor refleja el envejecimiento biológico. En suma, la frecuencia de aparición de células senescentes es otra medida del tiempo biológico, un reloj más al que podemos interrogar sobre el avance del envejecimiento.

¿Cuál es la esencia de la senescencia? Las células senescentes cesan de proliferar y, por lo tanto, ya no contribuyen a la renovación de los tejidos. Además de dejar de colaborar activamente en el bienestar de la sociedad celular, estas células tienen un efecto dañino porque parasitan recursos, ocupan espacio y, sobre todo, porque al acumularse activan de manera crónica procesos inflamatorios que contribuyen al envejecimiento. La acumulación de estas células senescentes se debe a dos fenómenos simultáneos. Por un lado, el sistema inmune innato encargado de eliminar las células senescentes en los tejidos jóvenes pierde eficiencia con el paso del tiempo y su capacidad de limpiar los órganos de células dañinas o dañadas disminuye considerablemente. Por otra parte, la inestabilidad genética y el recorte de los telómeros, dos de las claves primarias del envejecimiento, van acopladas a la inducción de proteínas supresoras de tumores como p53 o p16, que detienen la división de las células genómicamente inestables y evitan el desarrollo del cáncer. Sin embargo, esta acción tan positiva de ambas proteínas se ve empañada porque con su labor contribuyen a la acumulación de células senescentes y, por tanto, al envejecimiento. Este papel dual o ambiguo constituye un ejemplo más del antagonismo pleiotrópico discutido anteriormente por el que un gen o un proceso tienen un efecto favorable a corto plazo —en este caso la prevención del cáncer—, pero un efecto colateral perjudicial a largo plazo.

En teoría caben dos estrategias para luchar contra la acumulación de células senescentes. Por un lado, se puede tratar de evitar la inmunosenescencia o pérdida paulatina de la función del sistema inmune y fomentar la eliminación de las células senescentes adoptando medidas inmunoestimuladoras semejantes a las que ya se utilizan para tratar el cáncer. Además, se pueden eliminar las células senescentes directamente. Así, se han llevado a cabo unos sofisticados experimentos de ingeniería genética introduciendo en ratones un gen capaz de sensibilizar específicamente las células senescentes a un agente farmacológico inocuo para las células normales. Los experimentos iniciales han demostrado que la eliminación selectiva de las células senescentes retrasa el envejecimiento y mejora aspectos metabólicos y cognitivos deteriorados por el paso del tiempo. Estos prometedores resultados han estimulado la búsqueda de agentes «senolíticos» capaces de eliminar las células senescentes. Algunos de estos agentes farmacológicos se han utilizado con éxito en ratones para borrar o difuminar las huellas de la senescencia celular en varios tejidos y se han obtenido efectos beneficiosos para la salud y para la longevidad. Los senolíticos también han generado resultados positivos en cepas de ratones usadas como modelo de patologías como la arteriosclerosis, la enfermedad de Alzheimer, el infarto de miocardio, la fibrosis pulmonar, la osteoartritis y la osteoporosis. En este sentido, es muy estimulante señalar que han comenzado ya los primeros ensayos clínicos con agentes senolíticos en humanos para el tratamiento de enfermedades como la nefropatía diabética y la fibrosis pulmonar idiopática.[14]

En suma, la senescencia celular es una de las claves esenciales del envejecimiento. Las posibilidades de evitar la acumulación de células senescentes son limitadas, pero los resultados basados en la potenciación del sistema inmune innato y el empleo de agentes senolíticos son indicadores de que, en el futuro, intervenciones dirigidas a mitigar los efectos negativos de la senescencia celular podrán formar parte de estrategias prolongevidad.

8. Agotamiento de las células progenitoras

Decía Hipócrates de Cos, el padre de la medicina, que cada individuo recibe al nacer una cierta cantidad de energía vital de la que puede disponer a lo largo de la vida hasta que se consume. El envejecimiento sería entonces el agotamiento de esa fuerza vital cuantificable que podía corresponder al número de los latidos del corazón o al de las bocanadas de aire que respiramos. Hoy, podemos concluir que el anhelado *élan vital* probablemente se encuentra en unas células especiales que todos poseemos en nuestro cuerpo y a las que denominamos células *stem*,* madre o progenitoras.

Cada uno de nuestros órganos contiene una mayoría de células diferenciadas, altamente especializadas en una u otra tarea, y una pequeña minoría de células progenitoras indiferenciadas que pueden dividirse ilimitadamente para luego diferenciarse y convertirse en células especialistas. Esta estrategia celular permite el desarrollo embrionario y fetal, el crecimiento de los órganos durante la infancia, el aumento de la masa muscular con el entrenamiento físico y la constante renovación de los tejidos en la edad adulta. Las células progenitoras constituyen la reserva que permite repoblar el tejido cuando este pierde células como consecuencia de daños endógenos o exógenos. Este principio se aplica a todos los órganos, incluso al cerebro, donde se forman nuevas neuronas hasta más allá de los ochenta años.

La capacidad regeneradora de los tejidos disminuye con la edad como consecuencia del agotamiento de las células progenitoras. Así, se reduce la hematopoyesis o producción de glóbulos rojos y blancos, lo cual lleva a la anemia y a la inmunosenescencia responsable de la acumulación de las células senescentes. Un ejemplo extraordinario de reducción con la edad de células progenitoras de la sangre hasta alcanzar lo que llamamos colapso clonal es el de Hendrikje van Andel-Schipper, una supercentenaria neerlandesa que murió en 2003 a los ciento quince años. En el momento de su fallecimiento, el análisis genético de sus células sanguíneas demostró que todas ellas derivaban de tan solo dos células progenitoras de las cerca de veinte mil que tenemos al nacer en la médula ósea. Una larga vida había dejado exhaustas a las células progenitoras de esta campeona de la longevidad. De manera análoga, en Hendrikje y en todos nosotros se reduce el número de células progenitoras de prácticamente todos los órganos del cuerpo, incluyendo el cerebro, el músculo y el hueso.[15]

Las razones que subyacen al agotamiento de las células progenitoras son múltiples e incluyen todas las anteriores claves del envejecimiento. De hecho, la pérdida de la capacidad funcional de estas células parece el resultado de la integración de muchas de las características moleculares y celulares del envejecimiento que ya hemos mencionado: la inestabilidad genómica y epigenómica, el acortamiento de los telómeros, la insuficiencia autofágica, el deterioro mitocondrial y la senescencia celular. También existen sospechas fundadas de que algunas de las alteraciones que discutiremos en el apartado de comunicación intercelular pueden explicar el agotamiento de las células progenitoras. Por ejemplo, en experimentos de parabiosis, en los cuales se juntan los sistemas circulatorios de ratones jóvenes y viejos mediante procedimientos quirúrgicos, el declive de la función regeneradora de neuronas o células musculares que normalmente acompaña a la edad se revierte bajo la influencia de factores rejuvenecedores sistémicos. A la inversa, las células progenitoras pueden generar factores que influyen sobre nuestro organismo de modo favorable. Por ejemplo, basta trasplantar células *stem* musculares procedentes de ratones jóvenes sanos a ratones progeroides para provocar un aumento de la longevidad y una mejora funcional de algunos tejidos.

El agotamiento de las células progenitoras constituye un importante punto de intervención para aplazar los daños del envejecimiento. Una gran promesa en este sentido es la utilización de los factores de Yamanaka* (las proteínas Oct4, Sox2, Klf4 y c-Myc) para reprogramar células ya diferenciadas y volverlas atrás en el tiempo hasta crear células cuasi embrionarias llamadas iPSC (*induced pluripotent stem cells*). Estas células reprogramadas son pluripotenciales y se pueden diferenciar de las células de interés y con ellas renovar los tejidos deteriorados por el tiempo. Este procedimiento se ha aplicado en el laboratorio de Juan Carlos

Izpisúa para expresar los factores de Yamanaka de modo transitorio y cíclico en los ratones progeroides creados en nuestro laboratorio, lo cual ha provocado un aumento de su longevidad y una mejora del funcionamiento de diversos tejidos. Queda por ver si esta técnica, que teóricamente encierra el peligro de generar tumores ya que algunos de los factores de Yamanaka son oncogenes, es aplicable a la ingeniería de tejidos humanos o al tratamiento sistémico del envejecimiento.[16]

9. Comunicación intercelular alterada

Hasta ahora, hemos centrado el estudio de las claves del envejecimiento en las alteraciones moleculares y celulares asociadas a la vejez que pueden concebirse en células aisladas y autónomas. Sin embargo, los experimentos de parabiosis nos llevan inevitablemente a la conclusión de que existen factores sistémicos reguladores del envejecimiento. Existen numerosos trastornos asociados a la vejez que solo se pueden comprender como una propiedad del sistema multicelular y que, por tanto, atañen a la comunicación intercelular. Este tema es inmensamente amplio, ya que las células interactúan entre sí a través de mecanismos muy variados: por contacto directo o a través de factores solubles; a corta distancia (regulación paracrina) o a larga distancia (regulación endocrina, neuroendocrina o neuronal). Además, las células se comunican entre sí intercambiando metabolitos en circuitos complejos a los que contribuye de manera decisiva la flora bacteriana ubicada en nuestro intestino. Los cambios fundamentales en la comunicación intercelular que se producen con el envejecimiento son los siguientes:

Inflamación crónica. La inflamación aguda suele ser una reacción de defensa para eliminar cuerpos extraños y reparar barreras corporales como la piel y las mucosas. Este proceso se inicia rápidamente, en cuestión de minutos u horas, y se resuelve en muy pocos días, una vez que el agente causante se ha eliminado o la herida ha cicatrizado. Por el contrario, los procesos inflamatorios crónicos persisten durante mucho tiempo y aumentan con la edad por numerosas razones, como la incapacidad del sistema inmune para eliminar los patógenos infecciosos o las células disfuncionales, la producción de moléculas proinflamatorias secretadas por las células senescentes y la ineficiencia de la autofagia en su intento de restringir los efectos proinflamatorios de las mitocondrias dañadas. Así, se prolonga un estado de inflamación de baja intensidad pero continuo, que provoca importantes secuelas a largo plazo. Por ejemplo, se produce un aumento de las fibras intersticiales, que reducen la elasticidad de los músculos y de los demás tejidos. Además, se incrementa la muerte celular, lo que conlleva la necesidad de reponer las células muertas con el consiguiente agotamiento de las células progenitoras. El estado inflamatorio crónico contribuye a todo el espectro de la comorbilidad de la edad avanzada: diabetes, obesidad, arterioesclerosis, neurodegeneración y cáncer. El tratamiento prolongado con antiinflamatorios como la aspirina puede reducir la incidencia y la gravedad de estas patologías. Además, la activación del inflamasoma —un complejo molecular altamente proinflamatorio— predice un aumento general de la mortalidad humana, mientras que los inhibidores de la interleuquina-1, el principal producto del inflamasoma, disminuyen la incidencia del cáncer de pulmón y de la arterioesclerosis.[17]

Inmunosenescencia. El sistema inmune desempeña un papel homeostático que hasta hace poco se había infravalorado. Hoy sabemos que, además de eliminar los microorganismos infecciosos y de vigilar el mantenimiento de las barreras internas y externas, el sistema inmune también desempeña un papel decisivo en la eliminación de células senescentes o en ruta hacia la transformación maligna, ya que aborta una buena parte de los procesos tumorales en un estado precoz y todavía indetectable. Una de las dificultades mayores para el estudio del descalabro inmunológico senescente es la estrecha relación entre el desfallecimiento del sistema inmune y la respuesta inflamatoria crónicamente exagerada, ya que los mismos subtipos de leucocitos pueden regular ambos fenómenos. Inflamación crónica e inmunosenescencia son dos caras de la misma moneda. Hoy ya existe la posibilidad de reactivar la respuesta inmune con fines terapéuticos, generalmente en el ámbito de la oncología, aunque se puede presagiar una ampliación de la administración de medicamentos inmunoestimuladores a otras indicaciones, como, por ejemplo, las enfermedades neurodegenerativas. Existen anticuerpos que impiden la interacción inmunosupresora entre PD-1 (molécula expresada en linfocitos T) y PD-L1 (moléculas expresadas por células malignas o inflamatorias) para reinstaurar un estado de inmunovigilancia anticanceroso. Estos anticuerpos actúan frente a un amplio espectro de tumores de diversos tipos, y sus descubridores, James Allison y Tasuku Honjo, recibieron por ello el Premio Nobel de Medicina de 2018. Queda por ver si este tipo de inmunoterapia encontrará una aplicación fuera del ámbito oncológico o si será necesario desarrollar nuevos agentes inmunoestimuladores para estas patologías.[18]

Microbiota. Durante años hemos analizado nuestro organismo como la suma de nuestras células y las estructuras extracelulares producidas por ellas. Sin embargo, esta visión es incompleta. En realidad, somos un metaorganismo, un holobionte* compuesto por nuestras propias células y la microbiota, es decir, la suma de miles y miles de bacterias, hongos microscópicos, fagos y parásitos diferentes que albergamos fundamentalmente en nuestro tracto gastrointestinal y que forman un auténtico ecosistema, tan complejo como la selva amazónica. También hospedamos microbios en la piel, en la cavidad oral y en el tracto genitourinario, aunque son mucho menos abundantes y variados que los de la microbiota intestinal. Sabiendo que los microbios instalados en nuestro cuerpo superan a nuestras células en número de genomas (en una proporción de 10 a 1) y de genes (en una proporción de 100 a 1), no parece extraño que cualquier proceso fisiológico o patológico esté influenciado por la microbiota. En nuestro intestino miles de especies de microbios desempeñan funciones esenciales en la digestión de los alimentos, la producción de micronutrientes y vitaminas, y el mantenimiento de un ecosistema armónico en el que los microbios útiles (los simbiontes) o neutros (los saprofitos) dominan a los nocivos (los patógenos).

Iliá Méchnikov, microbiólogo ruso que recibió el Premio Nobel de Medicina en 1908 por su trabajo en inmunología, fue el gran pionero en apreciar la relevancia de la microbiota para nuestra salud. Tras observar al microscopio una muestra de sus propias heces, Méchnikov contempló fascinado la presencia de una multitud de bacterias vivas que construían «un mundo dentro de un mundo» e intuyó que podían ser factores decisivos para promover la longevidad. Desde ese mismo día, Méchnikov comenzó a beber un vaso de leche agria cada mañana con objeto de mantener el mejor ambiente para su microbiota intestinal y publicó sus observaciones en un tratado titulado de manera tan bella como ingenua *Prolongación de la vida: estudios optimistas*. Al contemplar hoy las estanterías de los supermercados llenas de yogures, kéfir y todo tipo de probióticos* y prebióticos,* no podemos dejar de recordar la curiosa figura de este gran imaginador que intuyó la presencia de todo un universo de salud dentro de nosotros mismos.

En los últimos años se han multiplicado los estudios dirigidos a evaluar cómo influye la microbiota sobre la salud y la longevidad. Muchos trabajos coinciden en resaltar la importancia de la barrera intestinal, una compleja estructura organizada en forma de vellosidades y criptas, y cuya superficie total corresponde a unos asombrosos 250 metros cuadrados. Es primordial mantener esta barrera intacta en todo momento, no solo para impedir que microbios potencialmente patógenos invadan nuestro cuerpo, sino también para evitar que productos microbiológicos solubles lleguen a la circulación sistémica y puedan causar reacciones inflamatorias inapropiadas. Cuando las moscas de la fruta jóvenes son alimentadas con una dieta a la que se añade un colorante azul, el mismo que se utiliza para colorear el licor de curasao, normalmente este colorante queda excluido del cuerpo. Sin embargo, con la vejez, una proporción creciente de moscas se vuelven azules. Esta indicación de la permeabilización intestinal precede a la muerte, que acontece en alrededor de dos días. Otras especies de animales, como los gusanos y los peces, manifiestan un comportamiento similar, de manera que la pérdida de dicha barrera indica un riesgo de muerte inminente. Es posible que en humanos actúen mecanismos similares, ya que, por ejemplo, la diabetes o la disbiosis (una alteración patogénica causada por un desequilibrio de la microbiota) conllevan una permeabilización intestinal que contribuye a un estado de inflamación sistémica. De hecho, en personas sanas con más de cien años, la concentración de zonulina en el suero, un biomarcador que indica el grado de permeabilización intestinal, es más baja que en personas jóvenes, lo cual sugiere que sus intestinos son particularmente impermeables.[19]

A raíz de la excelente colaboración entre nuestros respectivos laboratorios en Asturias y París hemos descubierto que los centenarios sanos se distinguen de otros grupos de menor edad por un aumento de ciertas especies de bacterias, como *Akkermansia muciniphila*, que estimula la producción de mucina y puede ayudar a mejorar la barrera intestinal. *A. muciniphila* tiene múltiples efectos saludables: reduce la diabetes, la obesidad y las reacciones inflamatorias indebidas, y aumenta la respuesta inmune contra el cáncer. Cuando se transfiere esta bacteria a ratones progeroides, su salud mejora y su esperanza de vida aumenta, lo que nos ha llevado a proponer que *A. muciniphila* es una especie bacteriana antienvejecimiento. Por ello, no cabe sorprenderse de que la vida sedentaria y las dietas obesógenas, ricas en alimentos ultraprocesados y pobres en variedad nutricional, tienden a eliminar *A. muciniphila* de la flora intestinal humana.[20]

Hormonas. Con la menopausia disminuyen los estrógenos y la progesterona, y lo mismo sucede con los andrógenos en los varones cuando envejecen. Aunque estos déficits pueden explicar algunos de los cambios físicos ligados a la edad, los tratamientos de sustitución hormonal no han aumentado las perspectivas de buena salud a largo plazo. Sin embargo, el sueño de encontrar un elixir hormonal contra el envejecimiento persiste. Así, la inyección repetitiva de plasma de ratones jóvenes a ratones viejos parece tener un efecto positivo sobre su estado de salud, su agilidad mental e incluso su longevidad. Más interesante resulta la observación de que ciertas proteínas presentes en el plasma obtenido de cordones umbilicales humanos pueden rejuvenecer la función del hipocampo de ratones viejos. Recordando las trágicas aventuras del conde Drácula, en la Universidad de Stanford se han llevado a cabo ensayos clínicos en los que se ha transferido el plasma de personas jóvenes a pacientes con riesgo de alzhéimer, aunque por el momento los resultados no han sido muy positivos.[21]

Mucho más práctica que la idea de acoplar un joven donante de sangre a cada persona mayor sería la identificación y producción sintética de los factores rejuvenecedores para su posterior aplicación a pacientes. Existe, por ejemplo, un factor soluble llamado khloto (como la parca que hilvana el hilo de la vida) que parece suprimir varios aspectos del envejecimiento en ratones. Curiosamente, la concentración plasmática de khloto aumenta en individuos que practican deporte, lo cual indica que hay un mecanismo que relaciona el ejercicio físico con la longevidad. Otros factores que favorecen la longevidad de los ratones o mejoran alguna de las deficiencias fisiológicas asociadas al envejecimiento son: FGF21 producido por hepatocitos en situaciones de ayuno; SDF1, que mejora la cicatrización de la piel; y TIMP2, que es particularmente abundante en la sangre joven y aumenta la plasticidad neuronal en ratones seniles. Estos ejemplos demuestran que la búsqueda de factores prolongevidad está en marcha.

Una estrategia complementaria consiste en la identificación de factores solubles que aumentan con la vejez y tienen efectos negativos en el organismo para luego bloquearlos con anticuerpos neutralizantes o antagonistas farmacológicos. Un ejemplo es la quimioquina CCL11, que aumenta en la vejez humana y, en particular, con el declive cognitivo observado en la enfermedad de Alzheimer. Este factor parece directamente responsable de la inhibición de la neurogénesis, de la memoria y del aprendizaje en ratones jóvenes cuando su sistema circulatorio se conecta por parabiosis al de animales viejos. Análogamente, VCAM1 aumenta con la edad y tiene efectos muy negativos sobre la función neuronal. En resumen, de modo general podemos concluir que existen hormonas muy beneficiosas para la salud que disminuyen conforme avanza la edad. Asimismo, hay factores nocivos que aumentan durante el envejecimiento. Suplementar los unos y neutralizar los otros constituyen aproximaciones interesantes en favor de la longevidad.[22]

Ritmos circadianos. El ritmo de sueño y vigilia se atenúa en las personas de edad avanzada y se perturba en la enfermedad de Alzheimer. La desincronización de los ritmos circadianos en diferentes órganos es un signo del aumento de la entropía o desorden del organismo con el paso del tiempo, pero es muy probable que esta pérdida del compás interno sea también un mecanismo que contribuye activamente al proceso de envejecimiento. En favor de esta posibilidad se presentan las mutaciones producidas en los genes moduladores de los ritmos circadianos, que acortan la longevidad e inducen trastornos metabólicos como la diabetes y la obesidad en ratones. La administración de resveratrol y de espermidina, dos sustancias que ya hemos mencionado por su capacidad de inducir la autofagia y de participar en la percepción de la carencia de nutrientes, favorecen el mantenimiento de los ritmos circadianos, así que estarían subrayando las conexiones funcionales existentes entre diferentes características de la vejez. De hecho, la autofagia contribuye a la degradación oscilatoria de algunos factores implicados en el ritmo circadiano, lo cual sugiere que su estimulación por diferentes medios, como, por ejemplo, la restricción calórica, puede poner el reloj en hora. El estudio de los ritmos circadianos en relación con el envejecimiento normal y patológico tiene mucho camino por delante. Sin embargo, está emergiendo la noción de que con la edad este reloj interior pierde su precisión y también su vigor, hasta el punto de reducir la amplitud de sus oscilaciones y favorecer el desarrollo de enfermedades asociadas al paso del tiempo.[23]

Para resumir este denso e intenso capítulo, podemos decir que en unas pocas páginas hemos tratado de definir las características principales del complejo proceso biológico que causa el envejecimiento. En cierto modo, cada una de estas características moleculares o celulares se asemeja a un reloj, aunque en cada caso el correspondiente cronómetro tiene particularidades concretas. La inestabilidad genética se parece a un reloj mecánico impulsado por la oscilación entre la interfase y la duplicación del genoma que preludia la división celular. El acortamiento telomérico funciona como una cuenta atrás que la telomerasa ha aprendido a parar. Todas las demás características, las alteraciones epigenéticas, la pérdida de la proteostasis, la percepción inadecuada de los nutrientes, la disfunción mitocondrial, la senescencia celular, el agotamiento de las reservas de células progenitoras y la alteración de la comunicación intercelular funcionan como relojes de arena que avanzan imparables hacia el desorden, la confusión, la ineficiencia y la disfunción.

Los mecanismos moleculares de todos estos relojes biológicos están estrechamente conectados entre sí y también con los relojes circadianos que sintonizan el tiempo de la vida con el tiempo del mundo. Todas estas interconexiones aseguran una cierta sincronía en el proceso de envejecimiento dentro de cada individuo particular, pero a la vez dificultan las posibilidades de intervenir sobre un mecanismo concreto sin afectar a los restantes. Surge entonces la pregunta de si existe un Gran Relojero que pudiera atreverse a intervenir sobre esta compleja maquinaria para dilatar o detener el tiempo biológico, imitando a Michelangelo Buonarroti o a Gian Lorenzo Bernini, que fueron capaces de congelar la vida, y a la vez mantener la expresión de las emociones y hasta el movimiento del viento en un bloque de mármol blanco. El siguiente capítulo afronta las posibilidades actuales que la ciencia nos ofrece para ralentizar el paso del tiempo como parte de las estrategias futuras de lucha contra el envejecimiento y de extensión de la longevidad, cuando comenzamos a percibir que «el tiempo es una luz ya muy cansada».[24]

CAPÍTULO 11

La dilatación del tiempo

Cerramos los ojos y viajamos a *The dark side of the moon* con Pink Floyd; dejamos que suene su música psicodélica sobre el flujo del tiempo y escuchamos su evocadora letra que sigue vigente pese a que hace casi cincuenta años que se compuso:

Viendo pasar los momentos
que componen un día aburrido,
desperdicias y consumes las horas
de un modo ofensivo,
vagando de aquí para allá
en alguna parte de tu ciudad,
a la espera de alguien o algo
que te muestre el camino.
Cansado de tumbarte bajo el sol y de quedarte
en casa mirando la lluvia,
eres joven y la vida es larga,
y hay tiempo que matar hoy.
Y, luego, un día te das cuenta
de que tienes diez años más detrás de ti.

Tiempo, pasa el tiempo, el tiempo subjetivo, el que medimos con el pensamiento, el que no es ni uniforme ni constante pese a lo que digan los relojes. En nuestra memoria siguen grabadas a fuego las tardes tediosas y oscuras de algunos veranos o inviernos de nuestra infancia y las interminables lecciones de profesores desmotivados y desmotivantes. Tampoco olvidamos las largas y lentas noches de mentes en negro y ojos en blanco, apenas resueltas en un insuficiente duermevela. A la vez, percibimos la sorprendente rapidez con que la rutina de la edad adulta devora nuestros días, semanas y meses, o la desconcertante celeridad con que nuestros hijos atraviesan la infancia y la adolescencia. Sin embargo, entre todos estos acontecimientos de nuestra conversación personal con el tiempo, destacan poderosamente esos maravillosos momentos de dilatación temporal *ad infinitum* en los que disfrutamos de un instante deslumbrante de felicidad compartida o de contemplación de la naturaleza o de introspección intelectual y emocional. Son esos escasos pero inolvidables instantes que deseamos que nunca se acaben y que quedan grabados para siempre en nuestra biografía vital de recuerdos.

El tiempo cronológico es un fenómeno objetivamente cuantificable con métodos mecánicos o atómicos que marcan los ritmos del mundo, pero el tiempo biológico se somete a reglas muy diferentes y hasta puede desacoplarse del tiempo cronológico. Resulta sencillo congelar y conservar los óvulos, los espermatozoides y hasta los embriones humanos en nitrógeno líquido, a bajísima temperatura. Durante el periodo de congelación, el tiempo biológico se suspende por un plazo virtualmente indefinido, pero basta descongelar el tubo que contiene las células congeladas para reanudar el tiempo de la vida. Este sencillo procedimiento demuestra que es posible disociar el tiempo cronológico, exterior al cuerpo, y el tiempo biológico, intrínseco al organismo. Se congela —literalmente— el tiempo del ser vivo, mientras que el tiempo del mundo prosigue en la dirección de la flecha que apunta desde el pasado hacia el futuro.

En las historias de ciencia ficción, la suspensión temporal de la vida permite que haya naves espaciales viajando por el espacio durante decenas o cientos de años gracias a la congelación o hibernación de la tripulación y de sus pasajeros, que son reanimados al final del trayecto, aunque a veces a deshora, con lo cual se crea una insoportable tensión dramática. En el mundo real, aunque se han dado notables avances, todavía no han sido resueltos muchos de los problemas técnicos relacionados con la congelación y la descongelación de organismos tan complejos como los mamíferos. Tampoco se han logrado establecer protocolos adecuados que permitan primero apagar y después reiniciar de manera armónica y regulada las múltiples funciones metabólicas, respiratorias, cardiovasculares y neuronales que hacen posible la vida. De hecho, hasta el momento ni siquiera se han podido congelar tejidos humanos para facilitar los trasplantes de órganos; únicamente se pueden congelar células aisladas para luego descongelarlas, cultivarlas y expandirlas. Un trabajo reciente llevado a cabo en la Universidad de Yale ha generado cierta controversia, pero también nuevas expectativas, pues se ha logrado mantener con vida en un laboratorio (o, más precisamente, con señales de actividad celular) durante treinta y seis horas los cerebros de varios cerdos sacrificados en un matadero próximo. Si finalmente se validan, estos resultados representarán un claro avance científico, pero el éxito futuro de la resucitación biológica todavía parece muy lejano.[1]

Inasequibles al desaliento, y pese a las limitaciones técnicas a las que se enfrentan, las empresas de criopreservación proponen congelar a los enfermos terminales antes o poco después de su muerte, porque según ellas los adelantos científicos del futuro permitirán resucitar y curar a los pacientes, y devolverlos a una existencia terrenal con plena salud. A todos nos resulta muy familiar el caso de Walt Disney, cuyos restos mortales fueron incinerados en 1966, pero que, según cuenta una leyenda urbana ampliamente extendida, estaría congelado en el sótano de su casa de California.

Mucho más reciente, y también rodeado de considerable controversia, ha sido el caso de una niña británica de catorce años que, antes de morir de cáncer y en contra de la opinión de sus padres, expresó el deseo de que se congelara su cerebro para que en el futuro pudiera ser devuelto a la vida. El Tribunal Supremo británico falló a su favor y obligó a la familia a cumplir su última voluntad.

Si analizamos los costes actuales de la criopreservación, lo cierto es que resulta mucho más caro comprar la esperanza científica de volver a la vida en este mundo que confiar en la resurrección ofrecida por la religión. En cualquier caso, no debemos obviar ni olvidar que en el ámbito científico sí se han resucitado algunos organismos, entre los cuales se encuentran varios ejemplares de dos especies de gusanos diminutos (*Panagrolaimus aff. detritophagus* y *Plectus aff. parvus*) que llevaban unos cuarenta mil años congelados en depósitos de permafrost de las regiones árticas. También se han obtenido plantas fértiles de la especie *Silene stenophylla Ledeb.* a partir de semillas congeladas hace unos treinta mil años en el permafrost siberiano.[2] En resumen, la naturaleza o la ciencia permiten detener el tiempo de seres vivos poco complejos por medio de la congelación, aunque convendría ser muy cautos en la extrapolación de estos hallazgos a la especie humana y evitar formular promesas que todavía no se pueden cumplir.

La suspensión temporal de la vida, también llamada estasis o animación suspendida, puede lograrse por procedimientos distintos de la congelación tales como la desecación o la conservación en sal. Así, la semilla de una palma de dátiles (*Phoenix dactylifera*) preservada durante dos mil años en Masada (Israel) ha germinado y dado vida a un árbol llamado Matusalén que en la actualidad crece en el kibutz de Keturah. Semillas de flor de loto encontradas en un lago chino desecado hace unos mil trescientos años han sido cultivadas con éxito para generar plantas fértiles. En 1995, unas bacterias que se encontraban en el estómago de una abeja preservada en ámbar desde hace más de veinticinco millones de años fueron reanimadas y cultivadas en un laboratorio científico. En 1999, unas bacterias procedentes de un depósito de sal marina de doscientos cincuenta millones de años de antigüedad encontrado en Carlsberg, Nuevo México (Estados Unidos), fueron resucitadas en el laboratorio. Se ha sospechado que la cepa resultante de *Bacillus permeans* podría ser una contaminación moderna, lo cual no altera el hecho de que las sales marinas, aparentemente inanimadas, suelen contener bacterias halófilas, arqueas y hongos filamentosos que se pueden reanimar.[3] Sin embargo, basta examinar y degustar una loncha de jamón ibérico o de *prosciutto di Parma*, ambos producidos con músculos porcinos desecados en sal, para entender que este procedimiento no puede ser compatible con la reanimación posterior de los mamíferos. En la vida real, tampoco se llega a resucitar a las momias, por muy bien conservadas que estén desde el punto de vista morfológico.

Algunos seres vivos primitivos entran en estasis como parte de una estrategia de supervivencia. Cuando las condiciones exteriores son desfavorables, muchas bacterias llegan a formar esporas, estructuras cuya generación demanda poca energía y que, una vez formadas, se caracterizan por un metabolismo mínimo o nulo. Las endosporas resisten a la desecación y a las sales, al calor, a la irradiación, a los antibióticos y a los antisépticos. Estas esporas bacterianas pueden llegar a vivir miles e incluso millones de años, lo cual las hace embarcarse en un viaje interminable hacia la inmortalidad. Sin embargo, estas esporas también pueden suponer un grave problema para la salud humana, ya que algunas de las bacterias de las que proceden son muy peligrosas y pueden causar ántrax (*Bacillus anthracis*), botulismo (*Clostridium botulinum*) o infecciones intestinales de difícil curación (*Clostridium difficile*).

Las levaduras también pueden formar esporas. Por ejemplo, *S. cerevisiae* utiliza la esporulación como respuesta a la carencia de nutrientes. Para ello, estos organismos activan un programa metabólico especializado, genéticamente determinado y altamente regulado. No existen estudios detallados sobre la longevidad de las esporas de las levaduras, llamadas ascosporas, pero es bien conocido que pueden viajar en el intestino de los insectos o en el aire hasta que encuentran un lugar húmedo rico en nutrientes propicios, donde vuelven a formar células de levadura.[4]

Además de estos mecanismos usados por las bacterias y las levaduras que conducen a la cuasi suspensión del metabolismo, existen otras formas de reducir las actividades bioquímicas que permiten ralentizar las funciones del organismo, en lugar de detenerlas, y que de este modo provocarían una dilatación del tiempo biológico. Así, *C. elegans*, ese gusano elegante y transparente que hemos presentado anteriormente como modelo de estudios de envejecimiento, en ausencia de nutrientes produce varios factores hormonales que detienen su desarrollo. Entra así en una fase llamada *dauer* (que en alemán significa duración) resistente al frío, al calor, a la desecación y a las toxinas.[5] La resistencia física de este gusano es proverbial y quedó ejemplificada de forma dramática en el accidente del transbordador espacial *Columbia*, que se desintegró en 2003 al volver a la atmósfera terrestre. De manera increíble, los ejemplares de *C. elegans* que viajaban en la nave como parte de un experimento científico sobrevivieron al brutal accidente, que costó la vida a sus siete tripulantes.

En los insectos y los crustáceos existe la diapausa, un estado de letargo o reposo vegetativo que se inicia en diferentes fases evolutivas en respuesta al estrés medioambiental. Los denominadores comunes de esta transición son la acumulación de lípidos, proteínas y carbohidratos como fuente de energía, la generación de cambios en la composición de la cutícula para resistir a la desecación y, en algunos casos, la producción de sustancias anticongelantes. La diapausa provoca un estado de bradimetabolismo, es decir, una reducción general de la actividad bioquímica para que se produzca un ahorro de energía y se conserven las reservas energéticas para tiempos mejores. Hay muchas especies de mamíferos (aunque entre ellas no figuran los humanos) que han adoptado la diapausa embrionaria como estrategia para resistir durante periodos de escasez alimentaria o en otras condiciones desfavorables y sumamente estresantes, y que de esta manera reducen el coste energético de la gravidez. En tal caso, la implantación uterina del blastocisto, un estadio muy precoz del desarrollo embrionario, se posterga hasta que mejoran las condiciones ambientales; entonces se efectúa finalmente la implantación y el desarrollo vuelve a ponerse en marcha.[6]

Los fenómenos físicos son en gran medida independientes de la temperatura (pensemos que la manzana de Newton cae con la misma aceleración en verano que en invierno), mientras que la cinética de las reacciones químicas, especialmente las bioquímicas, está muy influenciada por las condiciones térmicas. Así, en la inolvidable novela distópica *Fahrenheit 451*, de Ray Bradbury, y adaptada al cine por el gran François Truffaut, se describe que el papel se inflama a 451 grados Fahrenheit (233 °C), pero no a una temperatura inferior, de la misma forma que hay muchas reacciones bioquímicas que aumentan rápidamente con el incremento de temperatura. Sin embargo, la mayor parte de los organismos, incluidos los animales de sangre fría, no regulan su temperatura. Sin termorregulación, la temperatura de su interior es prácticamente la misma que la del ambiente exterior, lo cual repercute directamente en la rapidez de las reacciones bioquímicas y corporales. Basta contemplar cómo se comportan moscas y lagartos en el curso de una calurosa tarde de verano y de una fría mañana de otoño: sus movimientos parecen acelerados en el estío y mucho más ralentizados en la transición hacia el invierno. Tan fuerte es el impacto de la temperatura que hasta la longevidad de la mosca de la fruta depende de ella: cuando hace más calor, el insecto se desarrolla, vive y muere bastante más rápido.[7]

La mayoría de las aves y mamíferos mantienen constante su temperatura interior; son homeotermos porque son capaces de bajar su temperatura cuando hace calor mediante jadeos o sudoración, así como de producir calor cuando hace frío en el exterior aumentando la quema de grasa, tiritando y reduciendo la circulación de la sangre en la superficie corporal para mejorar su aislamiento térmico. El mantenimiento constante de la temperatura tiene un altísimo coste energético que no se puede asumir cuando menguan las fuentes de alimento. Quizás por esta razón, algunas especies de mamíferos cuentan con adaptaciones fisiológicas a las temperaturas bajas y altas. Entramos así en los dominios de la hibernación y la estivación. Como la diapausa de los insectos, la hibernación implica una fase preparatoria de acumulación de grasa y un cambio en el comportamiento, algo que queda bien ilustrado por el oso pardo y por la marmota, dos de los animales que hibernan adormilados y que bajan su temperatura corporal y ralentizan la respiración y el ritmo cardíaco en su cueva o madriguera. Más insólita parece la estivación que permite una adaptación al verano a base de inducir un torpor parecido al observado durante la hibernación y que tiene por objeto la supervivencia del organismo en periodos de escasez de agua y de alimentos, normalmente en ambientes desérticos. Esta estrategia de bradimetabolismo ha sido desarrollada por reptiles, pero también por un marsupial llamado oposum pigmeo oriental y, posiblemente, por algún que otro primate tropical.[8] Sin embargo, por mucho que el torpor invernal de los escandinavos causado por la falta de luz o la costumbre de la siesta practicada en algunos países mediterráneos puedan recordar tales prácticas, la conducta de los humanos no se inscribe en la lógica de la hibernación y la estivación.

En suma, una mirada a la naturaleza que nos rodea nos enseña que los organismos emplean estrategias sofisticadas para detener o ralentizar el avance del tiempo biológico y que así es como afrontan épocas inclementes. Si los humanos hubiésemos podido evitar los años de hambruna, de peste y de guerra, seguramente la historia del mundo habría cambiado. Un patrón común de todas estas estrategias para paralizar o desacelerar el reloj biológico es la parada o, cuando menos, la ralentización del metabolismo. Sobre esta base se ha formulado la teoría de que la vida es una suma de reacciones bioquímicas cuya velocidad conjunta, expresada en forma de índice metabólico (quema de calorías por unidad de tiempo y de peso), determina el proceso del envejecimiento. Esta idea ha sido reforzada por la observación de que la restricción calórica —la limitación de la ingesta energética procedente de la dieta— constituye una estrategia común para extender la longevidad de muchas especies, como, por ejemplo, las levaduras, los gusanos, las moscas de la fruta, los roedores y los primates no humanos. En apoyo de la conexión metabolismo-envejecimiento, se ha observado que la restricción calórica disminuye el índice metabólico, y que esto provoca una reducción significativa de la temperatura corporal, de la actividad física y de la fertilidad y, obviamente, una pérdida de peso.

Un sencillo experimento refutó la hipótesis de que la duración de la vida estaría relacionada con una reacción bioquímica cuya cinética determina la degeneración del sistema y el consecuente desenlace fatal. En lugar de aplicar la estrategia de restricción calórica, que consiste en administrar diariamente a cada ratón un 30 % menos de comida de lo que es habitual, se permitía a los roedores comer todo lo que quisieran (*ad libitum*) durante el primer día, para privarles completamente de alimentos al segundo día y dejarles únicamente agua. Repitiendo este ciclo de días de ayuno y de días sin restricción se impone el ayuno diario alterno. Para los ratones, un día de ayuno es dramático: pierden alrededor del 10 % de su peso, pero lo recuperan íntegramente al día siguiente, cuando ingieren comida sin limitaciones. Contrariamente a la restricción calórica permanente, el ayuno intermitente (un día sí, un día no) no provoca una pérdida de peso estable, ni siquiera una reducción de la tasa metabólica. Sorprendentemente, el ayuno en días alternos aumenta la esperanza de vida de los ratones, con lo cual se rompe la estrecha relación inversa entre el índice metabólico y la esperanza de vida que se había postulado anteriormente. De todas formas, conviene tener en cuenta que se han desarrollado protocolos menos drásticos que el ayuno intermitente para mejorar la salud de los ratones y alargar su supervivencia. Por ejemplo, como son animales que están activos de noche y duermen durante el día, se les puede proporcionar comida durante las primeras ocho horas de cada periodo nocturno, o bien darles una única comida cada veinticuatro horas, pero privarles de nutrición durante el resto de la jornada. Así, se logra evitar cualquier pérdida sustancial de peso y a la vez aumenta la esperanza de vida del roedor. Aunque no se dispone de datos equivalentes sobre la longevidad humana, estudios preliminares han mostrado que tanto el ayuno intermitente como el aumento del intervalo temporal entre comidas mejoran la salud y los parámetros biomédicos de personas sanas, prediabéticas y obesas.[9]

Otros trabajos han confirmado la idea de que, aunque el envejecimiento pueda resultar inexorable, la longevidad es plástica, presenta grados de variabilidad y no es solo la simple resultante de un proceso bioquímico abocado a la entropía. En un experimento hoy ya bien conocido, se suministró a un grupo de ratones un antibiótico llamado rapamicina, que es una sustancia producida por la bacteria *Streptomyces hygroscopicus* y que fue aislada en Rapa Nui, nombre original de la isla de Pascua, perdida en medio de la nada en el océano Pacífico. El tratamiento de ratones con rapamicina por vía oral aumentó su longevidad, incluso cuando fue iniciado en la edad adulta. También tuvo consecuencias positivas sobre la longevidad cuando la rapamicina se inyectaba cada cinco días, lo cual permitía reducir los efectos secundarios del tratamiento. En este contexto, la rapamicina no ralentiza el metabolismo ni afecta a la ingesta calórica, pero sí retrasa la aparición de las marcas externas de la edad, las lesiones tumorales y el decaimiento cardiovascular, y todo esto vendría a demostrar que el proceso del envejecimiento tiene una cierta plasticidad.[10] Existen otras sustancias que tienen amplios efectos positivos en múltiples especies. La espermidina, un micronutriente que se halla en nuestra alimentación y también se produce en nuestro intestino gracias a la microbiota, ralentiza el envejecimiento y extiende la longevidad de las levaduras, de los gusanos, de las moscas y de los ratones. Además, hay estudios epidemiológicos que demuestran que la ingestión de espermidina correlaciona con una reducción de la mortalidad humana por cáncer, enfermedades cardiovasculares y patologías neurodegenerativas.[11]

El mecanismo molecular a través del cual la rapamicina alarga el horizonte vital de los ratones (y también de las levaduras, de los gusanos y de las moscas) consiste en la inhibición de mTOR, un sensor de nutrientes, cosa que provoca la inducción de la autofagia y, por tanto, la activación del mecanismo más importante de reciclaje del citoplasma celular. Análogamente, la espermidina inhibe EP300, otro sensor de nutrientes, e induce la autofagia. Por tanto, la rapamicina y la espermidina activan las mismas vías de señalización que se ponen en marcha con la restricción calórica o el ayuno, y convergen en la estimulación de la autofagia, que parece uno de los pocos mecanismos que permite ralentizar el avance de los relojes que llevamos en nuestras células, pero también en varias estructuras supra y subcelulares.

No cabe la menor duda de que el tiempo constituye el factor de riesgo más importante para la mayoría de las patologías humanas, incluyendo las enfermedades oncológicas, cardiovasculares y neurodegenerativas. Es una realidad innegable que todas estas dolencias se manifiestan a edades avanzadas. Hasta los males hereditarios están condicionados por el paso del tiempo. Por ejemplo, la fibrosis quística y la enfermedad de Wilson —las dos patologías humanas más frecuentes por la transmisión de defectos en un único gen— se desarrollan a una edad concreta: en la época de la infancia y en la adultez, respectivamente. Del mismo modo, las predisposiciones genéticas al cáncer, a la arterioesclerosis, a la arritmia cardíaca o a las patologías neurológicas se manifiestan con la edad, si bien de manera precoz en comparación con la población general. Curiosamente, la investigación biomédica tiende a dejar de lado el efecto del tiempo, que se percibe generalmente como un factor de riesgo no modificable. Esta idea sobre la inalterabilidad del paso del tiempo debe cambiar si se considera posible su dilatación a través de la desaceleración de los relojes biológicos. Dilatando el tiempo se podría evitar el comienzo de muchas enfermedades o, al menos, ralentizar la evolución de buena parte de ellas.

Recordemos que las características principales del envejecimiento son la inestabilidad genómica, el acortamiento de los telómeros, las alteraciones epigenéticas, la pérdida de la proteostasis, la percepción inadecuada de los nutrientes, la disfunción mitocondrial, la senescencia celular, el agotamiento de las células germinales y la comunicación intercelular alterada. Todas estas características representan relojes biológicos con atributos distintivos. La inestabilidad genómica se vuelve irreversible y directamente transmisible cuando los genomas nuclear y mitocondrial se duplican y dividen; avanza como un reloj mecánico para el que cada replicación genómica constituye una unidad de medida cuya amplitud puede estar influenciada por la extensión del daño infligido desde el exterior y limitado por la reparación interior. El acortamiento de los telómeros funciona como una cuenta atrás en la que las células somáticas pierden secuencias repetidas en el extremo de los cromosomas hasta que se traspasa un umbral crítico, siempre y cuando los mecanismos de mantenimiento de los telómeros no sean reactivados. Las alteraciones epigenéticas reflejan con mayor precisión el envejecimiento biológico que el tiempo cronológico, y de ahí que nos lleven al concepto de reloj epigenético, cuya hora se puede leer a base de detectar las modificaciones químicas acumuladas con el paso del tiempo en el ADN y en las histonas. La pérdida de la proteostasis —en particular, la insuficiencia de la autofagia ligada a la edad— y la percepción inadecuada de los nutrientes están muy influenciadas por los ritmos circadianos, ya que la respuesta metabólica a la alimentación y la autofagia oscila profundamente durante el día. La progresiva disfunción mitocondrial, la acumulación de células senescentes y el creciente agotamiento de las células progenitoras pueden imaginarse como relojes de arena que no siguen pautas internas (como las duplicaciones del genoma) ni externas (como las oscilaciones circadianas), sino que son el reflejo de una acumulación excesiva de unidades disfuncionales (por ejemplo, mitocondrias o células) que puede combatirse mediante la eliminación o el reemplazo de dichos elementos. Además, una de las múltiples manifestaciones de la comunicación intercelular alterada es el deterioro mismo de los ritmos circadianos, que tienden a perder amplitud y precisión con el envejecimiento.[12]

¿Cómo se podrían retrasar estos relojes biológicos entrelazados a través de la restricción calórica, el ayuno periódico o el tratamiento con rapamicina o espermidina? Todas estas intervenciones tienen como denominador común la inducción de autofagia, uno de los mecanismos efectores principales de la proteostasis. La autofagia desempeña un papel crucial en la fisiología celular; entre otras cosas, influye en la adaptación al estrés metabólico, la eliminación de elementos intracelulares perjudiciales, el reciclaje de células en el curso de su desarrollo o diferenciación, y la prevención del daño genómico. Estas funciones de la autofagia protegen al individuo frente al envejecimiento y frente a una amplia serie de enfermedades, incluyendo el cáncer, las dolencias cardiovasculares y neurodegenerativas, y las infecciones causadas por patógenos intracelulares. La inhibición de la autofagia mediante la inactivación de genes esenciales para su desarrollo anula la extensión de la longevidad provocada por el ayuno, por la rapamicina y por la espermidina. La vejez, la obesidad (uno de los principales factores aceleradores del envejecimiento) y diversas enfermedades determinadas genéticamente están asociadas a una insuficiencia de la autofagia, que aboca al organismo a una espiral descendente que acaba por llevarnos a la decadencia biológica.

¿Cuáles son los efectos positivos de la autofagia sobre los relojes biológicos que dictan el avance del envejecimiento? En primer lugar, la autofagia aumenta el reciclaje bioquímico, es decir, la eliminación y la renovación de la mayoría de los constituyentes de las células. Además, la autofagia contribuye al mantenimiento de la balanza energética celular, asegurando así la estabilidad genómica y epigenómica y corrigiendo la percepción inadecuada de los nutrientes. En tercer lugar, la autofagia controla la inflamación y estimula la respuesta inmune, mejorando de esta manera la homeostasis sistémica. Por último, la autofagia puede afectar directa o indirectamente al funcionamiento de los relojes circadianos. En suma, a través de todos estos mecanismos, la autofagia parece tener un efecto sutilmente apaciguador en la maquinaria horológica que marca el avance del tiempo biológico. Además, es muy posible que este efecto de la autofagia se haya conservado en nuestra evolución como especie. De hecho, existen pruebas de que la autofagia es necesaria para la esporulación de *Dictyostelium discoideum* y de otros hongos, para la formación de la fase *dauer* de los nematodos, para la diapausa de los crustáceos e, incluso, para la hibernación de los mamíferos.[13]

En resumen, está emergiendo la noción de que el envejecimiento humano ya no es un proceso inalterable que hay que sufrir como una condena inapelable. Aunque seamos escépticos a la hora de aceptar que puede invertirse la flecha del tiempo y rejuvenecer los organismos ya envejecidos, parece evidente que los relojes biológicos pueden someterse a una desaceleración para así dilatar el tiempo biológico y posponer el proceso del envejecimiento. Un estilo de vida saludable con restricción calórica, ejercicio físico moderado e ingestión regular de micronutrientes inductores de autofagia y estimuladores farmacológicos de este proceso de reciclaje podría combatir el envejecimiento normal y las enfermedades relacionadas con la edad. El propósito de las intervenciones que dilatan el tiempo sería lograr la desincronización entre el tiempo cronológico y el tiempo biológico para ralentizar la aparición de las enfermedades asociadas a la edad y extender la esperanza de vida con buena salud. Por el momento, el grado de dilatación del tiempo biológico que podemos obtener en el laboratorio es pequeño. En los mejores experimentos, las ganancias de longevidad obtenidas en ratones apenas superan el 25 %, lo cual nos recuerda que debemos dedicar más esfuerzos a la investigación básica.

Sin embargo, en lugar de sostener una idea tan importante como que el estilo de vida de toda persona debería aspirar a la dilatación del tiempo para aumentar su esperanza de vida saludable, la humanidad parece más bien empeñada en acelerar el tiempo biológico, tal como veremos en el siguiente capítulo.

CAPÍTULO 12

Los tiempos están cambiando

Tradicionalmente, y no sin cierta ironía, se ha dicho que las enfermedades se pueden clasificar en cuatro grandes categorías. En primer lugar, tenemos los males imaginarios de los hipocondriacos, que en teoría no necesitan tratamiento, aunque tal vez deberíamos escuchar con más atención a estos enfermos que tienen su paraíso particular en cualquier congreso médico multidisciplinar y que pueden darnos algunas curiosas lecciones. Un buen ejemplo es el del cómico irlandés Spike Milligan, que pidió grabar en su tumba, y en lengua gaélica, el siguiente epitafio: «Os dije que estaba enfermo». Además están las enfermedades transitorias, que siempre se resuelven espontáneamente, con o sin tratamiento médico; las incurables, que todavía se resisten a cualquier intervención terapéutica y necesitan un gran aporte de investigación; y, por último, las tratables, que sí que responden a los tratamientos y, por tanto, es en ellas en las que se centran buena parte de los esfuerzos de la medicina y de la ciencia. En cualquier caso, deberíamos ser plenamente conscientes de que, tanto ayer como hoy, es infinitamente más eficaz prevenir las enfermedades que curarlas. Los avances en la prevención de las enfermedades, y no tanto los progresos en los tratamientos médicos, son los determinantes fundamentales del espectacular aumento de la esperanza de vida global, desde alrededor de los treinta años en 1900 hasta cerca de setenta y tres en la actualidad.

Hay muchos factores que han contribuido a este adelanto: la llamada revolución verde con el consecuente incremento de la productividad agrícola, la disminución de las hambrunas y de la malnutrición a gran escala, la mayor variedad e higiene alimentarias, la amplia distribución de agua potable, la generalización de las canalizaciones sanitarias, las campañas de desratización y desinsectación, la reducción de la incidencia de conflictos armados, guerras civiles y asesinatos, la amplia mejora de la higiene dental, las campañas de vacunación, la erradicación de algunos de los virus más mortíferos, los anticonceptivos, los antisépticos, la medicalización de los partos, la mecanización de muchas de las labores que antes fueron manuales y extenuantes, la seguridad de los transportes colectivos e individuales y, desde luego, los programas para detectar y tratar la hipertensión, la diabetes y otras patologías en estados precoces. De hecho, a pesar del pesimismo reinante sobre el futuro del planeta, nunca en la historia ha habido un porcentaje mayor de la humanidad que evita la extrema pobreza, que está alfabetizado y que vive en países en los que se respetan ampliamente los derechos humanos.

El dataísmo,* esa nueva religión basada en la acumulación de un número creciente de datos para su posterior interpretación, nos ha dado importantes lecciones sobre la demografía del envejecimiento. En primer lugar, los centenarios (mayores de cien años) y los supercentenarios (mayores de ciento diez años) son cada vez más frecuentes en el mundo. Alrededor de medio millón de centenarios habitan actualmente en nuestro planeta. En los países con mayor esperanza de vida, los cálculos de probabilidad estiman que una de cada mil personas llegará a ser supercentenaria. Sin embargo, la mortalidad que afecta a este grupo de campeones de la longevidad es vertiginosa. En total, y sin contar a Matusalén y otros casos más recientes pero poco documentados, hasta el momento solo hay cuarenta y ocho seres humanos que han vivido más de ciento quince años. De entre todos ellos, la francesa Jeanne Louise Calment —que jugaba de niña en Arlés cuando Van Gogh estaba pintando allí sus primeros girasoles— es la única que ha superado los ciento veinte años de edad, mientras que el varón más longevo ha sido el cartero japonés Jirōemon Kimura, que murió tras cumplir los ciento dieciséis. Estos datos sugieren que la vida humana tiene su límite en torno a los ciento veinte años, más allá del cual es muy difícil sobrevivir, salvo que se produzca un cambio de paradigma radical en la interfase entre la biología y la tecnología. Curiosamente, según el Génesis, esta misma edad de ciento veinte años es la longevidad máxima que le fue concedida a Adán y Eva cuando, tras ser expulsados del paraíso, «cogidos de la mano, lentamente y con paso vacilante, salieron del Edén y emprendieron su solitario camino». En cualquier caso, tal vez es más relevante el hecho de que esos mismos estudios demográficos nos muestran que ya no es una hazaña cósmica llegar a los cien años de edad, lo cual va a abrir en un futuro que ya llama a la puerta una serie de cambios culturales, sociales y económicos para los que habrá que estar preparados.

El dataísmo demográfico también nos informa de que los centenarios no se distribuyen geográficamente de modo aleatorio, sino que existen ciertas regiones del mundo donde son particularmente frecuentes. Estas regiones, conocidas como «zonas azules», son un poderoso estímulo para la imaginación y nos trasladan a Shangri-La, el idílico y utópico valle situado en algún lugar de las Montañas Kunlun del Tíbet que se describe en la novela *Horizontes perdidos*, de James Hilton, llevada al cine por el gran soñador Frank Capra. En Shangri-La vive una comunidad budista cuyos miembros disfrutan de una sencilla felicidad cotidiana y envejecen muy lentamente. Esta situación ficticia no es muy distinta de la que acontece en la vida real de las zonas azules actuales entre las que destacan una región montañosa de la bella isla italiana de Cerdeña; las exóticas islas de Okinawa, en el sur del archipiélago japonés; o la pequeña isla griega de Icaria, cuyos habitantes, según cuenta la leyenda, se olvidan de morir. Todas estas áreas rurales se han caracterizado siempre por mantener un estilo de vida natural y sencillo, con una alimentación sana, equilibrada y con un alto componente vegetariano, que va acompañada de una actividad física moderada pero constante; y, sobre todo, por poseer una sociedad integrada, con pocas desigualdades y una elevada consideración de los valores ancestrales de la amistad, de la familia y del respeto a los mayores, que siguen activos hasta edades muy avanzadas. Además, hay que destacar la importancia que los centenarios atribuyen al *ikigai*,* término japonés que alude al propósito de la vida y que actúa como una especie de motor que aporta a la existencia de cada persona un significado especial. El estilo de vida casi idílico practicado por los centenarios de estas regiones nos trae a la memoria un mundo arcaico, hoy añorado pero desaparecido incluso en esas mismas zonas azules en donde los más jóvenes acaban absorbidos por las costumbres y las tecnologías modernas como en cualquier otro lugar. Curiosamente, esta visión nostálgica colisiona con la observación de que es precisamente ese mismo mundo moderno el que ha permitido el avance de la longevidad en los habitantes de casi todas las áreas de la Tierra.

En contraposición a las zonas azules, existen otras regiones en las que la esperanza de vida es anormalmente baja, por lo que pueden ayudarnos en el estudio de los factores que encogen la vida y acortan la longevidad. No es casualidad que los países con la esperanza de vida más exigua, apenas superior a los cincuenta años, sean también los más pobres del planeta. Todos ellos están situados en el África subsahariana: Angola, Chad, Costa de Marfil, Lesoto, Nigeria, República Centroafricana y Sierra Leona. Resulta también abrumador y no menos descorazonador que el índice de pobreza o de riqueza nacional sea uno de los mayores determinantes de la esperanza de vida dentro del mismo país o incluso dentro de la misma ciudad. La esperanza de vida varía considerablemente en función del poder adquisitivo de la población. Evidentemente, los ricos y los pobres no viven en los mismos lugares; se segregan de una manera que puede parecer natural y hasta espontánea: se separan como el agua y el aceite, y ocupan guetos, suburbios o barrios diferentes. Basta examinar el código postal que aparece en los certificados de defunción para comprobar las diferencias de longevidad que existen entre un vecindario rico y uno pobre. En Chicago, Washington y Nueva York, los códigos postales marcan diferencias en la esperanza de vida que llegan a alcanzar los treinta años (<https://time.com/5608268/zip-code-health/>), mientras que en las grandes ciudades europeas se constatan las mismas disparidades, pero en un grado menor, lo cual es reflejo del enorme contraste entre las desigualdades sociales existentes y además nos permite observar qué lugares precisan de intervenciones urgentes e inaplazables.[1]

Según un estudio publicado en 2017 en la prestigiosa revista médica *The Lancet*, los factores de riesgo para una reducción de la esperanza de vida son el tabaquismo (4,8 años menos), la diabetes (3,9 años menos), el sedentarismo (2,1 años menos), un nivel bajo de educación (2,1 años menos), la hipertensión arterial (1,6 años menos), la obesidad (0,7 años menos) y el consumo exagerado de alcohol (0,5 años menos). Este tipo de análisis epidemiológicos no suelen investigar la relación entre renta fiscal y longevidad, por lo que reduce artificialmente la extensión del drama. Además, calcula de manera independiente el impacto de cada uno de los parámetros analizados sobre la salud. Sabemos que en la actualidad, y de manera muy general, son los pobres los que más fuman, abusan de las drogas y sufren de obesidad, mientras que los ricos pueden (aunque no siempre lo hacen) llevar un estilo de vida más saludable que les evita la diabetes y la hipertensión. También son los pobres quienes más expuestos están a la polución y a la violencia. Únicamente los ricos tienen acceso a una dieta equilibrada y a los cuidados del dentista, del médico y del entrenador personal. De esta forma se entiende y se extiende el diferencial en la esperanza de vida condicionado por el código postal.[2]

Aunque en la mayoría de los países progresa la longevidad, hay, sin embargo, una sorprendente excepción a esta tendencia global. Estados Unidos ha experimentado una ligera reducción de la esperanza de vida durante 2016, 2017 y 2018 respecto al año anterior, y entre 2015 y 2018 llegó a registrar una pérdida total de cuatro meses en dicha esperanza vital. Las principales razones de este declive estriban en el aumento de la desigualdad y en la creciente polarización de la sociedad entre un puñado de superricos y unos segmentos cada vez mayores de la población afectados por la pobreza, la precariedad y la exclusión social. Hasta 1980, el auge de la superpotencia norteamericana implicaba a casi todos los sectores de la población, pero desde entonces han aumentado las desigualdades y ello ha provocado la disminución progresiva de las clases medias que aspiraban al llamado sueño americano. Esta situación lleva al naufragio por suicidio o sobredosis de drogas y analgésicos a un creciente número de jóvenes adultos, aumenta la frecuencia de las enfermedades mentales y de la obesidad, y eleva la mortalidad en todos los grupos étnicos y no solo en los habitualmente más desfavorecidos, como los hispanos y los afroamericanos. Hay otros países que empiezan a seguir la misma tendencia, por ejemplo, el Reino Unido, donde la esperanza de vida comenzó a declinar en 2018 y cayó seis meses con respecto al año anterior. En resumen, los tiempos están cambiando, como ya anticipó Bob Dylan en una mítica canción que se convirtió en su momento en un estimulante himno de alcance mundial, pero cuyo título adquiere ahora una dimensión completamente diferente.

La reducción de la esperanza de vida entre los humanos podría llegar a representar una clara vulnerabilidad para las generaciones futuras y se cree que puede ser producto de factores tan diversos como la obesidad, la malnutrición, la intoxicación crónica, la inactividad física, el estrés y sus alteraciones emocionales asociadas, y la pérdida de los ritmos circadianos. Curiosamente, está en nuestras manos el control de la mayoría de estas vulnerabilidades humanas, que tienen algo en común: todas derivan en último término de la ignorancia. A continuación, repasaremos brevemente las características de seis antídotos generales que contrarrestan la longevidad y, de esta manera, impulsan el envejecimiento y la mortalidad de nuestra especie.

1. Obesidad

Cuantitativamente, el exceso calórico ha eclipsado al hambre como problema global. Como retrata con certeza y crudeza Martín Caparrós en su indispensable *El hambre*, «la obesidad es el hambre de los países ricos. Los obesos son los malnutridos, los más pobres del mundo más rico». En el conjunto del planeta, el número de personas con sobrepeso ha superado al de los desnutridos. En la actualidad, alrededor del 36 % de la población adulta estadounidense es técnicamente obesa, lo que significa que su índice de masa corporal (el peso en kilos dividido por el cuadrado de la altura medida en metros) es superior a treinta. Otros países siguen la misma tendencia e incluso superan a los Estados Unidos en este desafortunado *ranking*. Este es el caso de Nauru, una pequeña isla del océano Pacífico con algo más de once mil habitantes, el 60 % de los cuales son obesos. Entre los países del Grupo de los Veinte (G20), después de Estados Unidos, campeón de esta liga de la obesidad, se sitúan Arabia Saudí y Turquía con una obesidad adulta del 30-35 %, seguidos de un amplio grupo de países con unos índices de entre el 20 y el 30 % (Alemania, Argentina, Australia, Brasil, Canadá, Francia, México, Reino Unido, Rusia y Sudáfrica). A continuación aparece Italia, el único Estado de la Unión Europea que tiene una tasa de obesidad por debajo del 20 %, y un amplio grupo de países asiáticos con tasas inferiores al 10 % (China, India, Indonesia, Corea del Sur y Japón; véase <http://worldpopulationreview.com>). Estas cifras subrayan elocuentemente la causa de esta pandemia, que no es otra que un estilo de vida occidentalizado que se caracteriza por unas malas prácticas alimentarias y que se agrava con el sedentarismo.[3]

Entre las causas profundas de esa obesidad tan fielmente retratada por numerosos artistas, desde Peter Paul Rubens hasta Fernando Botero y Lucian Freud, destaca el consumo excesivo de carbohidratos, lo cual ha dado lugar a un fenómeno que hemos denominado «carbotoxicidad» en un artículo publicado recientemente en *Cell*, ya que tiene efectos nocivos sobre la salud.[4] La distribución relativa de los macronutrientes (carbohidratos, lípidos y proteínas) en la alimentación tiene un impacto directo en la composición corporal, porque el cuerpo humano no puede transformar los lípidos en carbohidratos, sino que únicamente convierte los carbohidratos en grasas. Tampoco es capaz de sintetizar algunos aminoácidos necesarios para la síntesis de proteínas. La ingestión preponderante de carbohidratos, en detrimento de las proteínas y las grasas, se debe a la utilización de harinas y arroces refinados, patatas, jarabe de maíz y azúcares añadidos. Consumidos en exceso, estos ingredientes crean adicción e invitan a la ingesta desmesurada de alimentos y a la consecuente acumulación de grasas. Lamentablemente, el precio de los diferentes tipos de carbohidratos, incluyendo los azúcares refinados, es muy inferior a las fuentes de grasa y proteína sana. El atentado fisiológico que estos carbohidratos provocan se explica en buena parte porque la industria alimentaria incorpora a la comida ultraprocesada enormes cantidades de ellos. Además, las personas con menos recursos compran —voluntaria u obligadamente— productos en cuya composición priman de manera abusiva los carbohidratos.

Todo el organismo se transforma radicalmente con la obesidad, se desarrolla una sorprendente adicción a la comida y se reduce la actividad física hasta su anulación total. El obeso cae así en un círculo vicioso que hace prácticamente imposible la pérdida estable de peso y queda atrapado en el bien conocido efecto yoyó, en ese ciclo marcado por un adelgazamiento pasajero y la subsiguiente recuperación del peso corporal. El efecto yoyó sirve de acicate a todo un sector industrial que propone seguir dietas milagrosas, tomar pociones mágicas, realizar novedosos ejercicios, sufrir liposucciones extremas, utilizar insólitos artilugios electrónicos o confiar en gurús con facultades hipnóticas. Todas estas propuestas son tan ineficaces que en Estados Unidos se ha creado un registro para seguir a los escasos diez mil exobesos que han podido escapar de su afección (<www.nwcr.ws/>). Esta patología es tan adictiva que muchas personas intervenidas mediante cirugía bariátrica para reducirles el estómago o para realizarles una derivación gástrica recaen después de haber experimentado una pérdida de peso optimista pero transitoria.

La obesidad está considerada actualmente como una enfermedad en sí misma, antes incluso de que provoque el síndrome metabólico y genere otros problemas de salud; son las llamadas comorbilidades, entre las que se incluye la diabetes, el hígado graso, la arterioesclerosis y el cáncer, pero también alteraciones mecánicas que provocan osteoartritis, hernias e infecciones cutáneas. Hoy en día, la obesidad constituye el factor de riesgo evitable más importante para la salud, ya que causa una marcada reducción de los ciclos sano y vital, es decir, de los años vividos con buena armonía física, y, consecuentemente, disminuye la longevidad. Desde el punto de vista molecular, la obesidad adelanta los relojes biológicos y acelera el envejecimiento por múltiples vías. Así, esta enfermedad inhibe la autofagia, causa daño genómico, acorta los telómeros, perturba la regulación epigenética, provoca inflamación crónica, inhibe las respuestas inmunes, afecta a los circuitos hormonales, anula los ritmos circadianos y desequilibra el microbioma.* Son tantos y tan diversos los efectos negativos del exceso de adiposidad en el organismo que parece más lógico tratar de erradicar el problema en su origen que intervenir únicamente sobre sus múltiples consecuencias en el individuo.

La obesidad adelgaza nuestro sueño del tiempo, por lo que es urgente que los países occidentales u occidentalizados tomen medidas drásticas para afrontar este grave problema sociosanitario.

Entre las posibles estrategias de actuación podríamos mencionar en primer lugar la necesidad de imponer una regulación a la industria alimentaria todavía más estricta que la actual, de manera que se proceda a una drástica limitación legal de los azúcares, las harinas refinadas, los carbohidratos y algunos otros ingredientes adictivos presentes en muchos productos de consumo general. Además, se deberían incrementar los impuestos sobre las golosinas, las bebidas azucaradas, los productos ultraprocesados y los platos precocinados; subvencionar la producción y distribución local de frutas y verduras; incentivar la actividad física desde las guarderías y las escuelas hasta las residencias de ancianos; y, por supuesto, financiar campañas independientes de educación y concienciación sobre la importancia de corresponsabilizarnos de nuestra propia salud mediante la adopción de hábitos saludables que mejoren nuestro estilo de vida.

2. Malnutrición

Si la obesidad resulta de la sobrealimentación, la malnutrición refleja el daño causado por el abuso de macronutrientes y la carencia de micronutrientes.[5] Los dos fenómenos suelen coincidir. La gran mayoría de los obesos carecen de la aportación mínima de ácidos grasos favorecedores de la salud, de proteínas portadoras de aminoácidos esenciales y de vitaminas, polifenoles, poliaminas y oligoelementos, porque se alimentan de un modo muy desacertado, con un exceso de refrescos azucarados y de comida basura edulcorada o demasiado salada, llenándose de esta manera de calorías vacías carentes de nutrientes útiles al organismo. No hay que caer en la idea tantas veces repetida de que «hay que comer de todo, no hay alimentos buenos o malos porque todos son buenos si se ingieren en su justa medida y de manera equilibrada». Esta frase hecha no es cierta, dado que algunos alimentos —muchos de ellos consumidos actualmente de manera mayoritaria—

son claramente perjudiciales para la salud y hay que evitarlos. Tampoco es cierto que la variedad alimentaria se consiga seleccionando comestibles diversos entre la ingente oferta de alimentos ultraprocesados. Mantener esta actitud es engañarnos a nosotros mismos. Lógicamente, lo más recomendable es que nuestra variedad alimentaria tenga su origen en la enorme diversidad de alimentos de excelente calidad nutricional que la naturaleza nos ofrece en cada época del año. Es crucial educar a los más jóvenes en la idea de corresponsabilidad en el cuidado de nuestra propia salud. No debemos permitir que para ellos lo más parecido al consumo diario de frutas sea su proximidad continua a unos dispositivos móviles que llevan el logotipo de una manzana mordida.

La ciencia de la nutrición ha identificado una gran variedad de moléculas que están presentes en nuestra alimentación y que son necesarias para el funcionamiento de nuestro organismo. Las proteínas son polímeros de aminoácidos, algunos de los cuales no se pueden sintetizar en el organismo y son calificados como esenciales. Estos aminoácidos esenciales están presentes en las proteínas animales (la carne y el pescado, la leche y el queso), pero son poco abundantes en la mayor parte de las proteínas vegetales, excepto en las legumbres y la soja. Esto significa que necesitamos un mínimo de proteínas animales, de legumbres o de soja para cubrir nuestras necesidades de aminoácidos esenciales. Por su parte, los ácidos grasos se clasifican en saturados e insaturados, y algunos de estos últimos también son esenciales para nuestra fisiología. Los ácidos grasos insaturados omega-3 y omega-6 se encuentran en el pescado, en aceites vegetales como el de oliva y en diversos frutos secos, lo que significa que no podemos alcanzar una salud adecuada sin consumir estos alimentos de manera regular. Efectivamente, existen pruebas claras de que el consumo de pescado y la concentración de carotenoides en la sangre (un indicador del consumo de fruta y verdura) ralentizan el reloj epigenético.

Los alimentos contienen también toda una serie de moléculas, como los oligoelementos y las vitaminas, que son esenciales para el correcto funcionamiento de nuestro cuerpo. Los oligoelementos, entre los cuales cabe destacar el cobre, el hierro, el selenio y el zinc, son metales que debemos ingerir en bajas cantidades, ya que su consumo exagerado resultaría tóxico. Las vitaminas son moléculas orgánicas indispensables para el metabolismo que actúan generalmente como grupos auxiliares para las enzimas que catalizan las reacciones bioquímicas en nuestras células. Resulta muy interesante la idea de que la lista oficial de las vitaminas (A, B, C, D, E, con sus números respectivos, B_1, B_2, B_3, B_6, B_{12}, etc.) no sería exhaustiva y que, por tanto, podría haber otras moléculas que el metabolismo humano no produce en cantidades suficientes y que debemos ingerir con los alimentos o que han de ser sintetizadas por las bacterias de nuestros intestinos. Esto explicaría que las dietas poco variadas, compuestas por ingredientes altamente purificados o cuasi sintéticos y desprovistas de frutas y verduras crudas, tengan un efecto tan negativo sobre la salud. Por ello, la hipovitaminosis podría contribuir de manera notable al proceso de envejecimiento.

En resumen, se puede conjeturar que la tendencia actual a optimizar la producción agrícola con monocultivos, a reducir el número de especies y de variedades de cada tipo de planta utilizada para la alimentación humana, a procesar industrialmente cada uno de los ingredientes alimentarios, a producir alimentos totalmente estandarizados y esterilizados, a reducir el consumo de productos frescos, a abandonar las costumbres culinarias tradicionales y locales, y, por último, a utilizar antibióticos que reducen la capacidad biosintética del ecosistema intestinal puede privar a nuestro organismo de micronutrientes importantes y provocar una aceleración del envejecimiento. Necesitamos más trabajos de investigación para pasar de la especulación a la certidumbre; pero tendríamos que aplicar el principio de la precaución y diversificar nuestra alimentación, dándole prioridad a la variedad y al consumo de productos frescos. Como dicen los expertos en nutrición, come comida real y tu dieta cojeará un poco menos. No olvidemos tampoco que comer ha sido tradicionalmente un acto social y de disfrute sensorial, por lo que las restricciones y las recomendaciones para una mejor nutrición no pueden acabar convirtiendo esta actividad cotidiana en una fuente de frustración continua. Disfrutemos siempre de la comida y de lo que la rodea; pongamos todos nuestros sentidos en juego, la vista, el olfato, el gusto y el tacto; y brindemos y hablemos para involucrar también al oído y, de paso, expresar nuestras buenas sensaciones y apelar a las mejores emociones.

3. Intoxicación crónica

Los alimentos pueden contener toxinas procedentes del medio ambiente, como los metales pesados, o generadas durante su almacenamiento por efecto de alguna contaminación microbiológica, lo que obliga a un estricto control de calidad y de procedimientos de manipulado. La industria agrícola no solo utiliza fertilizantes, sino que, además, emplea ingentes cantidades de herbicidas, pesticidas, fungicidas y antibióticos para eliminar malas hierbas, insectos, hongos y bacterias, respectivamente. Algunos de estos agentes químicos se incorporan en la cadena alimentaria, son ingeridos y absorbidos, y al final tienen un efecto tóxico sobre nuestras células que nos provoca daños genómicos. Otros xenobióticos perturban nuestro sistema endocrino o nuestra microbiota intestinal, con secuelas a largo plazo. Además, la industria alimentaria utiliza aditivos para mejorar la textura o el sabor de sus productos y para conservarlos mejor. De este modo, ingerimos continuamente aditivos que son evaluados por las distintas agencias de seguridad alimentaria, pero que podrían tener efectos nocivos a largo plazo. También ingerimos micropartículas de plástico que flotan invisibles en el agua embotellada o que se introducen accidentalmente en los alimentos envasados.[6]

Los consumidores con alto poder adquisitivo prefieren comprar productos biológicos frescos, significativamente más caros (aunque no exista un control exhaustivo y fehaciente de la verdadera ausencia de contaminantes), y renuncian sistemáticamente a los productos elaborados con una larga lista de antiapelmazantes, antiespumantes, antioxidantes, aromatizantes, colorantes, conservantes, edulcorantes, emulgentes, gelificantes, humectantes y saborizantes. La literatura científica sobre los efectos de los aditivos en la longevidad es muy escasa, pero sabemos que algunos de estos agentes acortan la vida de especies modelo, como el gusano o la mosca. Probablemente son más tóxicas las bebidas azucaradas y las harinas refinadas que muchos de los contaminantes y aditivos alimentarios. Sin embargo, para demostrar la relativa inocuidad de estas sustancias sería conveniente realizar estudios con ratones que evalúen sus efectos en la longevidad de los roedores. De hecho, según la legislación vigente, en casi todos los países desarrollados se necesitan muchos menos datos toxicológicos para poner en circulación un aditivo alimentario que para vender un medicamento, aun cuando existan muchos más consumidores que pacientes. Parece claro, al menos para nosotros, que hay que cambiar estas reglas.

La contaminación del aire en el ámbito doméstico también repercute en nuestra longevidad. Una amplia gama de productos de limpieza en forma de líquido o espray, muchas pinturas y disolventes, perfumes o ambientadores exhalan agentes químicos gaseiformes o micropartículas que vician el aire de nuestras casas, muchas veces ya muy condicionado y bien poco reciclado. De la misma manera que se ha tratado de disuadir del tabaquismo, habría que legislar también contra el fenómeno de la polución doméstica, que se podría atajar con mayor facilidad que la corrupción del aire por los tubos de escape de los coches y las chimeneas de las fábricas.

La polución atmosférica provocada por el tráfico y la producción industrial de Pekín puede llegar hasta Japón, lo cual ilustra la necesidad de reducir los combustibles fósiles y de imponer medidas para reducir esta plaga del mundo moderno. Existen publicaciones que correlacionan la contaminación atmosférica con daños genómicos en las células de la sangre y los pulmones, el acortamiento de los telómeros en niños, el adelanto del reloj epigenético en adultos y la perturbación mitocondrial, además de con los conocidos efectos proinflamatorios que favorecen el asma, la bronquitis y el cáncer de pulmón. La concentración de partículas finas en el aire, medida en espacios públicos, tiene un impacto negativo en la longevidad y se estima que la reducción del nivel de estas partículas afecta favorablemente a la salud pública y a la esperanza de vida. En suma, sería importante identificar los contaminantes gaseosos o particulares desde el punto de vista molecular para luego cuantificar sus efectos nocivos en experimentos toxicológicos. Esta información podría ayudar a establecer normas que reduzcan la polución más dañina en todos los ámbitos, tanto domésticos como públicos.

4. Inactividad física

Las máquinas han liberado a los humanos de las labores manuales en campos, talleres y fábricas, eximiéndolos del trabajo repetitivo, extenuante y desgastante. La mecanización de todas las facetas de la vida moderna —los automóviles, los ascensores, las escaleras mecánicas, las lavadoras, las secadoras, los exprimidores eléctricos y hasta los aparatos de cocina— ya nos evita muchos esfuerzos físicos. En los países occidentales y occidentalizados, actualmente no hace falta ni andar, ni tender la ropa, ni exprimir una naranja ni batir los huevos para hacer una buena tortilla. Para los conductores que utilizan el servicio *drive-in* de bancos, farmacias, supermercados, cafeterías y restaurantes de comida rápida, el coche se convierte en algo semejante a una silla de ruedas. Bienes de consumo de todo tipo, incluso comidas recién preparadas, se eligen por internet y nos llegan por mensajero. La mayor parte de los empleos se llevan a cabo en postura sentada, típicamente delante de un ordenador, durante horas y horas sin interrupción. El fenómeno del sedentarismo se ve amplificado por la televisión (dos horas al día en Asia, entre tres y cuatro en Europa y más de cuatro en Estados Unidos) y por la utilización frenética pero atónica de teléfonos inteligentes y tabletas, superior a tres horas al día entre los adultos norteamericanos y mucho más entre los adolescentes. La inactividad física se combina entonces con la pasividad hipnotizadora de la televisión y con la alienación propiciada por el abuso de internet.

Existe una relación epidemiológica clara entre la inactividad física y el aumento de la morbilidad y la mortalidad, la cual se puede rebajar haciendo ejercicio. La inactividad física constituye un factor de riesgo para un sinfín de patologías, como, por ejemplo, la diabetes, la obesidad, la osteoporosis, la osteoartritis, las enfermedades cardiovasculares, la depresión, el cáncer y la enfermedad de Alzheimer. Hoy sabemos que el entrenamiento en algún tipo de deporte estimula la autofagia y contribuye a su efecto antidiabético y supresor del hígado graso. Los leucocitos circulantes de los atletas suelen poseer telómeros más largos que los de sus coetáneos inactivos y hasta una actividad física moderada tiene este efecto positivo. El tiempo dedicado al ejercicio físico, sea intenso o moderado, dilata el tiempo biológico, pero la pasividad lo acelera, por muy paradójico que esto pueda parecer.

La Organización Mundial de la Salud recomienda que los adultos de entre 18 y 64 años practiquen un mínimo de 75 minutos de ejercicio intenso o 150 minutos de actividad física moderada a la semana, y a este respecto propone como ejemplo de actividad moderada la marcha rápida (<https://www.who.int/dietphysicalactivity/factsheet_adults/en/>). Sin embargo, la gran mayoría de los adultos, concretamente más del 70 % de los norteamericanos y los europeos y un porcentaje similar de los asiáticos residentes en grandes centros urbanos, no llega a este mínimo. Para remediar esta situación, haría falta una auténtica revolución de los hábitos individuales y de las políticas públicas, así como una reorganización integral de los espacios de trabajo y de ocio dirigida al incentivo de la actividad física. Solo de esta manera pasaremos más tiempo en la bicicleta, caminando por espacios verdes, subiendo escaleras o deambulando por las salas de reuniones como hacía Aristóteles en los encuentros con sus discípulos. «Ganar tiempo de vida en movimiento para no perderlo sentado» podría ser un eslogan adecuado para impulsar esta transformación de nuestras costumbres.[7]

5. Estrés y alteraciones emocionales

El capitalismo moderno ha creado un sistema normativo implacable, la cárcel de lo políticamente correcto, permanentemente vigilada en lo insustancial por las redes sociales e internet y dominada por una competición feroz. Esta lucha de todos contra todos tiene como teatro diferentes tipos de mercado, no solo los de trabajo, bienes de consumo, inmuebles o productos financieros, sino también los de los productos culturales (vendidos fundamentalmente por Amazon), las relaciones sentimentales (crecientemente construidas por internet) y la amistad (vehiculada por los medios sociales que miden cuántos amigos tenemos en Facebook). En el naufragio de la célula familiar desaparecen los vínculos de parentesco y a la vez se desvanecen las nociones de amor, de amistad y de cultura al convertirse, como todo lo demás, en meras mercancías.

Desprovisto de ideología (inadmisible en la esfera de lo políticamente correcto), de afecto familiar, de amor, amistad y cultura, el individuo moderno se ve sometido a un sistema socioeconómico que lo condiciona como en una sociedad de castas; se encuentra predeterminado con gran precisión por una reducida selección de trayectorias posibles, pero ese mismo sistema le hace creer que su posición en la escala social se debe únicamente a su talento, su dedicación y su esfuerzo. De esta manera, el sujeto no se considera estafado por las clases superiores, sino que intenta explotarse a sí mismo, mejorando sus conocimientos, adaptándose a su puesto de trabajo, optimizando su rendimiento, afanándose en asumir más actividades profesionales o arriesgándose como un empresario a menudo autoempleado. Al mismo tiempo, el sujeto puede verse atrapado en la telaraña de las redes sociales que le exigen vivir la ficción de la amistad telemática y que solicitan una constante atención, todo lo cual se suma a la saturación creada por la mensajería electrónica profesional. Este permanente estado de autoexplotación y sobrexcitación nos agota y acaba por sumirnos en la decepción, en la desilusión y en la depresión.

Con altas posibilidades de ser pobre, obeso, malnutrido, polucionado, físicamente inactivo, agotado por la autoexplotación, hipnotizado por la televisión, solicitado sin tregua por el teléfono inteligente y las redes sociales, y con el *ikigai* desatendido o perdido, el individuo ve como su salud mental se derrumba y, al final, todos lanzamos al vacío ese desgarrador grito que tan magistralmente reflejó la obra de Edvard Munch. En 2004 se registraron trastornos emocionales (ansiedad, depresión y drogodependencia) en alrededor del 25 % de la población adulta estadounidense (<https://psychcentral.com/blog/cdc-statistics-mental-illness-in-the-us/>), con unos valores especialmente altos entre los jóvenes, lo cual ilustra la tensión existente entre el sistema socioeconómico y los individuos que lo componen. Este porcentaje se reduce bastante en Europa (a la cabeza están Francia y los Países Bajos con el 18 y el 15 %, respectivamente, seguidos por Alemania, España e Italia con menos del 10 %) y en Asia (China y Japón se encuentran por debajo del 10 %). Las cifras van al alza. En la última década, la frecuencia de episodios de depresión, ansiedad y pulsiones suicidas ha aumentado sustancialmente entre los adolescentes y los adultos estadounidenses. Unos y otros se olvidan de escuchar a Luz Casal cuando nos recuerda que hay que ver el rojo del amanecer, la señal más nítida de que el sol de nuevo brillará y se llevará la soledad.

Lejos de acomodarse a la noción de separación del alma y el cuerpo, una dicotomía metafísica que no tiene soporte científico, la enfermedad mental se nos presenta como un trastorno del alma (o del cerebro), pero que afecta también a todos los órganos de nuestro cuerpo. Los estados de ansiedad aumentan los niveles de cortisol, lo cual provoca una supresión general del sistema inmune y el acortamiento de los telómeros. El reloj epigenético se acelera con el trastorno de estrés postraumático, especialmente cuando es severo, y los telómeros se acortan cuando existe estrés psicosocial infantil o depresión crónica. El estrés provoca síndrome metabólico. La probabilidad de que una persona sufra esta enfermedad en Francia es de alrededor del 20 % para la población general, pero del 30 % para los pacientes cuya depresión es refractaria al tratamiento y del 40 % para los esquizofrénicos. Este tipo de enfermos psiquiátricos reducen drásticamente su esperanza de vida en quince o veinte años.

En resumen, los trastornos emocionales pueden acelerar sustancialmente el envejecimiento. Solo una reformulación de nuestra organización social y de nuestro sistema de valores, una drástica reducción de las desigualdades y una suavización de la competición en todos los campos de la vida permitirán reducir la incidencia de las enfermedades psiquiátricas que tanto adelgazan nuestro sueño del tiempo.[8]

6. Pérdida de ritmos circadianos

La aceleración de los flujos económicos e informáticos entre diferentes zonas del mundo, la liberalización de los horarios y los cambios de las costumbres individuales y colectivas están rompiendo el ritmo circadiano y las rutinas diarias. La pérdida del ritmo biológico no solo concierne al viajero transcontinental que sufre el desfase horario después de un vuelo de varias horas, sino que afecta a muchas personas que trabajan en los circuitos financieros, ya que a lo largo del día van abriendo los diversos mercados bursátiles del mundo en Wall Street, Buenos Aires, Londres, Riad, Tokio o Pekín. El descontrol horario también se impone entre los trabajadores de las multinacionales globalizadas que deben responder a sus superiores jerárquicos en un estado de emergencia permanente, y alcanza a todos los individuos que trabajan en ámbitos competitivos, sean empresarios, científicos o periodistas que deben reaccionar a las comunicaciones que llegan cada minuto de los cinco continentes del mundo.

En el contexto local, la pérdida de los ritmos circadianos afecta a los trabajadores del turno de noche, pero no solo a ellos. Hace unas décadas, los habitantes del viejo continente miraban asombrados a Nueva York como «la ciudad que nunca duerme», pero hoy en día cualquier metrópoli del mundo se parece a Nueva York, con su tráfico que nunca cesa, el incesante vaivén de los peatones en el centro urbano y las tiendas y los restaurantes abiertos día y noche. Han desaparecido los horarios fijos por los que antaño se regían la apertura y el cierre de los negocios y las oficinas. A cualquier hora del día se puede comprar en internet, descargar un disco, ver una película, comunicarnos con mensajes tecleados en el móvil o subir una fotografía a Instagram o un vídeo a YouTube. El correo electrónico y la mensajería del teléfono inteligente pueden exigir respuesta en cualquier momento. Escuchando la conmovedora canción *Peces de ciudad*, que nos habla de los peces que perdieron las agallas en una playa sin mar y nos recuerda que no debemos tratar de volver al lugar donde hemos sido felices, entendemos que el concepto de ciudad insomne ya está asumido en nuestra mente, y que amenaza la sana alternancia entre actividad y reposo, vigilia y sueño, emoción e introspección. También ha desaparecido prácticamente el horario regular de las comidas y las cenas con sus rituales familiares. Caricaturizando la realidad, podríamos decir que el individuo urbano moderno ingiere cualquier alimento a cualquier hora del día, sin apenas masticación, muchas veces en soledad, mirando la pantalla del ordenador en el trabajo o la del teléfono móvil fuera de él. Siempre atrapado dentro de algún edificio e ignorando que, en el exterior, el cielo tiene una bella coloración que se puede medir con el cianómetro de Humboldt, ha dejado de percibir la diferencia de luz y de temperatura entre el día y la noche a causa de la iluminación eléctrica y del aire acondicionado. Cuando se acuesta, suele dejar el móvil en la mesita de noche o incluso en la cama, para despertarse cada vez que llega un mensaje. No olvidemos nunca que dedicar tiempo al sueño es alargar el sueño del tiempo.

En efecto, los ratones a los que se les apaga el ritmo circadiano en el laboratorio por manipulación genética o se les priva de sueño envejecen, enferman y mueren de modo acelerado. No es extraño entonces que a los trabajadores del turno nocturno se les acorten los telómeros y se les adelante el reloj epigenético, y que a la vez aumenten en este colectivo la mortalidad anticipada y el riesgo de contraer alzhéimer o cáncer de mama. Si no respetamos la cadencia del tiempo que el sol nos insinúa cada día, bailando a un ritmo que no es el circadiano, perdemos el compás de la vida. Tenemos que reordenar nuestro empleo del tiempo para que se mantenga en armónica consonancia con los movimientos del planeta alrededor de su estrella central.[9]

Además de estos seis grandes lastres que acortan la longevidad humana, no podemos obviar que las catástrofes biológicas causadas por nuevos agentes infecciosos, por guerras nucleares o por desastres ecológicos puedan llegar a diezmar la población de nuestro planeta. En este sentido, y dentro del ámbito de la biomedicina, los medios de comunicación nos han alertado periódicamente sobre toda una serie de agentes infecciosos que iban a causar la extinción de la humanidad: el virus de la inmunodeficiencia humana causante del sida, la enfermedad de las vacas locas transmitida por priones, el síndrome respiratorio agudo severo provocado por un coronavirus muy contagioso llamado SARS, la gripe aviaria causada por la cepa H5N1, el mortal virus del Ébola, las bacterias resistentes a todos los antibióticos, así como otros agentes emergentes que atraviesan las barreras de especie o siguiendo el guion de películas tan fantásticas como dramáticas, se ocultan en las selvas africanas o se escapan de laboratorios ultrasecretos. Y en medio de todas estas amenazas, al poco de comenzar 2020, llegó desde China la COVID-19 causada por el coronavirus SARS-CoV-2 y puso en jaque al mundo y a sus habitantes. Este minúsculo virus esférico del miedo, con un diámetro de apenas cien millonésimas de milímetro, no va a destruir a la humanidad, pero va a generar unas heridas sociales tan extensas y tan profundas que van a resultar muy difíciles de cicatrizar.

La mejor forma de afrontar estos retos biológicos, lo mismo que los bélicos, los ecológicos, los climáticos, los geológicos y hasta los cósmicos, no es otra que favorecer el desarrollo cultural de la sociedad para evitar manipulaciones, inacciones y desinformaciones, y fomentar la generación de opiniones basadas en el conocimiento social y científico. Antonio Gramsci pensaba que el dominio social por parte de las clases superiores se logra mediante la hegemonía cultural, en el sentido más amplio de la palabra. No debemos quedarnos paralizados ni recrearnos en la contemplación angustiada y pasiva de las amenazas hipotéticas y futuras. No perdamos ni una sola oportunidad de ocuparnos de los desafíos actuales que estamos en condiciones de atajar y de solventar: enfermedades, desigualdad, obesidad, malnutrición, polución, inactividad física, estrés mental y descontrol de los ritmos circadianos. Es en estos terrenos en los que podríamos avanzar con premura, sin ninguna demora, respetando y mejorando simultáneamente la biosfera y a los seres humanos, dándoles más tiempo para respirar. Más tiempo, eso es lo que deseamos; necesitamos más tiempo, queremos más tiempo: he aquí los mantras que repiten incansablemente los aspirantes a conquistadores de la longevidad. Los argumentos más sólidos y más actuales para conseguir prolongar el sueño del tiempo se recogen en los dos últimos capítulos de nuestro libro.

CAPÍTULO 13

La conquista de la longevidad

En 1661, Robert Boyle —un aristócrata irlandés al que su gran curiosidad le llevó a una asombrosa, y para muchos inexplicable, transformación en científico— escribió un libro titulado *Un químico escéptico*, que representó un importante paso hacia la fundación de la química moderna. Entre los múltiples y heterogéneos temas tratados por este gran imaginador al que hoy se criticaría por ser tan disperso, figura una lista de veinticuatro deseos que Boyle quería hacer realidad, como, por ejemplo, «descifrar el arte de volar, conseguir una luz perpetua, fabricar armaduras livianas y extremadamente duras, construir un barco capaz de navegar con todo tipo de vientos, curar heridas a distancia, producir drogas lo suficientemente potentes como para alterar o exaltar la imaginación, despertar la memoria y apaciguar el dolor». Hoy, Robert Boyle se sentiría complacido si pudiera ver cómo el paso del tiempo ha puesto una nota de realidad a la mayoría de estos deseos, sobre todo al más importante de todos ellos, aquel al que su mente dio prioridad sobre todos los demás: la prolongación de la vida.

Desde que existe el pensamiento abstracto, inventado por la evolución biológica en los predecesores del *Homo sapiens*, los humanos hemos fantaseado con ser como dioses, inmortales y eternamente jóvenes, o por lo menos vivir muchos años en buena salud. Alejémonos un momento del antropocentrismo y miremos en primer lugar a nuestro alrededor. ¿Cuáles son los límites de la longevidad en la naturaleza ajena a nuestra especie? Después, volvamos a pensar en nosotros mismos y comparémonos con lo que nos rodea. ¿Cuál es nuestro horizonte temporal?

Para responder a estas preguntas, primero debemos definir la noción de individuo en este contexto, ya que, dependiendo del concepto utilizado, van a obtenerse unos resultados u otros en el análisis sobre la duración de la existencia. En un caso extremo, podríamos considerar que el individuo equivale a un organismo viable. Así, una bacteria nace junto con otra genéticamente idéntica a raíz de la división simétrica de su madre y deja de existir cuando se divide ella misma para generar su descendencia: dos bacterias. Como las bacterias, en condiciones óptimas, llegan a desdoblarse cada veinte o treinta minutos, su longevidad sería inferior a una hora. Si en cambio consideramos que el individuo es una colonia de bacterias genéticamente idénticas, entonces el punto de vista cambia y la longevidad de la colonia es mucho mayor, ya que vendría marcada por el momento en que desaparece el último individuo de la comunidad. ¿Aceptaríamos los humanos que se nos confunda con nuestro gemelo idéntico, cuando somos personas con nombres y vivencias tan diferentes? Ciertamente no. El dilema, entonces, está servido.

La colonia clonal del pando, formada por 47.000 álamos temblones (*Populus tremuloides*) —una especie arbórea que cubre cuarenta hectáreas del Fishlake National Forest de Utah, Estados Unidos—, podría ser el organismo más viejo del mundo, si la medida de la longevidad se aplicase a una colonia. Aunque cada tronco solo tenga una edad media de ciento treinta años, la colonia clonal —que se mantiene mediante un sistema de reproducción vegetativa a partir de brotes subterráneos— tiene muy posiblemente más de ochenta mil años. *Old Tjikko*, un árbol de apenas cinco metros de altura que se encuentra en la provincia sueca de

Dalarna, está considerado, con sus 9.550 años de edad, como el más longevo del planeta, aunque también en este caso cabe alegar que se trata de un árbol que se propaga bajo tierra mediante un sistema de brotes y que su tronco y sus ramas actuales tienen menos de seiscientos años. Si preferimos quedarnos con la definición no clonal de una planta concreta, entonces el pino *Matusalén* —perteneciente a la especie llamada *Pinus longaeva*, que se encuentra en las Montañas Blancas de California— podría ser el árbol más longevo del planeta, con una edad próxima a los cinco mil años.[1]

En el reino animal, los campeones de la longevidad son ya bien conocidos en este libro. Entre ellos destacan algunas especies de medusa que tienen la inaudita capacidad de volver a un estado embrionario, como, por ejemplo, *Turritopsis dohrnii*. La hidra vulgar también es considerada un animal no senescente, cosa que se atribuye a la extraordinaria capacidad de sus células progenitoras para renovarse ilimitadamente gracias a la acción de una proteína con función reguladora de la expresión génica llamada FoxO.[2] Hay otros animales que forman colonias y que pueden ser extremadamente longevos, como ocurre con dos especímenes de coral encontrados cerca de Hawái, *Gerardia sp.* y *Leiopathes sp.*, cuya edad estimada alcanza los 2.742 y 4.265 años, respectivamente. Una almeja de la especie *Arctica islandica* —llamada *Ming* porque nació cuando aún gobernaba en China esta dinastía— murió en 2013 a los 507 años. Recientemente, se ha pescado un tiburón boreal (*Somniosus microcephalus*) al cual se atribuye una edad de 392 años, por lo que estaríamos ante el vertebrado más longevo que se conoce. En 2007, se cazó en Groenlandia una ballena boreal adulta (*Balaena mysticetus*) que llevaba clavado un arpón fechado en 1880, lo cual hizo pensar que esta especie de mamíferos puede superar los doscientos años de edad.[3]

Entre los mamíferos, los humanos somos la segunda especie más longeva y el récord de longevidad está en la francesa Jeanne Calment (1875-1997), que vivió 122 años, 5 meses y 14 días. Instintivamente, nos parece natural que las mujeres y los hombres tendamos a vivir más tiempo que los animales de compañía. Tampoco nos extraña que mamíferos más grandes que nosotros, como las vacas, los caballos, los tigres o los leones, no alcancen nuestra esperanza de vida. Estudios genómicos realizados en nuestra especie han concluido que existen variantes genéticas, en particular en un gen llamado *FOXO3*, que pueden explicar la propensión familiar a la longevidad. Este hallazgo conecta a los humanos con las hidras, ya que los genes *FOXO3* y *FoxO*, con efectos prolongevidad en cada una de estas especies, tienen un precursor filogenético común, cosa que subraya, ciertamente, cómo unas mismas reglas biológicas contribuyen a determinar la longevidad de especies distintas a lo largo de la evolución.[4]

A pesar de la excepcional esperanza de vida de nuestra estirpe, la falta de conocimientos científicos, la incomprensión de la muerte y el miedo a lo desconocido han llevado a la humanidad a imaginar universos sobrenaturales dominados por divinidades y un más allá al que solo acceden las almas de los muertos. En muchas religiones, el alma inmortal se separa del cuerpo mortal para revivir en un mundo eterno en el que se recibe el castigo o la recompensa prescritos por los actos realizados durante la vida terrenal. Según otras creencias, el alma del difunto transmigra al cuerpo de otra criatura viviente, en un eterno ciclo sin fin, aunque el tipo de animal o la posición jerárquica del ser humano en el que se reencarna dependa de los méritos del finado. Con esta estrategia, las religiones más longevas han logrado establecer un sólido control emocional sobre sus fieles. A cambio, los creyentes reciben una buena dosis de esperanza ante la certeza de la muerte, ya que se consuelan con una existencia inmortal en el más allá o siendo partícipes de un eterno ciclo de reencarnaciones.

Curiosamente, los textos sagrados también se han ocupado con notable interés de la longevidad de los mortales. Según las tradiciones hebraica, cristiana e islámica, Matusalén, octavo patriarca antediluviano, alcanzó los 969 años de edad, y los sumerios dejaron escrito que sus monarcas antediluvianos vivieron entre 18.600 y 43.200 años. Estos relatos exageran la edad de los soberanos —en el caso de Matusalén, puede que los traductores confundieran los ciclos lunares con los solares—, pero también trasladan la idea de que, en épocas lejanas, antes de que el castigo divino se abatiera sobre la humanidad, los hombres podían vivir muchísimos años. Según el relato del poeta griego Hesíodo (siglo VI a. C.), durante la edad de oro, la primera de las épocas históricas, los humanos vivían en un ambiente de paz, abundancia y fiestas permanentes; no envejecían; conservaban su vigor hasta el último día, y pasaban el umbral de la muerte sin sufrir, simplemente adormilándose. La edad de oro terminó cuando el titán Prometeo otorgó a la humanidad el don de hacer fuego y todas las demás artes. Zeus, considerando que el fuego era una prerrogativa divina, entró en cólera, y Prometeo terminó encadenado en una cueva con un águila devorándole el hígado día tras día pero sin provocarle la muerte, ya que el órgano del inmortal titán se regeneraba continuamente. Después, Zeus nos envió a Pandora, que, como ya hemos comentado anteriormente, diseminó entre nosotros el contenido de una caja que portaba todas las enfermedades del mundo, pero además sembró en nuestras mentes la ambición, la competición, la codicia, la envidia, los celos, el odio, la injusticia y la traición. A partir de ese momento, los mortales empezaron a corromperse moral y físicamente, a enfermar y a envejecer.

Estas historias míticas ilustran la tensión imaginaria entre un supuesto hombre primitivo —originalmente bondadoso, inocente, justo, ocioso, sano y longevo— y su evolución posterior, cuando el castigo divino lo lleva al valle de lágrimas de la vida o a la Edad del Hierro, y entonces se ve condenado a trabajar dura e incesantemente, a sufrir todo tipo de calamidades y a experimentar la tortura de la enfermedad y el suplicio de la agonía. Algo similar expresa el *Manual de medicina interna del Emperador Amarillo* —elaborado durante la dinastía Han, entre 200 a. C. y 200 d. C.—, en el que se considera que la longevidad del ser humano es mucho mayor que la actual porque los individuos extravían el «Camino» y ello provoca un desequilibrio entre el *yin* y el *yang* que acelera la decrepitud.

Durante milenios, los humanos han soñado con aplacar la ira de los dioses y las fuerzas cósmicas a través de sacrificios, devoción y templanza, o mediante la observación estricta de los preceptos del *yin* y del *yang*, con el fin de favorecer su suerte y evitar los estragos del tiempo. Una vez que se constató que estas aproximaciones no solían ser eficaces, comenzó una búsqueda activa de remedios para encontrar la eterna juventud, la extrema longevidad y hasta la inmortalidad. Bastaría descubrir la fuente de la juventud, el Santo Grial, la piedra filosofal o el elixir de la inmortalidad para detener el proceso de envejecimiento, revigorizar a los ancianos y —en un exagerado alarde de confianza— vencer a la muerte. Durante siglos, los numerosos viajes y expediciones realizados a lugares remotos para descubrir estos remedios prodigiosos solo tuvieron parangón en los inagotables esfuerzos de los magos y alquimistas para intentar prepararlos en los alambiques de sus laboratorios. Estos esotéricos templos del conocimiento oculto han atraído y fascinado siempre a artistas de todas las épocas, desde figuras significativas del Barroco, como David Teniers el Joven, hasta maestras del surrealismo, como Remedios Varo, en cuyas obras fueron recurrentes los conceptos de la magia y de la alquimia que nos acompañan desde hace más tiempo del que podemos recordar.

La búsqueda de la inmortalidad ya se plasma en la epopeya mesopotámica de Gilgamesh (2100 a. C.); en el papiro de Edwin Smith (1600 a. C.), que describe la medicina de los egipcios; en el mito griego de Hércules (1300 a. C.), que nació mortal para después ascender al Olimpo; en la alquimia taoísta conectada con la medicina china tradicional; en la práctica del ayurveda en el subcontinente indio; y en los alquimistas europeos, que extendieron su esotérica ciencia desde la Antigüedad hasta el siglo XVIII, cuando comenzó a declinar. El emperador chino Jiajing (1507-1567) murió de una sobredosis de mercurio al tomar un elixir de la vida preparado por sus alquimistas con este elemento. El inglés Francis Bacon (1561-1626) propuso una metodología científica para encontrar remedios contra la vejez, el francés René Descartes (1596-1650) elaboró una teoría metabólica y mecánica del envejecimiento, el veneciano Alvise Cornaro (1467-1566) postuló una vida frugal con restricción calórica para curar la vejez, y el alemán Christoph Wilhelm Hufeland (1762-1836) recomendaba llevar un régimen vegetariano para alargar la vida.

Paralelamente a los esfuerzos individuales para retornar al paraíso o a la edad de oro, empezaron a aflorar ideas sobre cómo reformar o revolucionar la sociedad y dar cuerpo a una utopía en la que la organización colectiva, la distribución del trabajo, la instrucción pública, la reconquista de la moralidad, los preceptos higiénicos y los avances tecnológicos permitieran crear un mundo ideal en un futuro cercano. El progreso lleva a la utopía. Durante los tres últimos siglos, concretamente a partir de la Ilustración, esta idea ha sido promovida por los socialistas utópicos, los revolucionarios franceses, los fundadores de los Estados Unidos, los comunistas, los anarquistas y muchas otras ideologías. En todas las doctrinas y sectas utopistas había un patrón común: prometían mejorar el conjunto de la vida, incluyendo la salud y la longevidad.

Aunque ninguna de las utopías anunciadas se haya materializado, el racionalismo secular ha contribuido a los progresos incuestionables que han disparado la longevidad media de los humanos de 30 años hasta 1900 a 51 en 1950, hasta casi alcanzar los 73 años en 2019 en todo el planeta. Asimismo, en Francia e Inglaterra, las grandes potencias de los siglos XIX y XX, la longevidad media también ha aumentado notablemente: entre los franceses ha pasado de 48 años en 1900 a 66 en 1950 y luego a 82 en 2019, y entre los británicos ha registrado un año menos en cada una de las fechas señaladas. En algunos países, la evolución positiva es aún más espectacular, como, por ejemplo, en Japón, donde la esperanza de vida para 1900, 1950 y 2019 ha sido de 44, 60 y 86 años, respectivamente. En todos los países industrializados (con la notable excepción de Rusia) se superarán los 75 años de esperanza de vida en 2020. Avanza la conquista de la longevidad, se extiende el sueño del tiempo.

Son muchos los factores que explican el incremento de la esperanza de vida, y el progreso en la medicina preventiva y curativa no es más que uno de ellos. Tradicionalmente, la investigación biomédica se aproximaba a todas las enfermedades, pero siempre dejaba de lado el envejecimiento, hasta que un notable descubrimiento cambió la situación. Siguiendo la estela de David Friedman y Thomas Johnson, Cynthia Kenyon descubrió en 1993 que una mutación que inactiva el gen *daf-2* (equiparable al gen del receptor del factor IGF1 en humanos) duplica la vida del gusano *C. elegans* y que este efecto necesita de la intervención de un segundo gen, llamado *daf-16* (el equivalente a *FoxO* en la hidra y a FOXO3 en humanos). Ya sabíamos que la restricción calórica podía aumentar la duración de la vida, pero por primera vez se intuía que la longevidad estaba genéticamente determinada y que, por ende, podía ser modulable.[5] A partir de este punto, un número creciente de laboratorios de investigación, incluyendo los nuestros, corroboraron que intervenciones experimentales genéticas o farmacológicas pueden retrasar el envejecimiento y extender la longevidad en diversas especies, inclusive entre los mamíferos, y así confirmaron la plasticidad de dicho proceso. Poco a poco, como una lenta marea creciente, las ideas generadas y los resultados obtenidos provocaron dos cambios de suma importancia.

En primer lugar, se empezó a considerar que el envejecimiento podía, con algunas limitaciones, ser reconocido como una enfermedad por sí solo.[6] De hecho, la Organización Mundial de la Salud ya ha asignado al envejecimiento un código propio en el catálogo de las patologías humanas. Este reconocimiento de la vejez como afección potencialmente tratable ha abierto la vía a que los ensayos clínicos clásicos evalúen la posibilidad de que un medicamento pueda aminorar o postergar sus síntomas. Se ha promovido ya un ensayo clínico denominado TAME (*Targeting Aging with Metformin*), que se basa en la administración de un antidiabético oral llamado metformina a un total de tres mil personas con edades comprendidas entre los 65 y los 79 años para determinar si se ralentiza el deterioro funcional geriátrico. Se espera tener los primeros resultados de este ensayo en el año 2021.[7]

Paralelamente, se ha despertado un enorme interés en el desarrollo de tratamientos que enlentecen el envejecimiento o que incluso llevan al rejuvenecimiento; un interés que se hace evidente al contabilizar el número de artículos científicos sobre este problema archivados en PubMed: 6.000 en 1990, 11.000 en 2005 y alrededor de 30.000 en 2019. Asimismo, se han creado numerosos centros de investigación especializados en este tema: el Huffington Center of Aging en Houston, Texas, en 1988; el Buck Institute for Research on Aging en Novato, California, en 1999; el Aging Research Center del Instituto Karolinska en Estocolmo, Suecia, en 2000; el Leibnitz Institute on Aging en Jena, Alemania, en 2004; el Institute for Healthy Aging en Londres, Reino Unido, en 2007; el Max Planck Institute for Biology of Aging en Colonia, Alemania, en 2008; el Glenn Center for Biology of Aging Research en La Jolla, California, en 2009; y el Center for Vital Longevity en Dallas, Texas, en 2010.

El sector económico —alertado por el número creciente de comunicaciones y publicaciones sobre la longevidad y el envejecimiento difundidas por la prensa, la televisión, internet y las redes sociales— ha comenzado también a mostrar su interés en estos temas durante la presente década. Así, se han creado empresas de biotecnología con inversiones multimillonarias entre las que destacan Calico, una filial de Alphabet Inc. (el grupo empresarial creado en torno a Google) con una inversión de más de mil millones de dólares, y muchas otras con una financiación superior a los cien millones de dólares, como Blue Rock Therapeutics, Celularity, Human Longevity y Unity Biotechnology. Además, se han abierto centenares de *start-ups* que operan básicamente en Estados Unidos, pero también en Europa, China y Australia (<https://www.medicalstartups.org/top/aging/>), y cuyo objetivo es explorar algún aspecto concreto que permita extender la longevidad humana. Asimismo, se han creado fondos de capital riesgo especializados en inversiones millonarias para el desarrollo de medicamentos antienvejecimiento, lo cual demuestra que las personas acaudaladas tienen interés en el tema porque pueden aprovecharse personalmente de los futuros elixires de juventud y, además, obtener pingües beneficios económicos con ellos. De todas formas, estos ricos inversores —en su prometido pero incierto viaje hacia la eterna juventud— no deberían olvidar algunos de los sencillos consejos ofrecidos por la joven francesa Zaz en su canción *Je veux*: «Quiero el amor, la alegría y el buen humor».

Basándose en los conocimientos acumulados por la investigación pública, la industria biotecnológica y algunas de las empresas líderes de la industria farmacéutica se han puesto a buscar nuevas moléculas que protejan o reparen los genes, que alarguen los telómeros, reviertan las alteraciones epigenéticas, estimulen la autofagia, modulen los sensores de nutrientes, restauren las funciones mitocondriales, eliminen las células senescentes, renueven las células progenitoras, inhiban la inflamación crónica o indebida, eviten la inmunosenescencia, rejuvenezcan la microbiota intestinal, suplementen las hormonas rejuvenecedoras, neutralicen los factores sistémicos nocivos o refuercen los relojes circadianos. Para cada una de estas hipotéticas dianas farmacológicas se han creado varias empresas que han empezado su particular competición para tratar de conseguir medicamentos adecuados y efectivos en la promoción de la longevidad.

En respuesta a esta peculiar fiebre dorada del tiempo, se ha generado una polémica en torno a la esperanza o el temor de que pronto se encuentren remedios eficaces contra el envejecimiento. Se esgrime el argumento de que solo los multimillonarios accederán a estos hipotéticos tratamientos, lo cual ensanchará aún más la brecha socioeconómica. Por el contrario, se advierte de que la extensión de la longevidad a amplias capas poblacionales provocará una sobreocupación del planeta que precipitará el advenimiento del cataclismo ecológico. También se asegura que estamos desafiando a los dioses porque negamos la inmutabilidad del envejecimiento, modificamos las leyes de la naturaleza y rehusamos la condena divina a arrugarnos y marchitarnos. Se nos recuerda que una vida demasiado larga, tal vez ya sin término, perderá su sentido y obstaculizará el relevo generacional. Finalmente, se arguye que sería terrible elevar considerablemente la longevidad humana si con ello lo que se logra es sobrecargar los hospitales, sanatorios y residencias de ancianos, arruinar las cajas de pensiones, ahogar a las compañías de seguros y dejar exhaustas las finanzas públicas, robándoles el futuro a los más jóvenes.

Para rebatir este último argumento —el temor a que los tratamientos contra el envejecimiento puedan llevar a una sociedad ultraenvejecida y distópica—, basta pensar que la finalidad de las nuevas moléculas antienvejecimiento es la extensión de la esperanza de vida *sana*, sin patologías. Se trataría de aumentar la parte de la trayectoria temporal humana entre el nacimiento y la muerte que se vive plena y activamente, para disminuir proporcionalmente la fase de fragilidad y dependencia. De este modo, se reducirían los costes de la asistencia médica y social y se ofrecerían buenos argumentos para mejorar la sociedad en su conjunto, dado que los humanos vivirían tiempos más sanos y más dilatados, perseguirían proyectos a largo plazo, acumularían más experiencias y algunos alcanzarían esa sabiduría proverbial que antes caracterizaba a los más ancianos.

Hasta ahora, muchas publicaciones científicas, incluyendo algunas de nuestros propios laboratorios, han mostrado que diversas manipulaciones experimentales pueden mejorar la salud y aumentar la duración de la vida de ratones modificados genéticamente, que han sido mantenidos en un ambiente artificial, en bioterios con extremas condiciones de limpieza, con una alimentación controlada, a temperatura fija, con humedad regulada y con ciclos día-noche perfectamente definidos. Los aumentos de longevidad suelen ser inferiores al 25 %, hasta para las intervenciones experimentales con mejores resultados. Estas cifras serían muy significativas en la escala de una vida humana, pero no se aprecia por ningún lado esa transformación largamente anunciada de un ratón convencional en un ser inmortal.

Recapitulando, estamos ante un progreso científico multidisciplinar, pero es un progreso limitado y modesto en todas sus dimensiones. Asimismo, todavía caben dudas metodológicas sobre la extrapolación a la medicina humana de una colección de datos obtenidos en roedores. En primer lugar, los ratones y los humanos divergimos en la evolución desde hace unos ochenta millones de años, cuando los dinosaurios todavía dominaban el planeta. Mantenemos muchas similitudes, pero los roedores no son humanos. Además, las cepas de ratón de laboratorio son el producto final de docenas de generaciones de selección por endogamia y, por tanto, no son representativos de los animales salvajes ni de los humanos que forman poblaciones genéticamente heterogéneas. Ni siquiera la restricción calórica, la primera manipulación experimental con un efecto antienvejecimiento en muchas especies animales, tiene los mismos efectos positivos en la longevidad de diferentes cepas de ratón.[8] Por tanto, es posible que los hipotéticos remedios contra el envejecimiento no tengan efectos favorables en todas las personas. Por último, un bioterio difiere considerablemente del ambiente natural en el que un roedor está obligado a encontrar comida, a evitar los predadores, a sobrevivir a infecciones y a adaptarse a las variaciones de un entorno cambiante. Recordemos el importante concepto evolutivo de «antagonismo pleiotrópico»: lo que puede ser una gran ventaja en una situación determinada puede representar una seria desventaja en otras circunstancias.

Si admitimos que, pese a las incertidumbres señaladas, algunas de las dietas, moléculas o terapias génicas que alargan la vida de los ratones pudieran tener el mismo efecto en humanos, todavía tendríamos que afrontar otro problema: ni más ni menos que el propio tiempo. Para comercializar un medicamento, hay que demostrar su inocuidad en experimentos toxicológicos en grandes animales y después en un ensayo de fase 1 en humanos que permite medir la duración de la permanencia de la sustancia en el cuerpo (farmacocinética), buscar un marcador biológico adecuado que indica su efecto (farmacodinámica) y definir la dosis efectiva o la dosis máxima tolerada a partir de la que los efectos secundarios se hacen insoportables. En la fase 2, hay que encontrar indicios de que el medicamento, administrado en dosis y periodicidad fijas, tiene los efectos deseados. Por último, en la fase 3 hay que asignar a los pacientes aleatoriamente a diferentes grupos sin que ni ellos ni el personal médico que los trata sepan si han sido incluidos en el grupo control que recibe un placebo o el grupo que realmente es tratado. Estos estudios «doble ciego» están diseñados para eliminar cualquier sesgo y determinar la eficiencia del medicamento con métodos estadísticos rigurosos. Solo después de haber terminado estas tres fases, cada una de las cuales necesita complejas autorizaciones administrativas, las agencias reglamentarias como la Agencia Europea del Medicamento (EMA) o la Administración de Fármacos y Alimentos de los Estados Unidos (FDA, en sus siglas en inglés) tienen que evaluar la masiva información recogida y autorizar la comercialización del medicamento. Considerando que estos ensayos tienen la ambición de retrasar la manifestación del envejecimiento (o el de las enfermedades relacionadas con la edad), el horizonte temporal se anuncia largo. Es muy posible que ninguna empresa biotecnológica o farmacéutica pueda comercializar un producto nuevo en este sector durante los próximos años.

Afortunadamente, hay algunas ideas para acelerar el desarrollo de medicamentos antienvejecimiento. Así, se pueden utilizar fármacos ya conocidos y clínicamente probados con el objetivo de reposicionarlos para una nueva indicación, la prevención de la vejez, lo cual evita la caracterización toxicológica en animales y los ensayos de fase 1. Sin embargo, las empresas prefieren desarrollar nuevos medicamentos porque les garantizan una mayor rentabilidad con la comercialización de las patentes. Por otra parte, se pueden tratar pacientes con un riesgo particularmente elevado de sufrir las consecuencias del envejecimiento, sobre todo, quienes estén afectados por los síndromes de progeria que aceleran el envejecimiento o los que ya sufran una patología relacionada con la edad, cosa que les predispone a desarrollar otra. Esta estrategia tiene la ventaja de que el tiempo pasa más rápidamente para los pacientes, lo cual acorta la duración de los ensayos, pero también encierra el peligro de que las agencias autoricen la comercialización del fármaco solo para este pequeño segmento de pacientes y no para la totalidad de la población.

Para resumir este capítulo, podemos concluir que en la actualidad disponemos de pocos datos que predigan una revolución inmediata de la biomedicina auspiciada por nuevos medicamentos que dilaten el tiempo y frenen o mejoren el transcurso del envejecimiento. Además, el proceso que permite comercializar un fármaco y utilizarlo en la rutina médica es lento, burocrático, costoso e incierto. La conquista del tiempo con nuevos elixires se anuncia compleja. ¿Habrá tiempo suficiente para vencer al tiempo?

CAPÍTULO 14

Los nuevos elixires de tiempo

Envejecer es tener que escoger y entender que hay deseos que ya no podremos cumplir y preguntas que ya no podremos responder. Los que hemos completado muchas vueltas alrededor del Sol somos conscientes de que tendremos que apresurarnos si queremos avanzar en nuestras particulares listas de cuestiones pendientes. Por eso, para intentar responder a la pregunta anterior de si habrá tiempo para vencer al tiempo, podemos mirar de nuevo al pasado y recorrer la literatura realista o fantástica, para después mezclarla con nuestro conocimiento e imaginación y elaborar con todo ello un censo de los elixires de tiempo. Entre todos estos remedios podemos encontrar algunos tan sugerentes como fascinantes: las escamas de la cola de una sirena con ombligo, el cuerno de un unicornio azul, las plumas de un ave del paraíso soberbia, la sangre fresca de un dragón vegetariano, la sonrisa humana de un centauro, una pócima de raíces de mandrágora otoñal, el polvo de dos zafiros disuelto en zumo de melocotón, una pizca de estragón, dragoncillo o tarragón, las lágrimas monoculares de un cíclope, siete gotas destiladas de la melancolía de una ninfa, el vapor multicolor de un arcoíris, el destello final del rayo verde, una foto de perfil del colmillo de marfil de un elegante elefante, un ungüento hecho con el plastrón de una tortuga gigante, la resina de los restos del difunto pino *Prometeo*, la descerebrada cabeza de una hidra vulgar, un tentáculo de una medusa japonesa, una sopa probiótica de *Akkermansia muciniphila*, el movimiento de la aleta dorsal de un tiburón somnoliento, una magdalena de Proust y tres onzas de chocolate disueltas en agua de mar, una pepita dorada del río Aurín, cinco larvas de ajolote mexicano y, por supuesto, una infusión muy concentrada de factores de Yamanaka. A toda esta colección de elixires convendría añadir unas gotas de aroma de petricor, el olor que desprende la tierra seca después de la lluvia, y unos miligramos del ámbar gris de un cachalote, que contiene el más codiciado de todos los perfumes del mundo.

Repasamos una y otra vez la larga lista de elixires de tiempo y nos invade el desaliento. Son tantos los posibles remedios, y algunos de ellos tan difíciles de conseguir en el mundo actual, que parece sensato buscar alguna alternativa más próxima a nuestro reciente trabajo sobre las claves del envejecimiento. Seleccionamos unas pocas palabras de interés y las lanzamos a los gigantescos repositorios del saber moderno, esos que fluyen al ritmo del movimiento de los dedos sobre un teclado y nos devuelven de inmediato la información (aunque no el conocimiento) actual sobre cualquier tema. En menos de un segundo nos damos cuenta de que la ciencia y la industria del antienvejecimiento están en continuo auge. Extraordinarios profesionales de la dermatología, de la medicina estética, de la cirugía, de la odontología o de la oftalmología, por citar solo unos pocos, reciben en sus consultas a una legión creciente de clientes que van sustituyendo a los que antaño eran simplemente pacientes, personas que acudían a ellos en busca de salud.

Los nuevos usos sociales imponen unas servidumbres distintas; hoy en día cada vez se cuida más el aspecto físico para satisfacer la propia vanidad, pero también para cumplir obligaciones y responsabilidades, o para conseguir mejores oportunidades laborales y sociales. Para responder a estos requerimientos, que en el fondo no son otra cosa que el rescate para la vida cotidiana de unos pocos cuantos de tiempo, las empresas de cosmética —que dan empleo a miles de trabajadores, incluyendo médicos, farmacéuticos e investigadores— ofrecen una apabullante gama de productos y procedimientos: cremas de noche y cremas de día, cremas hidratantes y cremas exfoliantes, cremas reafirmantes y cremas reparadoras, cremas de *lifting* y cremas restauradoras, cremas para el contorno de los ojos y cremas para los párpados, sesiones de láser o radiofrecuencias para corregir imperfecciones cutáneas, inyecciones de bótox, de ácido hialurónico o de silicona, cirugía estética agresiva o mínimamente invasiva, blanqueamiento o reemplazo dental... Es difícil sustraerse a la dinámica social de nuestros días, pero debemos respetar el que cada cual aproveche todo lo que de positivo pueda encerrar este ámbito en cuanto a mejora de la autoestima o de la confianza personal. Ahora bien, no podemos pedir imposibles a los especialistas de la lucha contra el tiempo: la medicina no es magia y la ciencia tampoco. Recordemos que las arrugas que nos hacen envejecer están en el interior de nuestras células y que, hace ya varios siglos, el pintor italiano Bernardo Strozzi, en su obra *Vanitas*, nos alertó de que debemos ser muy prudentes con los esfuerzos por disimular la edad. Tampoco olvidemos la lección de Oscar Wilde en *El retrato de Dorian Gray*, adaptada al cine por Oliver Parker, no es necesario entregar el alma al diablo para preservar la juventud, la experiencia demuestra que esta estrategia no suele funcionar:

> Me haré viejo, horrible, espantoso. Pero este cuadro siempre será joven. Nunca dejará atrás este día de junio... ¡Si fuese al revés! ¡Si yo me conservase siempre joven y el retrato envejeciera! Daría..., ¡daría cualquier cosa por eso! ¡Daría el alma!

Seguimos analizando los resultados obtenidos en nuestra rápida consulta al oráculo de Google y entonces constatamos que la búsqueda de nuevas soluciones biomédicas al proceso de envejecimiento está yendo hoy en día más allá de los tratamientos puramente estéticos. Tanto los expertos como los interesados en estos campos han comenzado a proponernos tratamientos hormonales (estrógenos y gestágenos para las mujeres, testosterona para los hombres y hormona de crecimiento para ambos), polivitaminas, suplementos nutricionales, dietas especiales, sofisticados programas de actividad física, de restricción calórica o de ayunos intermitentes bajo supervisión médica. Hay empresas avanzadas que proponen el desciframiento del genoma y el metagenoma* de sus clientes y el uso de diversos procedimientos diagnósticos para personalizar o individualizar los tratamientos propuestos. Todas ellas justifican sus métodos citando artículos científicos o de divulgación. Nuestra conclusión en este sentido es muy clara. Tras muchos años trabajando en la vanguardia de este campo científico y después de analizar exhaustivamente los logros obtenidos por otros grupos de expertos en gerociencia y gerontología, consideramos que, pese a los prometedores avances de los últimos tiempos, hoy no existe ningún tratamiento clínicamente probado que sea capaz de dilatar o revertir el tiempo biológico en humanos. El tiempo sigue siendo esa nada creadora de Luis Cernuda que nos acompaña con perseverancia, aunque siga abriendo «su luz inmortal ante los deseos juveniles».

Dado que la mirada al pasado nos ha devuelto una respuesta insatisfactoria acerca de cuáles son los mejores elixires de tiempo, y considerando que el análisis de los resultados más recientes tampoco nos permite emitir ninguna recomendación concreta en este sentido, deberíamos viajar hacia el futuro con la música, con la literatura, con la imaginación o con la investigación para buscar unas pequeñas dosis de esa esperanza de la que nos hablaba César Vallejo en sus *Poemas humanos*.

La música nos ha regalado algunas ideas sobre las diversas maneras de conservar el tiempo. Jim Croce, en su melancólica y bella canción *Time in a bottle*, nos cuenta que «si pudiera guardar el tiempo en una botella, lo primero que me gustaría hacer es guardar cada día hasta que la eternidad se desvanezca [...]; pero parece que nunca hay tiempo suficiente para hacer las cosas que quiero hacer». Esta canción fue premonitoria, pues a los pocos meses de haberla compuesto, Jim Croce murió en un accidente de aviación y no pudo ya cumplir ese eterno deseo de la mayoría de los humanos de hacer con el tiempo, con nuestro tiempo, lo que realmente deseamos y no aquello que la sociedad nos impone.

La literatura de ciencia ficción también ha planteado numerosos remedios rejuvenecedores o inmortalizadores. Uno de los más brillantes representantes de este género literario, el escritor polaco Stanisław Lem, propuso en su ensayo *Summa technologiae* que el hombre podría mejorar su evolución para evitar el envejecimiento y la muerte mediante la invención de nuevos circuitos homeostáticos, pero admitió que esta era una tarea de dificultad tan hercúlea como la que tendría que afrontar una colonia de hormigas que decidiera trasladar el Himalaya a otro lugar del planeta. Posteriormente, el propio Lem avanzó en sus *Diarios de las estrellas* algunas de sus propuestas futuristas en materia de antienvejecimiento y describió, por ejemplo, el primer inmortalizador, un complejo e incómodo dispositivo que recoge las informaciones imprescindibles que las células olvidan con el tiempo y las introduce de nuevo en el organismo. También nos habló de la futura retroembrionización, que haría volver a cualquier organismo a sus fases anteriores de desarrollo, y de la ingeniería autoevolutiva, merced a la cual todo ciudadano gozaría del derecho a dotarse de la forma corpórea y las virtudes del alma que deseara. En 2005, un escritor de ciencia ficción menos pesimista sugirió que la introducción de nanorrobots en el cuerpo humano para que actuasen como médicos en miniatura podría anular el envejecimiento a partir del año 2030. La revista *Time* anunció categóricamente en la portada de su número del 10 de febrero de 2011 que, según las predicciones de un singularista tecnológico como Ray Kurzweil, en 2045 comenzaría la era de la inmortalidad humana. La lista de visionarios es interminable; la viabilidad de sus propuestas, muy cuestionable.

Frente a todo este entramado de ficción, la propuesta de reemplazar ciertas partes del cuerpo humano mediante la inyección de células madre o progenitoras en localizaciones precisas parece mucho más realista. Sin embargo, hasta ahora ninguna agencia estatal de medicamentos ha autorizado tratamientos como ese, a excepción de una terapia muy específica para daños oculares. En el ámbito de las lesiones traumatológicas, también se han utilizado con éxito en algunos casos las células progenitoras, pero de nuevo queda mucho trabajo por hacer antes de que podamos pautar tratamientos eficaces y fiables. Lamentablemente, muchas clínicas privadas han comenzado a proponer a pacientes con enfermedades incurables terapias no autorizadas con células progenitoras. En Estados Unidos, tras la muerte de algunos pacientes que se habían sometido a dichos tratamientos, se ha emprendido una importante batalla jurídica para clausurar los establecimientos que comercializan métodos de intervención cuya eficacia no se ha demostrado ni científica ni clínicamente. Europa y Canadá también se han sumado a esta tarea para evitar que una buena idea científica acabe desacreditada debido a un uso prematuro e inconsciente por parte de algunos centros.[1]

También se especula sobre la posibilidad de crear órganos humanos mediante procedimientos biotecnológicos con ayuda de impresoras 3D que irían colocando en el lugar preciso diferentes tipos de células. Alternativamente, se plantea la opción de crear órganos inmunológicamente compatibles en cerdos u otros animales para después trasplantarlos a los humanos y rejuvenecer su cuerpo mediante el recambio de órganos como si fueran piezas que deben ser sustituidas en un taller de reparación de coches. Iniciativa 2045, una entidad sin ánimo de lucro fundada por el multimillonario ruso Dmitry Itskov, está trabajando en la idea de sustituir los órganos envejecidos por dispositivos artificiales, lo cual daría lugar a organismos cibernéticos o cíborgs, una especie de híbridos entre seres vivos y máquinas. La finalidad de Iniciativa 2045 es introducir el cerebro humano (y, a largo plazo, su copia informática) en un cuerpo artificial para crear un avatar (<https://www.2045.com/>). Por su parte, la fundación SENS (Strategies for Engineered Negligible Senescence), impulsada por Aubrey de Grey, ha planteado una estrategia para reparar periódicamente los tejidos con una mezcla heterogénea de métodos farmacológicos y de procedimientos basados en el trasplante de células progenitoras, en la ingeniería tisular y en la ingeniería genética (<https://www.sens.org>). El inteligente y extravagante Aubrey de Grey está convencido de que el primer humano capaz de vivir mil años ya ha nacido en nuestro planeta. Sin embargo, la mayoría de los expertos en los diversos temas planteados por SENS consideran que sus propuestas son demasiado optimistas y que minimizan la dificultad experimental subyacente a las ideas planteadas.[2] Basta recordar que, hasta el momento, la terapia génica* solo ha sido autorizada para el tratamiento de unas pocas enfermedades.[3]

Dada la dificultad técnica inherente a la creación de terapias génicas o celulares, creemos que los tratamientos farmacológicos basados en pequeñas moléculas (y, en menor escala, en proteínas recombinantes o en anticuerpos monoclonales) se aplicarán a buen seguro en la futura medicina antienvejecimiento antes que las estrategias que implican modificaciones genéticas o el uso de células manipuladas de una u otra manera. Los órganos artificiales elaborados a partir de células aisladas o de piezas mecánicas y biónicas combinadas de manera adecuada todavía parecen lejanos en el horizonte científico, aunque no puede negarse que se han obtenido algunos logros prometedores. Por todo ello, en este capítulo solo discutiremos los procedimientos farmacológicos basados en la administración de moléculas que pueden ser de interés como elixires de tiempo para los seres humanos. En cualquier caso, antes de avanzar en esta línea, queremos reiterar que nosotros no recomendamos para su empleo en humanos ninguna de las moléculas que enumeramos a continuación; únicamente discutimos la posibilidad de que en el futuro puedan llegar a administrarse a adultos que quieren ralentizar su envejecimiento y a personas de edad avanzada que desean mejorar su calidad de vida. ¿Cuáles son las moléculas que tienen mejores probabilidades de poder aplicarse en futuros tratamientos antienvejecimiento?

1. Metformina. Este antidiabético oral extiende la esperanza de vida de las hembras de ratón hasta el 10 % y la de los machos hasta el 6 %. Además, los análisis retrospectivos de pacientes diabéticos tratados con metformina han mostrado una reducción de la incidencia del cáncer y de enfermedades cardiovasculares, mientras que los ensayos prospectivos han confirmado estos mismos efectos positivos. La metformina altera el microbioma intestinal y tiene una amplia variedad de efectos bioquímicos, metabólicos y mitocondriales que pueden contribuir a explicar sus consecuencias antienvejecimiento. La metformina es el único medicamento que se está evaluando actualmente en un ensayo clínico con adultos sanos para determinar si puede reducir la manifestación de enfermedades ligadas a la vejez. Si este ensayo demuestra una eficiencia significativa, la metformina podría recibir la aprobación de las agencias reguladoras para su administración y entonces sería el primer medicamento oficialmente aprobado para el tratamiento del envejecimiento.[4]

2. Espermidina. Este compuesto es sintetizado de manera natural por nuestras células. Además está presente en algunos alimentos y lo genera también nuestra flora intestinal. Los niveles de espermidina disminuyen con la edad, por lo que esta sustancia podría considerarse una vitamina cuyo aporte nutricional sería particularmente importante en edades avanzadas. La administración de espermidina a ratones de laboratorio aumenta su longevidad en un 10 % y reduce espectacularmente el envejecimiento cardiovascular. Por otra parte, diversos estudios epidemiológicos han correlacionado la ingestión de espermidina con una reducción de la mortalidad por cáncer y enfermedades cardiovasculares, de modo que este micronutriente estaría claramente relacionado con la longevidad humana. Sin embargo, los resultados obtenidos son todavía de carácter preliminar, así que no se puede recomendar aún su uso clínico. Los efectos positivos de la espermidina se atribuyen a su capacidad de inducir la autofagia, pero también puede contribuir a suprimir la senescencia celular.[5]

3. Aspirina. Este famoso medicamento se vende en las farmacias desde finales del siglo XIX por sus efectos analgésicos, antipiréticos y antiinflamatorios. Posteriormente, se descubrieron sus efectos anticoagulantes y hoy la aspirina se usa sobre todo para la profilaxis del infarto de miocardio o del accidente cerebrovascular isquémico en pacientes de alto riesgo. En ratones, la aspirina aumenta un 8 % su longevidad. En humanos, parece reducir el riesgo de sufrir cáncer o enfermedades cardiovasculares, aunque también provoca hemorragias. Sin embargo, un ensayo clínico basado en la administración de bajas dosis de aspirina a personas mayores de setenta años no dio los resultados esperados, por lo que ya no se recomienda su uso en este grupo poblacional. Cabe la posibilidad de rediseñar los ensayos para aplicar el tratamiento a pacientes más jóvenes, pero excluyendo a los individuos con riesgo de hemorragia y adaptando la dosis a cada persona. En cuanto al mecanismo de acción de la aspirina, es bien conocido que esta molécula inhibe la síntesis de las prostaglandinas, pero que también activa la autofagia. Si la primera de estas acciones fuera responsable de los efectos secundarios y la segunda explicara el efecto antienvejecimiento, cabría la posibilidad de generar nuevas moléculas derivadas de la aspirina con propiedades farmacológicas más favorables.[6]

4. Precursores de NAD.* La vitamina B3 contenida en muchos alimentos (leche, carne, huevos...) existe en tres formas diferentes: nicotinamida, niacina y nicotinamida ribósido, que, tras su ingestión, se convierten en nicotinamida adenina dinucleótido (NAD), un importante cofactor enzimático. En ratones, la nicotinamida ribósido aumenta la longevidad un 5 %, al tiempo que reduce la senescencia de células progenitoras e incrementa la mitohormesis. La nicotinamida no parece tener efectos sobre la duración de la vida, pero sí influye favorablemente en el metabolismo. En ratones, se puede aumentar la esperanza de vida inyectando periódicamente vesículas microscópicas que contienen la enzima NAMPT que favorece la producción de NAD. En humanos, la nicotinamida reduce la incidencia de algunos cánceres de la piel. Recientemente, se han puesto en marcha varios ensayos clínicos para evaluar los efectos de las diferentes formas de vitamina B_3 en la profilaxis geriátrica (<www.clinicalTrials.gov>). En cuanto al modo de acción, parece que el aumento de NAD estimula la actividad de SIRT1, un sensor de nutrientes con acciones epigenéticas y efectos prolongevidad.[7]

5. Rapálogos. La rapamicina es un antibiótico cuya administración aumenta la esperanza de vida en ratones: 14 % en las hembras y 9 % en los machos. Este fármaco induce la autofagia y se ha utilizado ampliamente como agente inmunosupresor para evitar el rechazo de órganos trasplantados. Ahora se tiende a emplearlo en medicina cardiovascular, introduciéndolo en las prótesis intravasculares usadas para dilatar las coronarias obstruidas tras un infarto de miocardio. Medicamentos análogos como el everolimus y el temsirolimus, que en términos técnicos se llaman rapálogos, se están utilizando como antitumorales. Actualmente, se han iniciado varios estudios clínicos para explorar los posibles efectos antienvejecimiento de tales rapálogos.[8]

6. Otras moléculas. Como hemos visto en capítulos anteriores, existen muchas otras categorías de fármacos experimentales que tienen efectos antienvejecimiento en ratones, pero que requieren todavía una rigurosa evaluación del balance de efectos deseables e indeseables en pacientes. Dado que la mayoría de las sustancias antes mencionadas son potentes inductores de la autofagia, se contempla el desarrollo de otros medicamentos prolongevidad capaces de estimular este potente mecanismo de reciclaje celular. Además, los senolíticos —medicamentos que eliminan las células senescentes— suscitan grandes esperanzas y su exploración clínica se verá sin duda facilitada por el hecho de que algunos de ellos ya han sido evaluados y aprobados para el tratamiento de ciertos tumores. También existen argumentos para apostar por otras clases de moléculas, en particular los antiinflamatorios, los activadores inmunitarios, los miméticos de la restricción calórica, las nuevas hormonas rejuvenecedoras y los inhibidores de factores que precipitan el envejecimiento. Respecto al uso masivo de antioxidantes, las pruebas científicas con las que contamos actualmente no han demostrado su efecto prolongevidad; ratones con dosis génicas elevadas de enzimas antioxidantes no viven más, y experimentos recientes indican que algunos antioxidantes favorecen la progresión tumoral, por lo que no parece recomendable utilizarlos sin control fuera del ámbito cosmético. Alternativamente, se pueden concebir nuevas moléculas para proteger a los genomas, a los telómeros, a los epigenomas y a las células progenitoras de los cambios relacionados con el envejecimiento, o para modificar la microbiota intestinal y acomodarla a la que contiene bacterias con propiedades prolongevidad. Hoy en día, estas vías terapéuticas están menos exploradas que las antes mencionadas, lo cual no significa que no puedan llegar a aplicarse en la futura prevención y tratamiento de la vejez.

7. Combinaciones. El envejecimiento es un proceso complejo dictado por el avance de múltiples relojes biológicos que hay que parar o ralentizar simultáneamente para dilatar el tiempo a favor de la vida. Parece absolutamente lógico, pero es preciso demostrarlo en términos experimentales, que ciertas combinaciones de fármacos que actúan sobre diferentes dianas moleculares y sobre procesos implicados en el envejecimiento tienen seguramente efectos que se suman entre ellos, lo cual permite una mayor ganancia de tiempo. Esta posibilidad ni siquiera se ha explorado en modelos animales, así que pasará mucho tiempo antes de que se pueda inaugurar la polifarmacia del antienvejecimiento o desarrollar un elixir del tiempo compuesto por varias moléculas reunidas en una sola píldora, que nosotros imaginamos decorada con una Ω (omega), la última letra del alfabeto griego, o quizás con un ∞, el símbolo del infinito, ese conjunto de lugares tan grandes y lejanos a los que solo podemos llegar cerrando los ojos, pero a la vez tan pequeños que caben en un junco, tal como nos ha enseñado Irene Vallejo.

Para intentar paliar la decepción de todos los lectores que hayan comprobado que después de tantas páginas no hayamos propuesto ninguna recomendación definitiva para nuevos tratamientos médicos antivejez, querríamos concluir este capítulo ofreciendo algunas sugerencias relativas al estilo de vida. ¿Qué podemos hacer para mejorar nuestra perspectiva vital sin seguir un tratamiento médico en el sentido estricto de la palabra? Es sencillo: debemos evitar las amenazas de la vida moderna, aunque esto no implica que tengamos que volver a periodos y entornos ya desaparecidos pero nostálgicamente idealizados como el Paleolítico (cuando todavía no se consumían carbohidratos producidos por la agricultura), el mundo de los indoamericanos o tibetanos (con sus comportamientos ecológicos y sus prácticas espirituales) y las zonas azules de Cerdeña, Costa Rica, Icaria, Loma Linda u Okinawa, en las cuales se concentran tantas personas centenarias. Tampoco implica que haya que mudarse a Longyearbyen, la ciudad noruega en la que no se muere nadie desde 1950. Esta curiosa e impactante ausencia de mortalidad no se produce porque sus habitantes sigan todas las recomendaciones posibles en favor de la longevidad o porque posean el secreto de la inmortalidad. Simplemente, en Longyearbyen no están permitidos los enterramientos de personas foráneas desde que se descubrió que los cadáveres no se descomponían en el permafrost del cementerio local debido al clima extremo y, como consecuencia, muchas personas comenzaron a acudir a morir a este lejano lugar con la esperanza de que sus restos congelados pudieran algún día volver a la vida.

Una vez aclarada esta cuestión, creemos que para mejorar en nuestro afán de extender el sueño del tiempo, habría que remediar colectiva e individualmente las siguientes deficiencias del mundo contemporáneo:

1. Obesidad. Hay que evitar el sobrepeso, sobre todo la carga excesiva de grasa abdominal, y para ello habría que empezar por reducir la cantidad de comida ingerida y la frecuencia de las colaciones. Lo ideal sería pasar un largo intervalo sin ingerir alimentos, concentrar la ingestión calórica en dos o tres comidas diarias y resistir la tentación de comer entre horas o a deshoras. Basándonos en nuestra labor científica en torno al metabolismo de la longevidad, recomendamos limitar la ingesta de alimentos ricos en carbohidratos y sustituirlos por verdura, fruta, legumbres, frutos secos, soja y pescado. Asimismo, hay que disminuir el consumo de carnes rojas y procesadas. Es esencial suprimir las bebidas edulcoradas y reducir el consumo de alcohol, aunque se puede tomar café (sin azúcar) y té (preferiblemente verde) con prodigalidad. Estas recomendaciones se pueden complementar con unos periodos de ayuno pautados por nuestras propias sensaciones y experiencias al respecto. Apliquemos a la biología y a la nutrición lo que Mies van der Rohe nos enseñó en el ámbito de la arquitectura: para la longevidad, «menos es más» y mejor.

2. Malnutrición. Recordemos que restricción calórica no es sinónimo de desnutrición. Conviene tener presente que no todos los alimentos son buenos; algunos productos son malos o muy malos para la salud, como el azúcar añadido. No somos partidarios de las monodietas ni de los superalimentos. Nuestra alimentación tiene que ser lo más variada posible; debemos consumir un gran número de ingredientes naturales para cubrir nuestras necesidades de oligoelementos, de micronutrientes y de vitaminas, entre las cuales se encuentran las poliaminas y los polifenoles. No olvidemos las verduras crudas, los aceites vegetales, los vegetales fermentados (col, *natto*, kimchi), los quesos duros y curados, las múltiples variedades de frutos secos y legumbres, y los diferentes mariscos y pescados. Olvidémonos siempre que sea posible de los comestibles ultraprocesados y las harinas refinadas. Hay que comenzar a adoptar una nutrición de precisión en la que se asume que no hay dietas perfectas, porque cada uno de nosotros tenemos peculiaridades genéticas, epigenéticas y metagenéticas que influyen decisivamente en nuestra respuesta metabólica a los alimentos ingeridos.

3. Intoxicación crónica. Es obvio que no debemos intoxicar nuestro cuerpo con tabaco, alcohol o drogas. Además, tenemos que evitar tanto los productos ultraprocesados de la industria alimentaria como los comestibles preparados con una larga lista de aditivos para dar preferencia a los alimentos frescos, idealmente de producción biológica y de kilómetro cero. Hay que minimizar la contaminación doméstica del aire provocada por el uso de disolventes, de ambientadores y de productos de limpieza. Y, por supuesto, tenemos que ser militantes muy activos en la reducción de la polución atmosférica.

4. Inactividad física. Practiquemos una actividad física moderada de aproximadamente una hora diaria. Siempre podemos aparcar el coche a una cierta distancia del lugar adonde queramos llegar y caminar el resto del trayecto, pasear antes o después del trabajo, evitar las escaleras mecánicas o el ascensor, apuntarnos a un gimnasio, andar unas horas durante el fin de semana, nadar de vez en cuando en la piscina o en el mar, y practicar yoga o cualquier otra actividad que nos ayude a desconectar del ruido cotidiano de la vida. Cualquier actividad física mejora el cuerpo, pero también sana la mente, siempre que se realice sin estrés y sin competir con nadie.

5. Estrés. Debemos ser conscientes de que el estrés físico o emocional es tóxico y que no hay separación entre el cuerpo y el alma. Las enfermedades mentales tienen un sustrato físico y el deterioro de la salud corporal afecta a la mente. Es de suma importancia encontrar el equilibrio emocional; descubrir la vocación profunda; evitar la frustración que surge del desequilibrio entre nuestros talentos y nuestras ambiciones; eludir el exceso de introspección y el aislamiento social mediante el cultivo de aficiones, de relaciones familiares y de círculos de amistades; desengancharse de todos los dispositivos que inútilmente absorben nuestra energía; alejarse de los seres tóxicos y del ruido del mundo; y, por último, regalarse tiempo para uno mismo escuchando el silencio o alguna composición musical, según lo que nos dicte nuestra intuición en cada momento. Disfrutemos del paso del tiempo día a día hasta que lleguen los viernes mientras escuchamos a The Cure, recibamos con alegría los días soleados de Belle & Sebastian y caminemos o montemos en bicicleta sin dejar de reírnos y de cantar con Blaumut y Katie Melua.

6. Pérdida de ritmos circadianos. Mantengamos horarios regulares para las comidas, el trabajo, el deporte y el ocio. Aprovechemos al máximo la luz natural de la jornada y descansemos o durmamos durante la noche. Disfrutemos de los cambios de temperatura, del ciclo de las estaciones, del sol, de la luna y de las estrellas. No consultemos nuestros correos electrónicos fuera del trabajo. Apaguemos los teléfonos inteligentes durante al menos doce horas al día. Escuchemos los sonidos de la naturaleza. No perdamos nuestra sincronía con el tiempo del universo.

Aparte de estas seis recomendaciones específicas, es fundamental que no nos paralicemos ni nos derrumbemos por los continuos anuncios de cataclismos de todo tipo que supuestamente nos esperan en un futuro cercano. Centrémonos en lo que podemos hacer individual y colectivamente en nuestra esfera de influencia. No aguardemos pasivamente el deterioro de nuestra civilización y de nuestro entorno natural. Actuemos para conservar el planeta, mantener la salud física y emocional, y proteger nuestro *ikigai* particular de los eclipses del alma y de las toxicidades humanas y ambientales. Seamos los protagonistas, no las víctimas de nuestro destino.

En resumen, se han generado expectativas exageradas sobre la posibilidad de extender la esperanza de vida y la salud de la especie humana a través de ambiciosos procedimientos técnico-científicos y de novedosas intervenciones terapéuticas. En el límite de la ciencia ficción, se han presentado propuestas poco realistas para extender la longevidad o incluso inmortalizar a los humanos. Hay una muy rentable industria que vende a sus clientes y pacientes la conquista del tiempo vital, sin pruebas fehacientes de la efectividad de sus tratamientos y olvidando la existencia de enfermedades de incidencia creciente que hoy son incurables. Actualmente existen unos cuantos fármacos que aumentan la longevidad y mejoran la salud en ratones, y que tal vez podrían resultar beneficiosos en la prevención de las comorbilidades de la vejez humana, si así lo confirman los ensayos clínicos en marcha. Aunque exista la esperanza de que tales fármacos antienvejecimiento pueden combinarse para lograr una mayor efectividad, pasará mucho tiempo antes de que un elixir del tiempo duplique la duración de la existencia humana, si es que tal proeza es posible mientras mantengamos un sustrato biológico mayoritario en nuestro cuerpo de *Homo sapiens sapiens* o de *Homo sapiens sentiens*.

Epílogo

El tiempo nace con el cosmos en un instante singular de un día sin ayer, atraviesa como una flecha invisible el universo, se erige en fuerza motora de la Gran Historia, rechaza a los viajeros que quieren acelerarlo o revertirlo, se deja medir por los humanos para luego dominarlos, elimina a los rebeldes que quieren menospreciarlo y se infiltra en los seres vivos, creando relojes biológicos que se vuelven imprescindibles para sobrevivir. Como cualquier otra criatura viviente, los humanos envejecemos por efecto del tiempo, pero solo si tenemos el tiempo suficiente. A diferencia de todos los demás seres, nosotros buscamos explicaciones, primero metafísicas y después racionales, que nos ayuden a desvelar los secretos más íntimos de la longevidad y del envejecimiento. Suena el aria de la *Suite n.º 3* de Johann Sebastian Bach, comprendemos que el tiempo biológico se puede dilatar y empezamos a desacoplar el tiempo interior del tiempo exterior. Con la ayuda de la evolución cultural y tecnológica, hemos creado una civilización planetaria que desde unos humildes orígenes ha llegado a multiplicar la esperanza de vida de nuestra especie. Pero no es suficiente. Partimos, pues, a la conquista de la longevidad. Comenzamos a desarrollar estrategias que buscan ganar tiempo, luchar contra la enfermedad y mejorar la calidad de nuestra vida. Para algunos, tampoco es suficiente. Parten a la conquista de la inmortalidad.

Volvemos entonces la mirada a la mitología y recordamos que hay tres encarnaciones del tiempo: Kronos, Aión y Kairós. Consultamos a nuestro particular oráculo de Delfos y tratamos de averiguar cuál va a ser la actitud de estos dioses del tiempo en relación con los problemas temporales del mundo de los mortales.

Esta es la respuesta que llega a nuestros oídos y que resuena en nuestra mente:

Kronos devorará a sus hijos, a cada uno de nosotros, a nuestros descendientes, a nuestra civilización, a nuestra especie, a otras especies, devorará la biosfera entera, los continentes y sus océanos, el Sol y sus planetas, la Vía Láctea, el universo, el multiverso… Contemplemos sin miedo el fin de la eternidad. Comencemos en nuestro tiempo de vida nuestra propia eternidad, cada cual a su propia manera. Kronos vencerá siempre. Aceptémoslo.

Transcurrirán eones e irán compareciendo a la luz de la Gran Historia mujeres y hombres que nacerán y morirán, generaciones que se sucederán, certidumbres que se disiparán, nuevas tecnologías que se volverán obsoletas, grandes imperios que se consolidarán para después derrumbarse, especies recién formadas que más tarde se extinguirán… Aparecerán y perecerán mundos enteros. Pasará el tiempo en un ciclo sin comienzo ni final. El espectáculo que nos regalará Aión será fascinante. Disfrutémoslo.

En cada momento Kairós crea una encrucijada y un nuevo desafío, nos ofrece múltiples senderos que se bifurcan y en todos ellos encontramos dificultades que debemos vencer, enigmas que debemos resolver y placeres que debemos experimentar. Mantengamos la curiosidad y aprendamos sin cesar. Iluminemos nuestros espíritus, buceemos en las profundidades de la vida, exploremos la belleza de la naturaleza y de las artes, las infinitas maravillas de lo grande y de lo minúsculo, la poesía, la filosofía, la ciencia, la tecnología, la medicina, la contemplación y la conversación. Ocupémonos de nosotros mismos y cuidemos de los demás. Incesantemente, incansablemente, Kairós nos ofrece infinidad de oportunidades. Aprovechémoslas.

Fluye el instante inmortal. Continúa el sueño del tiempo.

Galería de arte

Espirales, **Friedensreich Hundertwasser** (introducción)
Relojes blandos, **Salvador Dalí** (introducción)
Ronde au soleil, **Pablo Picasso** (introducción)
El universo, **Sengai Gibon** (capítulo 1)
Universo, **Joan Miró** (capítulo 1)
Newton, **William Blake** (capítulo 1)
La Clairvoyance, **René Magritte** (capítulo 1)
Autorretrato, **Leonardo da Vinci** (capítulo 1)
La cueva de las Manos, **Trogloditas anónimos** (capítulo 1)
Nymphéas, **Claude Monet** (capítulo 3)
Alegoría del buen gobierno, **Ambrogio Lorenzetti** (capítulo 4)
The refusal of time, **William Kentridge** (capítulo 5)
We could have been anything that we wanted to be, **Ruth Ewan** (capítulo 5)
Date paintings, **On Kawara** (capítulo 5)
Lección de anatomía, **Rembrandt van Rijn** (capítulo 6)
La danza, **Henri Matisse** (capítulo 6)
Autorretratos, **William Utermohlen** (capítulo 7)
La gran ola de Kanagawa, **Katsushika Hokusai** (capítulo 7)
Interchange, **Willem de Kooning** (capítulo 7)
Number 5, 1948, **Jackson Pollock** (capítulo 7)

Number 1 (Royal red and blue), **Mark Rothko** (capítulo 7)
Salvator Mundi, **Leonardo da Vinci** (capítulo 7)
La escalera de Jacob, **Salvador Dalí** (capítulo 8)
Las tres edades de la mujer, **Gustav Klimt** (capítulo 9)
Madonna con Bambino e Sant'Anna, **Leonardo da Vinci** (capítulo 9)
San Jerónimo escribiendo, **Michelangelo Merisi da Caravaggio** (capítulo 9)
El dormitorio de Arlés, **Vincent van Gogh** (capítulo 10)
La Piedad del Vaticano, **Michelangelo Buonarroti** (capítulo 10)
Apolo y Dafne, **Gian Lorenzo Bernini** (capítulo 10)
Las tres Gracias, **Peter Paul Rubens** (capítulo 12)
Una familia, **Fernando Botero** (capítulo 12)
Supervisora durmiendo, **Lucian Freud** (capítulo 12)
El grito, **Edvard Munch** (capítulo 12)
El alquimista, **David Teniers el Joven** (capítulo 13)
Ciencia inútil o el alquimista, **Remedios Varo** (capítulo 13)
Vanitas, **Bernardo Strozzi** (capítulo 14)

Banda sonora

Music of the spheres, **Mike Oldfield** (introducción)
La leyenda del tiempo, **Camarón de la Isla y Paco de Lucía** (introducción)
Las cuatro estaciones, **Antonio Vivaldi** (introducción)
On the nature of daylight (Entropy), **Max Richter** (introducción)
Across the Universe, **The Beatles** (capítulo 1)
Photograph, **Ed Sheeran** (capítulo 1)
Il mondo, **Jimmy Fontana** (capítulo 2)
Canon en re mayor, **Johann Pachelbel** (capítulo 3)
Clocks, **Coldplay** (capítulo 4)
Today, today, today, **James Taylor** (capítulo 5)
El lago de los cisnes, **Piotr Ilich Tchaikovsky** (capítulo 6)
Isadora, **Celia Cruz** (capítulo 6)
His last painting, **Manic Street Preachers** (capítulo 7)
Te recuerdo Amanda, **Víctor Jara** (capítulo 7)
Time waits for no one, **Rolling Stones** (capítulo 7)
Los viejos rockeros nunca mueren, **Miguel Ríos** (capítulo 8)
Umi no koe, **Kenta Kiritani** (capítulo 8)
Mediterráneo, **Joan Manuel Serrat** (capítulo 8)
Chariots of fire, **Vangelis** (capítulo 9)
Años, **Pablo Milanés y Mercedes Sosa** (capítulo 10)

Only time, **Enya** (capítulo 10)
Les feuilles mortes, **Édith Piaf** (capítulo 10)
Mitridate, re di Ponto (overture), **Wolfgang Amadeus Mozart** (capítulo 10)
Time, **Pink Floyd** (capítulo 11)
The times they are a-changin', **Bob Dylan** (capítulo 12)
Un nuevo día brillará, **Luz Casal** (capítulo 12)
Peces de ciudad, **Ana Belén, Rozalén y Joaquín Sabina** (capítulo 12)
Je veux, **Zaz** (capítulo 13)
Time in a bottle, **Jim Croce** (capítulo 14)
Friday, I'm in love, **The Cure** (capítulo 14)
Another sunny day, **Belle & Sebastian** (capítulo 14)
Bicicletes, **Blaumut** (capítulo 14)
Nine million bicycles, **Katie Melua** (capítulo 14)
Aria de la *Suite n.º 3*, **Johann Sebastian Bach** (epílogo)

Cartelera de cine

Interestelar, **Christopher Nolan** (introducción)
Tenet, **Christopher Nolan** (introducción)
El curioso caso de Benjamin Button, **David Fincher** (capítulo 1)
Einstein y Eddington, **Philip Martin** (capítulo 2)
Regreso al futuro, **Robert Zemeckis** (capítulo 3)
Atrapado en el tiempo, **Harold Ramis** (capítulo 3)
El hombre con siete segundos de memoria, **Jane Traéis** (capítulo 7)
39 escalones, **Alfred Hitchcock** (capítulo 7)
Rain Man, **Barry Levinson** (capítulo 7)
Fahrenheit 451, **François Truffaut** (capítulo 11)
Horizontes perdidos, **Frank Capra** (capítulo 12)
El retrato de Dorian Gray, **Oliver Parker** (capítulo 14)

Notas

Introducción

1. El párrafo que recrea de manera brillante y poética el origen de la especie humana y el amanecer de sus emociones, dudas e incertidumbres forma parte de un relato de **Eduardo Galeano** recogido en su libro ***Bocas del tiempo*** (Madrid, Siglo XXI, 2004).

2. Una excelente y rigurosa visión del trabajo de **Albert Einstein** y su relación con las ideas y contribuciones previas de **Aristóteles** e **Isaac Newton** se recoge en el imprescindible libro de **José Manuel Sánchez Ron** titulado *Albert Einstein: su vida, su obra y su mundo* (Barcelona, Crítica, 2015).

3. El libro ***El orden del tiempo***, de **Carlo Rovelli** (Barcelona, Anagrama, 2018), es un fascinante ensayo que ayuda a comprender las claves científicas y filosóficas de todo lo que representa en la actualidad el concepto de tiempo y sus complejidades.

4. Entre los numerosos libros dedicados a explicar el concepto de la flecha del tiempo a lectores no especialistas en este tema, se pueden destacar los titulados ***Desde la eternidad hasta hoy: En busca de la teoría definitiva del tiempo*** (Barcelona, Debate, 2015), de **Sean Carroll**, y ***The arrow of time*** (Nueva York, Fawcett Books, 1991), de **Roger Highfield** y **Peter Coveney**.

5. La cita sobre la memoria como un quimérico museo de formas inconstantes y un montón de espejos rotos corresponde a un verso del

poema **«Cambridge»**, escrito por **Jorge Luis Borges** en 1969 e incluido en su libro ***Elogio de la sombra*** (Buenos Aires, Emecé, 1969).

Capítulo 1: El origen del tiempo

1. El libro ***Orígenes: el universo, la vida, los humanos*** (Barcelona, Crítica, 2015), de José M. Bermúdez de Castro, Carlos Briones y Alberto Fernández, recoge una visión amplia e integradora del origen del mundo y de la vida. De Alberto Fernández he aprendido muchas cosas, incluyendo la idea de que, pese a que la entropía se suele definir como «desorden», esto es una simplificación. El universo en su origen tenía una entropía muy baja, pero también estaba técnicamente desordenado al carecer de estructuras. En este caso, la baja entropía no sería estrictamente por el «orden», sino que se debería a la conjunción de dos fenómenos: la altísima temperatura reinante y la ausencia de agujeros negros que poseen una gigantesca entropía.

2. **Steven Weinberg** en su obra maestra de la divulgación científica titulada ***Los tres primeros minutos del universo*** (Madrid, Alianza, 1997) nos sumerge con un lenguaje claro y luminoso en la historia de los acontecimientos cósmicos, físicos y químicos ocurridos al principio del mundo.

3. Los bellísimos versos «Las estrellas / se están desnudando. / Camisas de estrellas / caen sobre el campo» pertenecen al poema **«Nieve»**, de **Federico García Lorca**.

4. El comentario sobre los **melocotones de la inmortalidad** proviene de una leyenda china que afirmaba que la Reina Madre del Oeste, una poderosa diosa, poseía un jardín donde los melocotones de la inmortalidad fructificaban una vez cada tres mil años. Cualquiera que los comiera alcanzaría el don de la inmortalidad. Por eso, los melocotones son protagonistas muy frecuentes del arte y de la literatura en China. Los chinos también utilizan la llamada fuente de los melocotoneros cuando quieren referirse a un paraíso terrenal o a una utopía inalcanzable. La mención a los **calcetines** de Albert **Einstein** surge de una anécdota recogida en varias biografías del sabio alemán, en las que se asegura que nunca llevaba calcetines porque le incomodaba profundamente su natural y reiterada tendencia a romperse por una misma zona. De manera análoga, la cita sobre su **chófer** surge de otra anécdota (no confirmada plenamente, pero

muy ilustrativa) en la que, según se cuenta, el conductor que lo llevaba por varias ciudades durante una gira de conferencias tuvo que sustituirle en una de ellas debido a una repentina indisposición suya. Después de haberlo escuchado tantas veces, el brillante chófer pudo pronunciar la conferencia esperada, pero en el turno de preguntas no supo responder a la primera de ellas, formulada por un atento profesor de física. Tras unos segundos de incertidumbre, comprobó aliviado que Einstein estaba al fondo de la sala y dijo: «Esta pregunta es tan simple que se la va a responder mi chófer». Y así pudieron salir del apuro.

5. La referencia a la temporalidad invertida de **Benjamin Button** —que nació anciano y a medida que transcurría el tiempo iba rejuveneciendo— deriva de un relato de **F. Scott Fitzgerald** titulado ***El curioso caso de Benjamin Button***. En 2008, el libro fue llevado a la gran pantalla en una película con el mismo título que tuvo un gran éxito comercial y en la que **Brad Pitt** interpretó el papel protagonista.

Capítulo 2: La flecha del tiempo

1. El artículo de **Arthur Eddington** que sirvió para difundir las ideas de Einstein en la comunidad científica anglosajona fue publicado en 1919 y se tituló «Report on the relativity theory of gravitation» («Informe sobre la teoría relativista de la gravitación»). La reunión de la Royal Society en la que se presentaron los resultados de las observaciones de Arthur Eddington y sus colaboradores se celebró en Londres el 6 de noviembre de 1919. En una sala abarrotada de científicos y periodistas, y con el retrato de Newton presidiendo la sesión, el anuncio de la confirmación de las teorías de Einstein desató una gran euforia. El propio presidente de la Royal Society declaró que estaban ante «uno de los más altos logros del pensamiento humano».

2. La película británica *Einstein y Eddington*, producida por Company Pictures y la BBC, en colaboración con HBO, se estrenó el 22 de noviembre de 2008 en la BBC. Relata la historia entrelazada de Albert Einstein (interpretado por Andy Serkis) y Arthur Eddington (David Tennant) que condujo a la aceptación de la teoría de la relatividad y su difusión por todo el mundo.

3. La bellísima frase «el Sol no alumbraba aún el mundo, la Luna no

estaba todavía sujeta a sus vicisitudes y la Tierra no se hallaba todavía suspensa en el vacío» fue incluida por el poeta romano **Ovidio** en su monumental obra ***Las metamorfosis***, concluida en el año 8 d. C. Una excelente versión actual de este libro fue publicada en 2012 por la editorial Gredos.

4. Se puede obtener información adicional sobre la vida y el trabajo de **Ludwig Boltzmann** en el libro de John Blackmore titulado ***Ludwig Boltzmann: his later life and philosophy*** (Nueva York, Springer, 1995).

5. Los versos de **Paul Valéry** «¡Me has traspasado con tu flecha alada / que vibra, vuela y no obstante no vuela!» en versión de Javier Sologuren, pertenecen a su poema ***«El cementerio marino»***, en el que conjuga admirablemente la poesía con la física y la filosofía.

6. Artículo representativo de los trabajos que estudian las peculiaridades de los hablantes de la lengua **aimara** que se refieren al pasado señalando hacia delante, mientras que el futuro es lo que queda detrás de ellos: Núñez y Sweetser, «With the future behind them: convergent evidence from aymara language and gesture in the crosslinguistic comparison of spatial construals of time», *Cogn. Sci.*, vol. 30, 2011, págs. 401-450.

7. Los siguientes artículos son ejemplos de trabajos sobre el uso de **metáforas lingüísticas para la expresión del concepto de tiempo**: Boroditsky, L., «Language and the construction of time through space», *Trends Neurosci.*, vol. 41, 2018, págs. 651-653; Boroditsky y otros, «Do english and mandarin speakers think about time differently?», *Cognition*, vol. 118, 2011, págs. 123-129; Boroditsky y Gaby, «Remembrances of times east: absolute spatial representations of time in an Australian aboriginal community», *Psychol. Sci.*, vol. 21, 2010, págs. 1635-1639; Boroditsky, L., «Does language shape thought? Mandarin and english speakers' conceptions of time», *Cogn. Psychol.*, vol. 43, 2001, págs. 1-22. Las conclusiones de este artículo son rebatidas en January y Kako, «Re-evaluating evidence for linguistic relativity: Reply to Boroditsky 2001», *Cognition*, vol. 104, 2007, págs. 417-426.

Capítulo 3: Los viajes en el tiempo

1. La cita completa del artículo del meteorólogo **Edward Lorenz** que sentó las bases para la introducción del llamado **efecto mariposa** es

Lorenz, E. N., «Deterministic nonperiodic flow», *Journal of Atmospheric Sciences*, vol. 20, 1963, págs. 130-141.

2. El episodio de «**Los Simpson**» en el que Homer se convierte en un **viajero en el tiempo** es el sexto de la sexta temporada y se emitió por primera vez en Estados Unidos el 30 de octubre de 1994. Se titula ***Time and punishment*** («Tiempo y castigo») y es una parodia que combina elementos de dos célebres obras de ficción distópica: la novela ***1984***, de George Orwell y el relato «El ruido de un trueno», de Ray Bradbury.

3. Para ampliar el conocimiento de las implicaciones del trabajo del gran pensador **Kurt Gödel** —del que Einstein dijo al final de su vida que ya solo iba a su Instituto de Estudios Avanzados en Princeton para tener el privilegio de caminar de vuelta a casa en su compañía—, se puede leer un libro complejo pero de una calidad extraordinaria: ***Gödel, Escher, Bach: un eterno y grácil bucle***, de Douglas R. Hofstadter, publicado en 1979 por Basic Books y ganador del Premio Pulitzer en 1980 (trad. cast.: Barcelona, Tusquets, 2015). El libro aborda los paralelismos entre los trabajos e ideas del matemático Kurt Gödel, el dibujante Maurits Cornelis Escher y el músico Johann Sebastian Bach.

4. La conjetura de protección cronológica fue formulada por **Stephen Hawking** en el artículo titulado «The chronology protection conjecture» (*Phys. Rev.*, vol. D46, 1992, págs. 603-611). La hipótesis de Hawking sostiene que las leyes de la física impiden el viaje en el tiempo en cualquier escala que no sea submicroscópica.

5. Los datos obtenidos en el experimento llevado a cabo con los **gemelos astronautas Scott y Mark Kelly** sobre la influencia de los viajes espaciales en la salud y en el envejecimiento se describen detalladamente en el siguiente artículo: Garrett-Bakelman y otros, «The NASA twins study: a multidimensional analysis of a year-long human spaceflight», *Science*, vol. 364, 2019, págs. eaau8650.

Capítulo 4: La conquista del tiempo

1. Cuatro libros excelentes en los que se abordan desde distintas perspectivas las cuestiones fundamentales relativas a la medida del tiempo y su influencia en la vida humana son: *Tiempo: la dimensión temporal y el arte de vivir*, de **Rüdiger Safransky** (Barcelona, Tusquets, 2017); *¿Por*

qué el tiempo vuela?, de **Alan Burdick** (Barcelona, Plataforma, 2018); *Cronometrados*, de **Simon Gardfield** (Barcelona, Taurus, 2018); y *Esclavos del tiempo*, de **Judy Wajcman** (Barcelona, Paidós, 2017).

2. Las reflexiones de **Aristóteles** acerca del tiempo están recogidas en su *Física*, un extenso tratado de ocho libros escrito alrededor del siglo IV a. C.

3. La historia de la transición de la medida del tiempo del sol al tiempo del reloj se describe de manera magistral en el libro ***Los descubridores***, de **Daniel J. Boorstin** (Barcelona, Crítica, 2004).

4. La popular frase de **Baltasar Gracián** «lo bueno, si breve, dos veces bueno; y aun lo malo si poco, no tan malo» se recoge en su libro ***Oráculo manual y arte de prudencia***, publicado en 1647. Esta obra contiene trescientos aforismos que constituyen un conjunto de normas para buscar el éxito en la época en que fue escrita, el periodo del Barroco.

Capítulo 5: Los asesinos del tiempo

1. Para ampliar las ideas sobre otras formas de percibir el tiempo y la vida se puede leer el fundamental libro de **Claude Lévi-Strauss** titulado ***El pensamiento salvaje*** (México, Fondo de Cultura Económica, 1964).

2. Hay información adicional acerca del reloj de los diez mil años en esta página web: <https://www.10000yearclock.net/learnmore.html>.

3. La historia del reloj del fin del mundo o del apocalipsis (en inglés, *doomsday clock*) y su continua actualización se recoge en la página web <https://thebulletin.org/doomsday-clock/>.

4. Se pueden obtener más detalles acerca de los relojes diseñados por Crispin Jones en su afán de dotar de un poco más de humanidad y originalidad al concepto de temporalidad en las siguientes páginas: <https://www.dezeen.com/tag/Crispin-Jones/>; <https://mrjoneswatches.com/>.

5. Las extravagancias a las que pueden llegar algunas personas en su afán de usar los relojes como instrumentos de vanidad, y no de medición de la temporalidad, se pueden leer en este artículo: <https://www.revistagq.com/la-buena-vida/articulos/coleccion-de-relojes-de-floyd-mayweather/32648>.

Capítulo 6: Los relojes de la vida

1. El libro que escribió **Charles Darwin** junto a su hijo Francis sobre el **movimiento de las plantas** se tituló *The power of movements in plants* (*La capacidad de movimiento de las plantas*) y se publicó en noviembre de 1880. Este libro fue la continuación de un trabajo preliminar del propio Darwin, quien siempre estuvo fascinado por las plantas trepadoras y las plantas carnívoras, y por eso comenzó a estudiar su comportamiento. Este primer libro, publicado en 1875 y titulado *The Movements and habits of climbing plants* (*Los movimientos y costumbres de las plantas trepadoras*), fue objeto de unas críticas tan fuertes que Darwin se quedó desconcertado y entristecido. Sus reflexiones sobre ellas se recogieron en el libro de 1880, en el cual se mostraban los resultados de sus experimentos con plantas trepadoras y sus observaciones sobre los tropismos de las plantas hacia estímulos como la luz o la gravedad. Este nuevo libro tuvo una notable aceptación, pero persistieron algunas voces críticas, no muy numerosas pero perseverantes en su afán de derrumbe. Darwin, en una carta al profesor vienés Julius Wiesner, gran experto en fisiología vegetal, reconocía que debía de haber cometido algún error y que iba a iniciar nuevos experimentos para corregirlos, pero también dejaba patente su desánimo. Darwin murió el 19 de abril de 1882, pocos meses después de haber escrito aquella carta. Nunca pudo completar los experimentos de los que hablaba.

2. Algunos artículos representativos del trabajo de **Colin Pittendrigh, Erwin Bünning** y **Jürgen Aschoff**, pioneros de la **cronobiología**, son los siguientes: Pittendrigh, C. S., «Temporal organization: Reflections of a Darwinian clock-watcher», *Annu. Rev. Physiol.*, vol. 55, 1993, págs. 16-54; Bünning, E., «Common features of photoperiodism in plants and animals», *Photochem. Photobiol.*, vol. 9, 1969, págs. 219-228; y Aschoff, J., «Circadian parameters as individual characteristics», *J. Biol. Rhythms.*, vol. 13, 1998, págs. 123-131.

3. Las **plantas** tienen **memoria** para guardar información sobre cambios ambientales previos como la exposición al calor, al frío, a la sequía o a los agentes patógenos. Esta memoria permite a la planta anticiparse a los cambios adversos y estar preparada para afrontarlos. Los mecanismos implicados en la generación y el almacenamiento de estos recuerdos sobre experiencias que amenazaron su supervivencia en el

pasado parecen ser de naturaleza epigenética (alteraciones inducidas por el ambiente en la expresión de los genes). Entre los genes afectados por tales cambios epigenéticos se encuentran algunos que codifican los componentes de los relojes circadianos de las plantas. Para más información sobre la memoria de las plantas, véanse Gagliano y otros, «Plants learn and remember: Lets get used to it», *Oecologia*, vol. 186, 2018, págs. 29-31; y Gagliano y otros, «Learning by association in plants», *Scientific Reports*, vol. 6, 2016, pág. 38427. Para tener más información acerca de la importancia de los relojes circadianos en la vida de las plantas se recomienda la lectura de los excelentes trabajos en este campo del grupo de Paloma Mas (CRAG, Barcelona). Véase también su charla TEDx, <https://www.youtube.com/watch?v=2wrcNQTGoWk>.

4. El verso «detén mi corazón y latirá mi cerebro» forma parte del poema de **Rainer Maria Rilke** titulado **«Te llevaré en mi sangre»**.

5. Algunos de los artículos surgidos del trabajo de **Jeffrey C. Hall, Michael Rosbash** y **Michael W. Young** sobre los genes y las proteínas que regulan los **relojes circadianos** y que les permitió ganar el Premio Nobel de Medicina en 2017 son los siguientes: Hall, J. C., «Genetics and molecular biology of rhythms in Drosophila and other insects», *Adv. Genet.*, vol. 48, 2003, págs. 1-280; Rosbash, M., «The implications of multiple circadian clock origins», *PLoS Biol.*, vol. 7, 2009, págs. e62; y Young, M. W., «As time flew by», *Cell*, vol. 171, 2017, págs. 1236-1240.

6. Artículos representativos de **Elisabeth H. Blackburn**, **Carol W. Greider** y **Jack W. Szostack**, galardonados con el Premio Nobel de Medicina de 2009 por su trabajo sobre el **sistema telómeros-telomerasa**, son, por ejemplo, Blackburn y otros, «Human telomere biology: A contributory and interactive factor in aging, disease risks, and protection», *Science*, vol. 350, 2015, págs. 1193-1198; Blackburn y otros, «Telomeres and telomerase: The path from maize, Tetrahymena and yeast to human cancer and aging», *Nat. Med.*, vol. 12, 2006, págs. 1133-1138; y Greider, C. W., «Telomeres and senescence: The history, the experiment, the future», *Curr. Biol.*, vol. 26, 1998, págs. R178-181.

7. Las características del **reloj epigenético** y sus diversas aplicaciones se revisan en Horvath y Raj, «DNA methylation-based biomarkers and the epigenetic clock theory of ageing», *Nat. Rev. Genet.*, vol. 19, 2018, págs. 371-384.

8. Artículos representativos del trabajo de **Tim Hunt, Paul M. Nur-**

se y **Leland H. Hartwell**, ganadores del Premio Nobel de Medicina de 2001 por sus descubrimientos sobre el **ciclo celular**: Hunt, T., «The discovery of cyclin (I)», *Cell*, vol. S116, 2004, págs. S63-S64; Nurse, P., «The incredible life and times of biological cells», *Science*, vol. 289, 2000, págs. 1711-1716; y Hartwell, L., «Cell cycle checkpoints, genomic integrity, and cancer», *Cold Spring Harb. Symp. Quant. Biol.*, vol. 59, 1994, págs. 259-263.

9. El verso «estar contigo o no estar contigo, esa es la medida de mi tiempo» forma parte del poema **«El amenazado»**, escrito por **Jorge Luis Borges** en 1972 e incluido en su libro *El oro de los tigres*.

Capítulo 7: Las enfermedades del tiempo

1. He aquí algunos artículos recientes sobre **nuevas aproximaciones terapéuticas a la enfermedad de Alzheimer**: Ávila *et al.*, «Intracellular and extracellular microtubule associated protein tau as a therapeutic target in Alzheimer disease and other tauopathies», *Expert Opin. Ther. Targets*, vol. 20, 2016, págs. 653-661; Long y Holtzman, «Alzheimer disease: An update on pathobiology and treatment strategies», *Cell*, vol. 179, 2019, págs. 312-339; Yamazaki y otros, «Apolipoprotein E and Alzheimer disease: Pathobiology and targeting strategies», *Nat. Rev. Neurol.*, vol. 15, 2019, págs. 501-518; Piton y otros, «Alzheimer's disease: Advances in drug development», *J. Alzheimers Dis.*, vol. 65, 2018, págs. 3-13; Loera-Valencia y otros, «Targeting Alzheimer's disease with gene and cell therapies», *J. Intern. Med.*, vol. 284, 2018, págs. 2-36; y Hampel y otros, «Precision pharmacology for Alzheimer's disease», *Pharmacol. Res.*, vol. 130, 2018, págs. 331-365.

2. Entre los artículos recientes sobre los miles de casos de **alzhéimer hereditario** detectados en la provincia colombiana de **Antioquía** y sobre la sorprendente identificación de una paciente resistente a la enfermedad, pueden citarse Vélez y otros, «Targeting neuroplasticity, cardiovascular, and cognitive-associated genomic variants in familial Alzheimer's disease», *Mol. Neurobiol.*, vol. 56, 2019, págs., 3235-3243; Fuller y otros, «Biological and cognitive markers of presenilin1 E280A autosomal dominant Alzheimer's disease: A comprehensive review of the Colombian kindred», *J. Prev. Alzheimers Dis.*, vol. 6, 2019, págs. 112-120; y Arbole-

da-Velasquez y otros, «Resistance to autosomal dominant Alzheimer's disease in an APOE3 Christchurch homozygote: A case report», *Nat. Med.*, vol. 25, 2019, págs. 1680-1683.

3. Información adicional sobre el caso del músico **Clive Wearing**, que tras sufrir una infección vírica se vio aquejado de amnesia anterógrada (incapacidad para recordar hechos ocurridos después de la infección) y amnesia retrógrada (incapacidad para recordar hechos ocurridos antes de la infección), se puede encontrar en el documental ***El hombre con siete segundos de memoria***, dirigido por Jane Traéis y estrenado en 2005.

4. **«Funes, el memorioso»** es un cuento de **Jorge Luis Borges** que se publicó en 1944 en una colección de relatos suyos titulada ***Ficciones***. Según el autor, este breve relato es una metáfora del insomnio, una de las muchas enfermedades del tiempo. **39 escalones** es una película británica de 1935, dirigida por **Alfred Hitchcock** y basada en la novela de aventuras del mismo título escrita por John Buchan.

5. Se puede encontrar más información sobre la vida del genio de los números **Daniel Tammet** en su libro ***Nacido en un día azul*** (Málaga, Sirio, 2007).

6. La cita sobre la **memoria** como único paraíso del que no podemos ser expulsados pertenece al escritor alemán Johann Paul Friedrich Richter, más conocido como **Jean Paul**.

7. Los siguientes artículos describen los **polimorfismos** producidos en los genes de los **relojes circadianos** que están implicados en la inclinación de los seres humanos hacia **hábitos diurnos o nocturnos**: Phillips, M. L., «Circadian rhythms: Of owls, larks and alarm clocks», *Nature*, vol. 458, 2009, págs.142-144; Orr, W. C., «Larks and owls and disease manifestation», *Sleep Med.*, vol. 52, 2018, págs.196-197; Merrow y otros, «The circadian cycle: Daily rhythms from behaviour to genes», *EMBO Rep.*, vol. 6, 2005, págs. 930-935; y Von Schantz, M., «Natural variation in human clocks», *Adv. Genet.*, vol. 99, 2017, págs. 73-96.

8. He aquí una selección de artículos en los que se describen mutaciones que afectan a los genes del reloj nuclear supraquiasmático y que causan los **síndromes de la fase del sueño avanzada o retrasada**: Sack y otros, «Circadian rhythm sleep disorders: Part II, advanced sleep phase disorder, delayed sleep phase disorder, free-running disorder, and irregular sleep-wake rhythm», *Sleep*, vol. 30, 2007, págs. 1484-1501; Xu y otros, «Modeling of a human circadian mutation yields insights into

clock regulation by PER2», *Cell*, vol. 128, 2007, págs. 59-70; Kurien y otros, «TIMELESS mutation alters phase responsiveness and causes advanced sleep phase», *Proc. Natl. Acad. Sci. USA*, vol. 116, 2019, págs. 12045-12053; e Hirano y otros, «A cryptochrome 2 mutation yields advanced sleep phase in humans», *Elife*, vol. 5, 2016, págs. e16695. El trabajo que demuestra que la **enfermedad del sueño** provocada por el parásito *Trypanosoma brucei* es otro ejemplo de síndrome de la fase del sueño avanzada se encuentra en Rijo-Ferreira y otros, «Sleeping sickness is a circadian disorder», *Nat. Commun.*, vol. 9, 2018, pág. 62. Las mutaciones en el gen del prión causantes del **insomnio familiar fatal** se revisan en Bagyinszky y otros, «Characterization of mutations in PRNP (prion) gene and their possible roles in neurodegenerative diseases», *Neuropsychiatr. Dis. Treat.*, vol. 14, 2018, págs. 2067-2085.

9. Se puede encontrar información adicional sobre las enfermedades de exceso de sueño como la **narcolepsia** en Henry Nicholls, *Sleepy head*, Londres, Profile Books, 2018; Alice Gregory, *Nodding off*, Londres, Bloomsbury Sigma, 2018; y Bassetti y otros, «Narcolepsy: Clinical spectrum, aetiopathophysiology, diagnosis and treatment», *Nat. Rev. Neurol.*, vol. 15, 2019, págs. 519-539.

10. Los artículos siguientes proporcionan más datos sobre el **síndrome de Kleine-Levin**, también llamado **síndrome de la bella durmiente**, el cual se caracteriza por un exceso de sueño y por la grave desorientación temporal causada por el profundo descontrol de los relojes internos: Arnulf y otros, «Kleine-Levin syndrome: A neuropsychiatric disorder», *Rev. Neurol.*, vol. 174, 2018, págs. 216-227; y Mudgal y otros, «Sleeping beauty: Kleine-Levin syndrome», *Indian J. Psychiatry*, vol. 56, 2014, págs. 298-300.

11. Aquí ofrecemos una pequeña selección de los artículos en que se demuestra que ciertas **mutaciones** de los genes del **reloj circadiano** provocan **disbiosis** (alteraciones en la microbiota), **diabetes** y algunas **enfermedades** más: Voigt y otros, «The circadian clock mutation promotes intestinal dysbiosis», *Alcohol Clin. Exp. Res.*, vol. 40, 2016, págs. 335-347; Stenvers y otros, «Circadian clocks and insulin resistance», *Nat. Rev. Endocrinol.*, vol. 15, 2019, págs. 75-89; y Panda, S., «The arrival of circadian medicine», *Nat. Rev. Endocrinol.*, vol. 15, 2019, págs. 67-69. Son también muy recomendables los diversos trabajos de los laboratorios de Salvador Aznar-Benitah y Pura Muñoz-Cánoves en torno a la re-

levancia de las alteraciones de los ritmos circadianos en el desarrollo del cáncer y del envejecimiento.

Capítulo 8: El origen del envejecimiento

1. El artículo de **Drenos** y **Kirkwood**, «Modelling the disposable soma theory of ageing», *Mech. Ageing Dev.*, vol. 126, 2005, págs. 99-103, proporciona información adicional sobre la **teoría del soma desechable** para explicar el origen del envejecimiento.

2. Un excelente artículo del grupo de **J. W. Vaupel** que describe las numerosas **formas de envejecer** en las distintas especies del planeta es Jones y otros, «Diversity of ageing across the tree of life», *Nature*, vol. 505, 2014, págs. 169-173.

3. Los siguientes artículos amplían la información acerca de los mecanismos de **envejecimiento y muerte celular en levaduras**: Ashrafi y otros, «Passage through stationary phase advances replicative aging in "Saccharomyces cerevisiae"», *Proc. Natl. Acad. Sci. USA*, vol. 96, 1999, págs. 9100-9105; Herker y otros, «Chronological aging leads to apoptosis in yeast», *J. Cell Biol.*, vol. 164, 2004, págs. 501-507; Longo y Finch, «Evolutionary medicine: From dwarf model systems to healthy centenarians», *Science*, vol. 299, 2003, págs. 1342-1346; y Büttner y otros, «Why yeast cells can undergo apoptosis: Death in times of peace, love, and war», *J. Cell Biol.*, vol. 175, 2006, págs. 521-525.

4. Un trabajo pionero en el análisis de **la muerte celular** en organismos sencillos como **Dictyostelium** es el de Cornillon y otros, «Programmed cell death in Dictyostelium», *J. Cell Sci.*, vol. 107, 1994, págs. 2691-2704.

5. Se puede ampliar información sobre **organismos** técnicamente **inmortales** como las **medusas** y las **hidras** en Schmich y otros, «Induction of reverse development in two marine hydrozoans», *J. Dev. Biol.*, vol. 51, 2007, págs. 45-56; Matsumoto y otros, «Transcriptome characterization of reverse development in "Turritopsis dohrnii"», *G3 (Bethesda)*, vol. 9, 2019, págs. 4127-4138; y Martínez y Bridge, «Hydra, the everlasting embryo, confronts aging», *Int. J. Dev. Biol.*, vol. 56, 2012, págs. 479-487.

6. Artículos sobre estudios genómicos que describen **mecanismos**

que favorecen la longevidad en distintas especies son, por ejemplo, Abegglen y otros, «Potential mechanisms for cancer resistance in elephants and comparative cellular response to DNA damage in humans», *JAMA*, vol. 314, 2015, págs. 1850-1860; Quesada y otros, «Giant tortoise genomes provide insights into longevity and age-related disease», *Nat. Ecol. Evol.*, vol. 3, 2019, págs. 87-95; Guest, P. C., «Of mice, whales, jellyfish and men: In pursuit of increased longevity», *Adv. Exp. Med. Biol.*, vol. 1178, 2019, págs. 1-24; y Seluanov y otros, «Mechanisms of cancer resistance in long-lived mammals», *Nat. Rev. Cancer*, vol. 18, 2018, págs. 433-441.

7. El artículo original en el que se describe la **ley de Gompertz sobre la mortalidad** es Gompertz, B., «On the nature of the function expressive of the law of human mortality, and on a new mode of determining the value of life contingencies», *Philosophical Transactions of the Royal Society*, vol. 115, 1825, págs. 513-585.

8. Para ampliar la información sobre la **longevidad** de la **rata topo desnuda** se pueden leer los siguientes artículos: Lagunas-Rangel y Chávez-Valencia, «Learning of nature: The curious case of the naked mole rat», *Mech. Ageing Dev.*, vol. 164, 2017, págs. 76-81; y Lewis y otros, «Unraveling the message: Insights into comparative genomics of the naked mole-rat», *Mamm. Genome*, vol. 27, 2016, págs. 259-278.

9. Los siguientes artículos que proponen emplear el **pez africano** llamado ***killifish*** como nuevo **modelo de estudio del envejecimiento**: Harel y otros, «A platform for rapid exploration of aging and diseases in a naturally short-lived vertebrate», *Cell*, vol. 160, 2015, págs. 1013-1026; Hu y Brunet, «The African turquoise killifish: A research organism to study vertebrate aging and diapause», *Aging Cell*, vol. 17, 2018, págs. e12757; y Valenzano y otros, «The african turquoise killifish genome provides insights into evolution and genetic architecture of lifespan», *Cell*, vol. 163, 2015, págs. 1539-1554.

10. Se puede obtener más información sobre el concepto de **antagonismo pleiotrópico** y su relevancia para el **envejecimiento** humano en Austad y Hoffman, «Is antagonistic pleiotropy ubiquitous in aging biology?», *Evol. Med. Public Health*, vol. 11, 2018, págs. 287-294; y Gaillard y Lemaître, «The Williams' legacy: A critical reappraisal of his nine predictions about the evolution of senescence», *Evolution*, vol. 71, 2017, págs. 2768-2785.

Capítulo 9: La historia del envejecimiento

1. En los artículos siguientes se analiza el **decaimiento de la creatividad** de los científicos a medida que **envejecen**: Falagas y otros, «At what age do biomedical scientists do their best work?», *FASEB J.*, vol. 22, 2008, págs. 4067-4070; Sinatra y otros, «Quantifying the evolution of individual scientific impact», *Science*, vol. 354, 2016, pág. aaf5239.2; y Way y otros, «The misleading narrative of the canonical faculty productivity trajectory», *Proc. Natl. Acad. Sci. USA*, vol. 114, 2017, págs. E9216-E9223.

2. Véanse los datos generados por los **estudios demográficos sobre fertilidad y mortalidad** en cerca de doscientos países en GBD 2017, Population and Fertility collaborators, «Population and fertility by age and sex for 195 countries and territories, 1950-2017: A systematic analysis for the Global Burden of Disease Study 2017», *Lancet*, vol. 392, 2018, págs. 1995-2051. Respecto a la pandemia **COVID-19** causada por el virus **SARS-CoV-2**, la gran mayoría de las víctimas en todos los países del mundo corresponde a pacientes con edades superiores a los 70 años. Sargiacomo y otros, «COVID-19 and chronological aging: senolytics and other anti-aging drugs for the treatment or prevention of corona virus infection? », *Aging*, 30 de marzo de 2020. doi: 10.18632/aging.103001.

3. La mítica frase del extraordinario escritor de ciencia ficción **Arthur C. Clarke** «cualquier tecnología suficientemente avanzada es indistinguible de la magia» se publicó en 1962, en su libro ***Perfiles del futuro: una indagación sobre los límites de lo posible.***

Capítulo 10: Las claves del envejecimiento

1. Los detalles del experimento con **gemelos** para tratar de **relacionar su aspecto con su salud** se describen en Gunn y otros, «Mortality is written on the face», *J. Gerontol. A Biol. Sci. Med. Sci.*, vol. 71, 2016, págs. 72-77.

2. Estudios adicionales que relacionan la **edad biológica** con la **edad cronológica** examinando distintos parámetros se pueden encontrar en Tabue-Teguo y otros, «Walking and psychomotor speed in the elderly: Concordance, correlates and prediction of death», *J. Nutr. Health Aging*,

vol. 19, 2015, págs. 468-473; Willcox y otros, «Midlife risk factors and healthy survival in men», *JAMA*, vol. 296, 2006, págs. 2343-2350; y Georgiopoulou y otros, «Exercise capacity, heart failure risk, and mortality in older adults: The health ABC study», *Am. J. Prev. Med.*, vol. 52, 2017, págs. 144-153.

3. La cita completa del artículo en el que se describen por primera vez las **claves moleculares y celulares del envejecimiento** es López-Otín y otros, «The hallmarks of aging», *Cell*, vol. 153, 2013, págs. 1194-1217. Otros artículos que presentan visiones científicas globales del envejecimiento y de las maneras de afrontarlo son De Cabo y otros, «The search for antiaging interventions: From elixirs to fasting regimens», *Cell*, vol. 157, 2014, págs. 1515-1526; Longo y otros, «Interventions to slow aging in humans: Are we ready?», *Aging Cell*, vol. 14, 2015, págs. 497-510; y Campisi y otros, «From discoveries in ageing research to therapeutics for healthy ageing», *Nature*, vol. 571, 2019, págs.183-192.

4. El libro ***La vida en cuatro letras***, de Carlos López-Otín (Barcelona, Paidós, 2019), describe de manera concisa y accesible los aspectos esenciales del lenguaje de los genes para entender las claves de la vida y de la enfermedad.

5. En los siguientes artículos se puede obtener más información acerca de la **inestabilidad genética** y los errores de replicación como mecanismos fundamentales en el desarrollo del cáncer y del envejecimiento: Tomasetti y otros, «Stem cell divisions, somatic mutations, cancer etiology, and cancer prevention», *Science*, vol. 355, 2017, págs. 1330-1334; Perduca y otros, *Eur. J. Epidemiol.*, vol. 34, 2019, págs. 439-445; Tomasetti y Vogelstein, «Stem cell replication, somatic mutations and role of randomness in the development of cancer», *Science*, vol. 347, 2015, págs. 78-81; Martincorena y otros, «Somatic mutant clones colonize the human esophagus with age», *Science*, vol. 362, 2018, págs. 911-917; y Yokoyama y otros, «Age-related remodelling of oesophageal epithelia by mutated cancer drivers», *Nature*, vol. 565, 2019, págs. 312-317.

6. El curioso artículo en el que se muestra el **envejecimiento facial asimétrico** causado por la luz del sol en el rostro de un conductor de camión es el siguiente: Gordon y Brieva, «Unilateral dermatoheliosis», *N. Engl. J. Med.*, vol. 366, 2012, pág. e25.

7. Una revisión de las enfermedades de **envejecimiento acelerado** causadas por **mutaciones** en los genes responsables de la **reparación del**

daño genético se puede encontrar en Carrero y otros, «Hallmarks of progeroid syndromes: Lessons from mice and reprogrammed cells», *Dis. Model Mech.*, vol. 9, 2016, págs. 719-735.

8. He aquí algunos artículos que describen cómo se emplean técnicas de **edición génica** para la corrección *in vivo* del síndrome progeroide de **Hutchinson-Gilford**: Santiago-Fernández y otros, «Development of a CRISPR/Cas9-based therapy for Hutchinson-Gilford progeria syndrome», *Nat. Med.*, vol. 25, 2019, págs. 423-426; y Beyret y otros, «Single-dose CRISPR-Cas9 therapy extends lifespan of mice with Hutchinson-Gilford progeria syndrome», *Nat. Med.*, vol. 25, 2019, págs. 419-422.

9. Selección de artículos relacionados con las funciones de la **telomerasa** en el **cáncer** y en el **envejecimiento**: Shay y Wright, «Telomeres and telomerase: Three decades of progress», *Nat. Rev. Genet.*, vol. 20, 2019, págs. 299-309; Whittemore y otros, «Telomerase gene therapy ameliorates the effects of neurodegeneration associated to short telomeres in mice», *Aging*, Albany, NY, vol. 11, 2019, págs. 2916-2948; Tomás-Loba y otros, «Telomerase reverse transcriptase delays aging in cancer-resistant mice», *Cell*, vol. 135, 2008, págs. 609-622; y Massard y otros, «hTERT: A novel endogenous inhibitor of the mitochondrial cell death pathway», *Oncogene*, vol. 25, 2006, págs. 4505-4514.

10. Se puede encontrar información adicional sobre la importancia de los **cambios epigenéticos** en el **envejecimiento** en Benayoun y otros, «Epigenetic regulation of ageing: Linking environmental inputs to genomic stability», *Nature Rev. Mol. Cell. Biol.*, vol. 16, 2015, págs. 593-610; y en Delgado-Morales y otros, «Epigenetic mechanisms during ageing and neurogenesis as novel therapeutic avenues in human brain disorders», *Clin. Epigenetics*, vol. 9, 2017, pág. 67.

11. Algunos de los artículos que definen la relevancia *in vivo* del incremento de la **autofagia** para extender la **longevidad** en ratones son los siguientes: Fernández y otros, «Disruption of the beclin 1-BCL2 autophagy regulatory complex promotes longevity in mice», *Nature*, vol. 558, 2018, págs. 136-140; y Pyo y otros, «Overexpression of Atg5 in mice activates autophagy and extends lifespan», *Nat. Commun.*, vol. 4, 2013, pág. 2300.

12. A continuación detallamos algunos artículos que abordan los mecanismos que determinan la **percepción** de **nutrientes** y su interés para el **control del envejecimiento**: Kim y Guan, «mTOR as a central hub of nutrient signalling and cell growth», *Nat. Cell. Biol.*, vol. 21, 2019,

págs. 63-71; Carroll y Korolchuk, «Nutrient sensing, growth and senescence», *FEBS J.*, vol. 285, 2018, págs. 1948-1958; Lin y Hardie, «AMPK: Sensing glucose as well as cellular energy status», *Cell Metab.*, vol. 27, 2018, págs. 299-313; Templeman y Murphy, «Regulation of reproduction and longevity by nutrient-sensing pathways», *J. Cell Biol.*, vol. 217, 2018, págs. 93-106; y Chantranupong y otros, «Nutrient-sensing mechanisms across evolution», *Cell*, vol. 161, 2015, págs. 67-83.

13. Los siguientes artículos permiten ampliar la información sobre las implicaciones de las **disfunciones mitocondriales** en el **envejecimiento**: Jang y otros, «The role of mitochondria in aging», *J. Clin. Invest.*, vol. 128, 2018, págs. 3662-3670; Sun y otros, «The mitochondrial basis of aging», *Mol. Cell*, vol. 61, 2016, págs. 654-666; Sharma y otros, «Causal roles of mitochondrial dynamics in longevity and healthy aging», *EMBO Rep.*, 3 de octubre de 2019, pág. e48395; y Akbari y otros, «Mitochondria in the signaling pathways that control longevity and health span», *Ageing Res. Rev.*, vol. 54, 2019, pág. 100940.

14. Selección de contribuciones recientes que demuestran los **efectos positivos sobre la salud y la longevidad mediante** el empleo de **senolíticos** y otras estrategias de **eliminación de células senescentes**: Baker y otros, «Clearance of p16Ink4a-positive senescent cells delays ageing-associated disorders», *Nature*, vol. 479, 2011, págs. 232-236; Palmer y otros, «Targeting senescent cells alleviates obesity-induced metabolic dysfunction», *Aging Cell*, vol. 18, 2019, pág. e12950; Bussian y otros, «Clearance of senescent glial cells prevents tau-dependent pathology and cognitive decline», *Nature*, vol. 562, 2018, págs. 578-582; Xu y otros, «Senolytics improve physical function and increase lifespan in old age», *Nat. Med.*, vol. 24, 2018, págs. 1246-1256; Childs y otros, «Senescent intimal foam cells are deleterious at all stages of atherosclerosis», *Science*, vol. 354, 2016, págs. 472-477; Zhang y otros, «Senolytic therapy alleviates Aβ-associated oligodendrocyte progenitor cell senescence and cognitive deficits in an Alzheimer's disease model», *Nat. Neurosci.*, vol. 22, 2019, págs. 719-728; Hickson y otros, «Senolytics decrease senescent cells in humans: Preliminary report from a clinical trial of Dasatinib plus Quercetin in individuals with diabetic kidney disease», *EBioMedicine*, vol. 47, 2019, págs. 446-456; y Justice y otros, «Senolytics in idiopathic pulmonary fibrosis: Results from a first-in-human, open-label, pilot study», *EBioMedicine*, vol. 40, 2019, págs. 554-563. Es también muy re-

comendable seguir el trabajo sobre nuevos senolíticos llevado a cabo en el laboratorio de Manuel Serrano (IRBB, Barcelona).

15. Un ejemplo extraordinario de la idea de que el **envejecimiento** está asociado al **agotamiento de las células progenitoras** lo podemos encontrar en Holstege y otros, «Somatic mutations found in the healthy blood compartment of a 115-yr-old woman demonstrate oligoclonal hematopoiesis», *Genome Res.*, vol. 24, 2014, págs. 733-742.

16. En el artículo siguiente se explora la posibilidad de extender la **longevidad** mediante la **reprogramación celular** *in vivo* con los factores de Yamanaka: Ocampo y otros, «In vivo amelioration of age-associated hallmarks by partial reprogramming», *Cell*, vol. 167, 2016, págs. 1719-1733.

17. Se puede encontrar información adicional sobre la relación entre **inflamación** y **envejecimiento** en Chung y otros, «Redefining chronic inflammation in aging and age-related diseases: Proposal of the senoinflammation concept», *Aging Dis.*, vol. 10, 2019, págs. 367-382; Bottazzi y otros, «Aging, inflammation and cancer», *Semin. Immunol.*, vol. 40, 2018, págs. 74-82; Furman y otros, «Expression of specific inflammasome gene modules stratifies older individuals into two extreme clinical and immunological states», *Nat. Med.*, vol. 23, 2017, págs. 174-184; y Ridker y otros, «Effect of interleukin-1β inhibition with canakinumab on incident lung cancer in patients with atherosclerosis: Exploratory results from a randomised, double-blind, placebo-controlled trial», *Lancet*, vol. 390, 2017, págs. 1833-1842.

18. Sobre los conceptos y mecanismos del **envejecimiento del sistema inmune**, véanse Aiello y otros, «Immunosenescence and its hallmarks: How to oppose aging strategically? A review of potential options for therapeutic intervention», *Front. Immunol.*, vol. 10, 2019, pág. 2247; Waaijer y otros, «Are skin senescence and immunosenescence linked within individuals?», *Aging Cell*, vol. 18, 2019, pág. e12956; Pérez-Lanzón y otros, «Failure of immunosurveillance accelerates aging», *Oncoimmunology*, vol. 8, 2019, pág. e1575117; y Nikolich-Žugich, J., «The twilight of immunity: Emerging concepts in aging of the immune system», *Nat. Immunol.*, vol. 19, 2018, págs. 10-19.

19. En los artículos siguientes se resalta la importancia del mantenimiento de la integridad de la **barrera intestinal para la salud y para la longevidad**: Dambroise y otros, «Two phases of aging separated by the

Smurf transition as a public path to death», *Sci. Rep.*, vol. 22, 2016, pág. 23523; Thaiss y otros, «Hyperglycemia drives intestinal barrier dysfunction and risk for enteric infection», *Science*, vol. 359, 2018, págs. 1376-1383; Cheru y otros, «Gastrointestinal barrier breakdown and adipose tissue inflammation», *Curr. Obes. Rep.*, vol. 8, 2019, págs. 165-174; y Carrera-Bastos y otros, «Serum zonulin and endotoxin levels in exceptional longevity versus precocious myocardial infarction», *Aging Dis.*, vol. 9, 2018, págs. 317-321.

20. Contribuciones muy recientes que describen la importancia de la **microbiota intestinal** en el mantenimiento de la salud las encontramos en artículos que también destacan los efectos beneficiosos de algunas bacterias concretas, como, por ejemplo, ***Akkermansia muciniphila***. Véanse Bárcena y otros, «Healthspan and lifespan extension by fecal microbiota transplantation into progeroid mice», *Nat. Med.*, vol. 25, 2019, págs. 1234-1242; Routy y otros, «Gut microbiome influences efficacy of PD-1-based immunotherapy against epithelial tumors», *Science*, vol. 359, 2018, págs. 91-97; Routy y otros, «The gut microbiota influences anticancer immunosurveillance and general health», *Nat. Rev. Clin. Oncol.*, vol. 15, 2018, págs. 382-396; y Blacher y otros, «Potential roles of gut microbiome and metabolites in modulating ALS in mice», *Nature*, vol. 572, 2019, págs. 474-480.

21. A continuación figuran algunos de los artículos que exploran la búsqueda de **nuevos elixires hormonales** contra el **envejecimiento** y sus enfermedades asociadas: Kheifets y Braithwaite, «Plasma-based strategies for therapeutic modulation of brain aging», *Neurotherapeutics*, vol. 16, 2019, págs. 675-684; Villeda y otros, «Young blood reverses age-related impairments in cognitive function and synaptic plasticity in mice», *Nat. Med.*, vol. 20, 2014, págs. 659-663; Castellano y otros, «Human umbilical cord plasma proteins revitalize hippocampal function in aged mice», *Nature*, vol. 544, 2017, págs. 488-492; Sha y otros, «Safety, tolerability, and feasibility of young plasma infusion in the plasma for Alzheimer symptom amelioration study: A randomized clinical trial», *JAMA Neurol.*, vol. 76, 2019, págs. 35-40; Kurosu y otros, «Suppression of aging in mice by the hormone Klotho», *Science*, vol. 309, 2005, págs. 1829-1833; Zhang y otros, «The starvation hormone, fibroblast growth factor-21, extends lifespan in mice», *Elife*, vol. 1, 2012, pág. e00065; y Nishiguchi y otros, «Aging suppresses skin-derived circulating SDF1 to

promote full-thickness tissue regeneration», *Cell Rep.*, vol. 24, 2018, págs. 3383-3392.

22. He aquí algunos de los trabajos que analizan los **factores nocivos endógenos que aumentan durante el envejecimiento** y cuya neutralización puede favorecer la longevidad: Hoefer y otros, «The "aging factor" eotaxin-1 (CCL11) is detectable in transfusion blood products and increases with the donor's age», *Front. Aging Neurosci.*, vol. 9, 2017, pág. 402; Villeda y otros, «The ageing systemic milieu negatively regulates neurogenesis and cognitive function», *Nature*, vol. 477, 2011, págs. 90-94; y Yousef y otros, «Aged blood impairs hippocampal neural precursor activity and activates microglia via brain endothelial cell VCAM1», *Nat. Med.*, vol. 25, 2019, págs. 988-1000.

23. Hay estudios que demuestran que el mantenimiento de los **ritmos circadianos** es esencial para la **salud**; véanse, por ejemplo, Musiek y Holtzman, «Mechanisms linking circadian clocks, sleep, and neurodegeneration», *Science*, vol. 354, 2016, págs. 1004-1008; Chauhan y otros, «Central and peripheral circadian clocks and their role in Alzheimer's disease», *Dis. Model Mech.*, vol. 10, 2017, págs. 1187-1199; Marcheva y otros, «Disruption of the clock components CLOCK and BMAL1 leads to hypoinsulinaemia and diabetes», *Nature*, vol. 466, 2010, págs. 627-631; Chang y Guarente, «SIRT1 mediates central circadian control in the SCN by a mechanism that decays with aging», *Cell*, vol. 153, 2013, págs. 1448-1460; Zwighaft y otros, «Circadian clock control by polyamine levels through a mechanism that declines with age», *Cell Metab.*, vol. 22, 2015, págs. 874-885; Toledo y otros, «Autophagy regulates the liver clock and glucose metabolism by degrading CRY1», *Cell Metab.*, vol. 28, 2018, págs. 268-281; y Sato y otros, «Circadian reprogramming in the liver identifies metabolic pathways of aging», *Cell*, vol. 170, 2017, págs. 664-677.

24. «El tiempo es una luz ya muy cansada» es un verso del poema de **Francisco Brines** titulado «Fabulosa eternidad» e incluido en su esencial libro ***El otoño de las rosas***.

Capítulo 11: La dilatación del tiempo

1. Los detalles del trabajo en el que se ha logrado mantener la **actividad celular** en el **cerebro** de varios cerdos **con posterioridad a su muer-**

te se recogen en Vrselja y otros, «Restoration of brain circulation and cellular functions hours post-mortem», *Nature*, vol. 568, 2019, págs. 336-343.

2. A continuación se citan algunos artículos en donde se describe la **resucitación** de ciertos organismos que habían estado **congelados** durante miles de años: Shatilovich y otros, «Viable nematodes from late pleistocene permafrost of the Kolyma river lowland», *Dokl. Biol. Sci.*, vol. 480, 2018, págs. 100-102; y Yashina y otros, «Regeneration of whole fertile plants from 30,000-y-old fruit tissue buried in Siberian permafrost», *Proc. Natl. Acad. Sci. USA*, vol. 109, 2012, págs. 4008-4013.

3. La **vida** puede ponerse **entre paréntesis** o suspenderse durante largos periodos temporales por medio de procedimientos que no sean la simple congelación, como, por ejemplo, la **desecación y la conservación en sal**. Véanse Shen-Miller y otros, «Long-living lotus: Germination and soil gamma-irradiation of centuries-old fruits, and cultivation, growth, and phenotypic abnormalities of offspring», *Am. J. Bot.*, vol. 89, 2002, págs. 236-247; Cano y Borucki, «Revival and identification of bacterial spores in 25- to 40-million-year-old Dominican amber», *Science*, vol. 268, 1995, págs. 1060-1064; y Vreeland y otros, «Isolation of a 250 million-year-old halotolerant bacterium from a primary salt crystal», *Nature*, vol. 407, 2000, págs. 897-900. Un punto de vista crítico con respecto a algunos de estos trabajos es el que aparece en Graur y Pupko, «The Permian bacterium that isn't», *Mol. Biol. Evol.*, vol. 18, 2001, págs. 1143-1146.

4. Para ampliar información sobre los mecanismos usados por las levaduras para **ralentizar**, en lugar de detener, las **funciones del organismo**, logrando así **dilatar el tiempo biológico**, véanse Lesage y Bussey, «Cell wall assembly in "Saccharomyces cerevisiae"», *Microbiol. Mol. Biol. Rev.*, vol. 70, 2006, págs. 317-343; y Coluccio y otros, «The yeast spore wall enables spores to survive passage through the digestive tract of Drosophila», *PLoS One*, vol. 3, 2008, pág. e2873.

5. En estas revisiones se encuentran datos adicionales sobre el proceso *dauer* usado por organismos modelo de envejecimiento tales como *C. elegans* para detener su desarrollo en condiciones adversas: Erkut y Kurzchalia, «The "C. elegans" dauer larva as a paradigm to study metabolic suppression and desiccation tolerance», *Planta*, vol. 242, 2015, págs. 389-396; y Hu, P. J., «Dauer», *WormBook*, 2007, págs. 1-19.

6. Para más información sobre la **diapausa**, el estado de letargo o reposo que se inicia en diferentes fases del desarrollo en respuesta al estrés medioambiental, véanse Hand y otros, «Mechanisms of animal diapause: Recent developments from nematodes, crustaceans, insects, and fish», *Am. J. Physiol. Regul. Integr. Comp. Physiol.*, vol. 310, 2016, págs. R1193-1211; Fenelon y Renfree, «The history of the discovery of embryonic diapause in mammals», *Biol. Reprod.*, vol. 99, 2018, págs. 242-251; y Renfree y Fenelon, «The enigma of embryonic diapause», *Development*, vol. 144, 2017, págs. 3199-3210.

7. Sobre las **adaptaciones a los cambios en la temperatura** que se producen en el organismo modelo de envejecimiento *Drosophila melanogaster*, véanse Miquel y otros, «Effects of temperature on the life span, vitality and fine structure of "Drosophila melanogaster"», *Mech. Ageing Dev.*, vol. 5, 1976, págs. 347-370; Koštál y otros, «Physiological basis for low-temperature survival and storage of quiescent larvae of the fruit fly "Drosophila melanogaster"», *J. Sci. Rep.*, vol. 6, 2016, pág. 32346; y Enríquez y otros, «Cold acclimation favors metabolic stability in "Drosophila suzukii"», *Front. Physiol.*, vol. 9, 2018, pág. 1506.

8. A continuación citamos algunos de los artículos que describen los mecanismos de adaptación a temperaturas bajas y altas en vertebrados, incluyendo los procesos de **hibernación y estivación**: Geiser y otros, «Aestivation in mammals and birds», *Prog. Mol. Subcell. Biol.*, vol. 49, 2010, págs. 95-111; Turner y otros, «Summer and winter torpor use by a free-ranging marsupial», *Comp. Biochem. Physiol. A Mol. Integr. Physiol.*, vol. 162, 2012, págs. 274-280; y Dausmann y otros, «Physiology: Hibernation in a tropical primate», *Nature*, vol. 429, 2004, págs. 825-826.

9. Entre los artículos que demuestran los efectos beneficiosos de distintas formas de **ayuno** para la **salud** y la **longevidad**, cabe citar Mattson y otros, «Impact of intermittent fasting on health and disease processes», *Ageing Res. Rev.*, vol. 39, 2017, págs. 46-58; Anson y otros, «Intermittent fasting dissociates beneficial effects of dietary restriction on glucose metabolism and neuronal resistance to injury from calorie intake», *Proc. Natl. Acad. Sci. USA*, vol. 100, 2003, págs. 6216-6220; Mitchell y otros, «Daily fasting improves health and survival in male mice independent of diet composition and calories», *Cell Metab.*, vol. 29, 2019, págs. 221-228; Chaix y otros, «Time-restricted feeding is a preven-

tative and therapeutic intervention against diverse nutritional challenges», *Cell Metab.*, vol. 20, 2014, págs. 991-1005; Sutton y otros, «Early time-restricted feeding improves insulin sensitivity, blood pressure, and oxidative stress even without weight loss in men with prediabetes», *Cell Metab.*, vol. 27, 2018, págs. 1212-1221; Longo y Panda, «Fasting, circadian rhythms, and time-restricted feeding in healthy lifespan», *Cell Metab.*, vol. 23, 2016, págs. 1048-1059.

10. Para más información sobre la **rapamicina como elixir de juventud en ratones**, véanse Harrison y otros, «Rapamycin fed late in life extends lifespan in genetically heterogeneous mice», *Nature*, vol. 460, 2009, págs. 392-395; y Arriola Apelo y otros, «Intermittent administration of rapamycin extends the life span of female C57BL/6J mice», *J. Gerontol. A Biol. Sci. Med. Sci.*, vol. 71, 2016, págs. 876-881.

11. **La espermidina mejora la salud**. Véanse a este respecto Madeo y otros, «Spermidine in health and disease», *Science*, vol. 359, 2018, págs. eaan2788; Eisenberg y otros, «Cardioprotection and lifespan extension by the natural polyamine spermidine», *Nat. Med.*, vol. 22, 2016, págs. 1428-1438; Nilsson y Persson, «Beneficial effects of spermidine on cardiovascular health and longevity suggest a cell type-specific import of polyamines by cardiomyocytes», *Biochem. Soc. Trans.*, vol. 47, 2019, págs. 265-272; y Kiechl y otros, «Higher spermidine intake is linked to lower mortality: A prospective population-based study», *Am. J. Clin. Nutr.*, vol. 108, 2018, págs. 371-380.

12. Sobre el aumento de la **autofagia** como estrategia **antienvejecimiento**, véanse Levine y Kroemer, «Biological functions of autophagy genes: A disease perspective», *Cell*, vol. 176, 2019, págs. 11-42; Madeo y otros, «Caloric restriction mimetics against age-associated disease: Targets, mechanisms, and therapeutic potential», *Cell Metab.*, vol. 29, 2019, págs. 592-610; y López-Otín y Kroemer, «Decelerating ageing and biological clocks by autophagy», *Nat. Rev. Mol. Cell. Biol.*, vol. 20, 2019, págs. 385-386.

13. Para más información sobre la **conservación evolutiva del efecto beneficioso del proceso de autofagia** en múltiples especies, véanse Yamada y Schaap, «Cyclic AMP induction of Dictyostelium prespore gene expression requires autophagy», *Dev. Biol.*, vol. 452, 2019, págs. 114-126; Fischer y otros, «Functional characterization of ubiquitin-like core autophagy protein ATG12 in "Dictyostelium discoideum"», *Cells*,

vol. 8, 2019, pág. E72; Voigt y Pöggeler, «Autophagy genes Smatg8 and Smatg4 are required for fruiting-body development, vegetative growth and ascospore germination in the filamentous ascomycete "Sordaria macrospora"», *Autophagy*, vol. 9, 2013, págs. 33-49; Lv y otros, «Genome-wide functional analysis reveals that autophagy is necessary for growth, sporulation, deoxynivalenol production and virulence in "Fusarium graminearum"», *Sci. Rep.*, vol. 7, 2017, pág. 11062; Knuppert y otros, «Identification of autophagy as a longevity-assurance mechanism in the aging model "Podospora anserina"», *Autophagy*, vol. 10, 2014, págs. 822-834; Alberti y otros, «The autophagosomal protein LGG-2 acts synergistically with LGG-1 in dauer formation and longevity in "C. elegans"», *Autophagy*, vol. 6, 2010, págs. 622-633; y Lin y otros, «The transcription factor p8 regulates autophagy during diapause embryo formation in "Artemia parthenogenetica"», *Cell Stress Chaperones*, vol. 21, 2016, págs. 665-675.

Capítulo 12: Los tiempos están cambiando

1. Para más información sobre **demografía y salud**, véase GBD 2017 DALYs and HALE Collaborators, «Global, regional, and national disability-adjusted life-years (DALYs) for 359 diseases and injuries and healthy life expectancy (HALE) for 195 countries and territories, 1990-2017: A systematic analysis for the Global Burden of Disease Study 2017», *Lancet*, vol. 392, 2018, págs. 1859-1922.

2. Los siguientes artículos definen **factores de riesgo** que **reducen la esperanza de vida**: Stringhini y otros, «Socioeconomic status and the 25 × 25 risk factors as determinants of premature mortality: A multicohort study and meta-analysis of 1.7 million men and women», *Lancet*, vol. 389, 2017, págs. 1229-1237; Kivimäki y otros, «Work stress and risk of death in men and women with and without cardiometabolic disease: A multicohort study», *Lancet Diabetes Endocrinol.*, vol. 6, 2018, págs. 705-713; y Bor y otros, «Population health in an era of rising income inequality: USA», *Lancet*, vol. 389, 2017, págs. 1475-1490.

3. Para más información sobre **la obesidad como factor fundamental proenvejecimiento**, véanse Swinburn y otros, «The global syndemic of obesity, undernutrition, and climate change: The Lancet commission

report», *Lancet*, vol. 393, 2019, págs. 791-846; Jaacks y otros, «The obesity transition: Stages of the global epidemic», *Lancet Diabetes Endocrinol.*, vol. 7, 2019, págs. 231-240; Geserick y otros, «Acceleration of BMI in early childhood and risk of sustained obesity», *N. Engl. J. Med.*, vol. 379, 2018, págs. 1303-1312; GBD 2015 Obesity Collaborators, «Health effects of overweight and obesity in 195 countries over 25 years», *N. Engl. J. Med.*, vol. 377, 2017, págs. 13-27; Jarris y otros, «Obesity as disease: An opportunity for integrating public health and clinical medicine», *J. Public Health Manag. Pract.*, vol. 19, 2013, págs. 610-612; Nyberg y otros, «Obesity and loss of disease-free years owing to major non-communicable diseases: A multicohort study», *Lancet Public Health*, vol. 3, 2018, págs. e490-e497; Jongbloed y otros, «Effects of bariatric surgery on telomere length and T-cell aging», *Int. J. Obes.*, Londres, vol. 43, 2019, págs. 2189-2199; y Hohensinner y otros, «Reduction of premature aging markers after gastric bypass surgery in morbidly obese patients», *Obes. Surg.*, vol. 28, 2018, págs. 2804-2810.

4. Un artículo introductorio sobre el concepto de **carbotoxicidad** como **factor de riesgo** contra la salud y la longevidad sería Kroemer y otros, «Carbotoxicity-noxious effects of carbohydrates», *Cell*, vol. 175, 2018, págs. 605-614.

5. Para más información sobre cómo **la malnutrición contribuye al envejecimiento**, véanse Volkert y otros, «Management of malnutrition in older patients-current approaches, evidence and open questions», *J. Clin. Med.*, vol. 8, 2019, pág. E974; López-Otín y otros, «Metabolic control of longevity», *Cell*, vol. 166, 2016, págs. 802-821; Quach y otros, «Epigenetic clock analysis of diet, exercise, education, and lifestyle factors», *Aging*, Albany, NY, vol. 9, 2017, págs. 419-446; y Ames, B., «Prolonging healthy aging: Longevity vitamins and proteins», *Proc. Natl. Acad. Sci. USA.*, vol. 115, 2018, págs. 10836-10844.

6. Sobre la **intoxicación crónica** como **antídoto contra la longevidad** y la buena salud, véanse Figueroa y otros, «Pesticide interactions and risks of sperm chromosomal abnormalities», *Int. J. Hyg. Environ. Health*, vol. 222, 2019, págs. 1021-1029; Ma y otros, «Comparative toxicity of a food additive TiO2, a bulk TiO2, and a nano-sized P25 to a model organism the nematode "C. elegans"», *Environ. Sci. Pollut. Res. Int.*, vol. 26, 2019, págs. 3556-3568; Abolaji y otros, «Dietary consumption of monosodium L-glutamate induces adaptive response and reduc-

tion in the life span of "Drosophila melanogaster"», *Cell. Biochem. Funct.*, vol. 35, 2017, págs. 164-170; Sarkodie y otros, «Proximate determinants of particulate matter (PM2.5) emission, mortality and life expectancy in Europe, Central Asia, Australia, Canada and the US», *Sci. Total Environ.*, vol. 683, 2019, págs. 489-497; Etchie y otros, «The gains in life expectancy by ambient PM2.5 pollution reductions in localities in Nigeria», *Environ. Pollut.*, vol. 236, 2018, págs. 146-157; Bennett y otros, «Particulate matter air pollution and national and county life expectancy loss in the USA: A spatiotemporal analysis», *PLoS Med.*, vol. 16, 2019, págs. e1002856; Vilas Boas y otros, «Workers of São Paulo city, Brazil, exposed to air pollution: Assessment of genotoxicity», *Mutat. Res. Genet. Toxicol. Environ. Mutagen.*, vol. 834, 2018, págs. 18-24; Clemente y otros, «Prenatal and childhood traffic-related air pollution exposure and telomere length in European children: The HELIX project», *Environ. Health Perspect.*, vol. 127, 2019, págs. 87001; White y otros, «Air pollution, particulate matter composition and methylation-based biologic age», *Environ. Int.*, vol. 132, 2019, pág. 105071; Bhargava y otros, «Ultrafine particulate matter impairs mitochondrial redox homeostasis and activates phosphatidylinositol 3-kinase mediated DNA damage responses in lymphocytes», *Environ. Pollut.*, vol. 234, 2018, págs. 406-419; y Li y otros, «All-cause mortality risk associated with long-term exposure to ambient in China: A cohort study», *Lancet Public Health*, vol. 3, 2018, págs. e470-e477.

7. Sobre **la inactividad física** como impulsora del **envejecimiento y** de la **mortalidad**, véanse Ding y otros, «The economic burden of physical inactivity: A global analysis of major non-communicable diseases», *Lancet*, vol. 388, 2016, págs. 1311-1324; He y otros, «Exercise-induced BCL2-regulated autophagy is required for muscle glucose homeostasis», *Nature*, vol. 481, 2012, págs. 511-515; Pi y otros, «Long-term exercise prevents hepatic steatosis: A novel role of FABP1 in regulation of autophagy-lysosomal machinery», *FASEB J.*, vol. 33, 2019, págs. 11870-11883; y Muniesa y otros, «Telomere length in elite athletes», *Int. J. Sports Physiol. Perform.*, vol. 12, 2017, págs. 994-996.

8. Para más información sobre el **estrés** y las **alteraciones emocionales** como factores **promotores del envejecimiento**, véanse Twenge y otros, «Age, period, and cohort trends in mood disorder indicators and suicide-related outcomes in a nationally representative dataset, 2005-

2017», *J. Abnorm. Psychol.*, vol. 128, 2019, págs. 185-199; Demyttenaere y otros, «Prevalence, severity, and unmet need for treatment of mental disorders in the World Health Organization World Mental Health Surveys», *JAMA*, vol. 291, 2004, págs. 2581-2590; Jiang y otros, «Basal cortisol, cortisol reactivity, and telomere length: A systematic review and meta-analysis», *Psychoneuroendocrinology*, vol. 103, 2019, págs. 163-172; Wolf y otros, «Traumatic stress and accelerated DNA methylation age: A meta-analysis», *Psychoneuroendocrinology*, vol. 92, 2018, págs. 123-134; Li y otros, «Association between childhood trauma and accelerated telomere erosion in adulthood: A meta-analytic study», *J. Psychiatr. Res.*, vol. 93, 2017, págs. 64-71; Ridout y otros, «Depression and telomere length: A meta-analysis», *J. Affect. Disord.*, vol. 191, 2016, págs 237-247; Kuo y otros, «The association between psychological stress and metabolic syndrome: A systematic review and meta-analysis», *Obes. Rev.*, vol. 20, 2019, págs. 1651-1664; Walker y otros, «Mortality in mental disorders and global disease burden implications: A systematic review and meta-analysis», *JAMA Psychiatry*, vol. 72, 2015, págs. 334-341; y Hjorthøj y otros, «Years of potential life lost and life expectancy in schizophrenia: A systematic review and meta-analysis», *Lancet Psychiatry*, vol. 4, 2017, págs. 295-301.

9. Sobre la **pérdida** de los **ritmos circadianos** y la manera como promueve el **envejecimiento** y sus enfermedades asociadas, véanse Marcheva y otros, «Disruption of the clock components CLOCK and BMAL1 leads to hypoinsulinaemia and diabetes», *Nature*, vol. 466, 2010, págs. 627-631; Pavanello y otros, «Higher number of night shifts associates with good perception of work capacity and optimal lung function but correlates with increased oxidative damage and telomere attrition», *Biomed. Res. Int.*, 11 de abril de 2019, en prensa; Carugno y otros, «Night shift work, DNA methylation and telomere length: an investigation on hospital female nurses», *Int. J. Environ. Res. Public Health*, vol. 16, 2019, pág. E2292; Jørgensen y otros, «Shift work and overall and cause-specific mortality in the Danish nurse cohort», *Scand. J. Work Environ. Health*, vol. 43, 2017, págs. 117-126; y Lin y otros, «Night-shift work increases morbidity of breast cancer and all-cause mortality: A meta-analysis of 16 prospective cohort studies», *Sleep Med.*, vol. 16, 2015, págs. 1381-1387.

Capítulo 13: La conquista de la longevidad

1. **Rachel Sussman** ha creado un bello libro en el que recoge imágenes de algunas de las **especies más longevas de nuestro planeta:** *The oldest living things in the world*, Chicago, University of Chicago Press, 2014.

2. Sobre la **hidra vulgar** como especie modelo para estudiar mecanismos de **evasión de la senescencia**, véanse Schaible y otros, «Constant mortality and fertility over age in Hydra», *Proc. Natl. Acad. Sci. USA*, vol. 112, 2015, págs. 15701-15706; Bosch y otros, «Hydra as model to determine the role of FOXO in longevity», *Methods Mol. Biol.*, vol. 1890, 2019, págs. 231-238; y Roark y otros, «Extreme longevity in proteinaceous deep-sea corals», *Proc. Natl. Acad. Sci. USA*, vol. 106, 2009, págs. 5204-5208.

3. Para más información sobre **los tiburones somnolientos y las ballenas boreales como campeones de la longevidad**, véanse Nielsen y otros, «Eye lens radiocarbon reveals centuries of longevity in the Greenland shark ("Somniosus microcephalus")», *Science*, vol. 353, 2016, págs. 702-704; y Keane y otros, «Insights into the evolution of longevity from the bowhead whale genome», *Cell Rep.*, vol. 10, 2015, págs. 112-122.

4. Algunas variantes genéticas observadas en el gen humano ***FOXO3*** pueden explicar una cierta **propensión familiar a la longevidad**. Véase a este respecto Bae y otros, «Effects of *FOXO3* polymorphisms on survival to extreme longevity in four centenarian studies», *J. Gerontol. A Biol. Sci. Med. Sci.*, vol. 73, 2018, págs. 1439-1447.

5. Puede hallarse una demostración de que las **mutaciones en ciertos genes extienden de manera espectacular la vida del gusano *C. elegans*** en Kenyon y otros, «A "C. elegans" mutant that lives twice as long as wild type», *Nature*, vol. 366, 1993, págs. 461-464.

6. La Organización Mundial de la Salud ha reconocido que **el envejecimiento puede considerarse una enfermedad** y que, por tanto, debe tratarse con las mismas pautas que otras patologías. Véase The Lancet Diabetes Endocrinology, «Opening the door to treating ageing as a disease», editorial, *Lancet Diabetes Endocrinol.*, vol. 6, 2018, pág. 587.

7. Sobre el primer **ensayo clínico** (TAME, *Targeting Aging with Metformin*) para determinar si un fármaco, en este caso la metformina, puede **ralentizar el envejecimiento**, véase Barzilai y otros, «Metformin as a tool to target aging», *Cell Metab.*, vol. 23, 2016, págs. 1060-1065.

8. Puede encontrarse una discusión sobre la **variabilidad intrínseca** de los estudios del envejecimiento en **modelos animales** y las **dificultades para extrapolar a humanos** los resultados de algunos de estos trabajos en Mitchell y otros, «Effects of sex, strain, and energy intake on hallmarks of aging in mice», *Cell Metab.*, vol. 23, 2016, págs. 1093-1112.

Capítulo 14: Los nuevos elixires de tiempo

1. Para más información sobre el grave problema médico y social creado por clínicas privadas que proponen a pacientes con enfermedades incurables **terapias no autorizadas con células progenitoras**, véanse Pellegrini y otros, «Navigating market authorization: The path holoclar took to become the first stem cell product approved in the European Union», *Stem Cells Transl. Med.*, vol. 7, 2018, págs. 146-154; Julian y otros, «The "growing" reality of the neurological complications of global "stem cell tourism"», *Semin Neurol.*, vol. 38, 2018, págs. 176-181; Bauer y otros, «A comprehensive analysis of reported adverse events in patients receiving unproven stem cell-based interventions», *Stem Cells Transl. Med.*, vol. 7, 2018, págs. 676-685; y Sipp y otros, «Marketing of unproven stem cell-based interventions: A call to action», *Sci. Transl. Med.*, vol. 9, 2017, pág. eaag0426.

2. Este artículo recoge la opinión de varios expertos sobre la **exageración de las expectativas** creadas en el campo del **antienvejecimiento**: Warner y otros, «Science fact and the SENS agenda. What can we reasonably expect from ageing research?», *EMBO Rep.*, vol. 6, 2005, págs. 1006-1008.

3. A continuación figura una revisión del trabajo que condujo a la introducción de la primera estrategia de **terapia génica** aprobada para el tratamiento rutinario (no experimental) de una **enfermedad humana**: Al-Zaidy y Mendell, «From clinical trials to clinical practice: Practical considerations for gene replacement therapy in SMA Type 1», *Pediatr. Neurol.*, vol. 100, 2019, págs. 3-11.

4. Para más información sobre la **metformina** como elixir de longevidad, véanse Anisimov y otros, «Metformin slows down aging and extends life span of female SHR mice», *Cell Cycle*, vol. 7, 2008, págs. 2769-2773; Anisimov y otros, «Gender differences in metformin effect on

aging, life span and spontaneous tumorigenesis in 129/Sv mice», *Aging*, Albany, NY, vol. 2, 2010, págs. 945-958; Martín-Montalvo y otros, «Metformin improves healthspan and lifespan in mice», *Nat. Commun.*, vol. 4, 2013, pág. 2192; Libby y otros, «New users of metformin are at low risk of incident cancer: A cohort study among people with type 2 diabetes», *Diabetes Care*, vol. 32, 2009, págs. 1620-1625; Petrie *et al.*, «Cardiovascular and metabolic effects of metformin in patients with type 1 diabetes (REMOVAL): A double-blind, randomised, placebo-controlled trial», *Lancet Diabetes Endocrinol.*, vol. 5, 2017, págs. 597-609; Higurashi y otros, «Metformin for chemoprevention of metachronous colorectal adenoma or polyps in post-polypectomy patients without diabetes: A multicentre double-blind, placebo-controlled, randomised phase 3 trial», *Lancet Oncol.*, vol. 17, 2016, págs. 475-483; y Novelle y otros, «Metformin: A hopeful promise in aging research», *Cold Spring Harb. Perspect. Med.*, vol. 6, 2016, pág. a025932.

5. Sobre la **espermidina en estrategias prolongevidad**, véanse Eisenberg y otros, «Cardioprotection and lifespan extension by the natural polyamine spermidine», *Nat. Med.*, vol. 22, 2016, págs. 1428-1438; Kiechl y otros, «Higher spermidine intake is linked to lower mortality: A prospective population-based study», *Am. J. Clin. Nutr.*, vol. 108, 2018, págs. 371-380; y Pietrocola y otros, «Spermidine induces autophagy by inhibiting the acetyltransferase EP300», *Cell Death Differ.*, vol. 22, 2015, págs. 509-516.

6. Sobre los **efectos beneficiosos para la salud de bajas dosis de aspirina**, véanse los siguientes artículos, alguno de los cuales recoge, además, los riesgos derivados del empleo de dicho medicamento: Strong y otros, «Nordihydroguaiaretic acid and aspirin increase lifespan of genetically heterogeneous male mice», *Aging Cell*, vol. 7, 2008, págs. 641-650; Algra y otros, «Effects of regular aspirin on long-term cancer incidence and metastasis: A systematic comparison of evidence from observational studies versus randomised trials», *Lancet Oncol.*, vol. 13, 2012, págs. 518-527; Jankowski y otros, «Esomeprazole and aspirin in Barrett's oesophagus (AspECT): A randomised factorial trial», *Lancet*, vol. 392, 2018, págs. 400-408; McNeil y otros, «Effect of aspirin on disability-free survival in the healthy elderly», *N. Engl. J. Med.*, vol. 379, 2018, págs. 1499-1508; McNeil y otros, «Effect of aspirin on cardiovascular events and bleeding in the healthy elderly», *N. Engl. J. Med.*,

vol. 379, 2018, págs. 1509-1518; Bibbins-Domingo y otros, «Aspirin use for the primary prevention of cardiovascular disease and colorectal cancer: U.S. Preventive Services Task Force Recommendation Statement», *Ann. Intern. Med.*, vol. 164, 2016, págs. 836-845; Rothwell y otros, «Effects of aspirin on risks of vascular events and cancer according to bodyweight and dose: Analysis of individual patient data from randomised trials», *Lancet*, vol. 392, 2018, págs. 387-399; y Pietrocola y otros, «Aspirin recapitulates features of caloric restriction», *Cell Rep.*, vol. 22, 2018, págs. 2395-2407.

7. Para mayor información sobre la utilidad de la **nicotinamida** y compuestos relacionados en la **promoción de la longevidad**, véanse Zhang y otros, «NAD+ repletion improves mitochondrial and stem cell function and enhances life span in mice», *Science*, vol. 352, 2019, págs. 1436-1443; Mitchell y otros, «Nicotinamide improves aspects of healthspan, but not lifespan, in mice», *Cell Metab.*, vol. 27, 2018, págs. 667-676; Yoshida y otros, «Extracellular vesicle-contained eNAMPT delays aging and extends lifespan in mice», *Cell Metab.*, vol. 30, 2019, págs. 329-342; Snaidr y otros, «Nicotinamide for photoprotection and skin cancer chemoprevention: A review of efficacy and safety», *Exp. Dermatol.*, vol. 28, 2019, supl. 1, págs. 15-22; y Martens y otros, «Chronic nicotinamide riboside supplementation is well-tolerated and elevates NAD+ in healthy middle-aged and older adults», *Nat. Commun.*, vol. 9, 2018, pág. 1286.

8. Sobre la **rapamicina** y su empleo para la mejora de la **salud** y la extensión de la **longevidad**, véanse Harrison y otros, «Rapamycin fed late in life extends lifespan in genetically heterogeneous mice», *Nature*, vol. 460, 2009, págs. 392-395; Mannick y otros, «mTOR inhibition improves immune function in the elderly», *Sci. Transl. Med.*, vol. 6, 2014, pág. 268ra179; y Kraig y otros, «A randomized control trial to establish the feasibility and safety of rapamycin treatment in an older human cohort: Immunological, physical performance, and cognitive effects», *Exp. Gerontol.*, vol. 105, 2018, págs. 53-69.

Bibliografía

Libros de especial interés cuya lectura nos ha permitido incorporar algunos conceptos y datos relevantes durante la escritura de *El sueño del tiempo*.

Álvarez de Mon, Santiago, *Mi agenda y yo: repensando nuestra relación con el tiempo*, Barcelona, Plataforma, 2017.

Bermúdez de Castro, José M., Carlos Briones y Alberto Fernández, *Orígenes: el universo, la vida, los humanos*, Barcelona, Crítica, 2015.

Boorstin, Daniel J., *Los descubridores*, Barcelona, Crítica, 2004.

Borges, Jorge Luis, *El Aleph*, Barcelona, DeBolsillo, 2017.

—, *El libro de los seres imaginarios*, México, Fondo de Cultura Económica, 1957.

Brines, Francisco, *El otoño de las rosas*, Madrid, Biblioteca Nueva, 2013.

Buonomano, Dean, *Your brain is a time machine*, Nueva York, W. W. Norton & Company, 2017.

Burdick, Alan, *¿Por qué el tiempo vuela?*, Barcelona, Plataforma, 2018.

Caparrós, Martín, *El hambre*, Barcelona, Anagrama, 2015.

Carroll, Sean, *Desde la eternidad hasta hoy: en busca de la teoría definitiva del tiempo*, Barcelona, Debate, 2015.

Finch, Caleb, *Longevity, senescence and the genome*, Chicago, University of Chicago Press, 1994.

Fuster, Valentín, y Josep Corbella, *La ciencia de la larga vida*, Barcelona, Planeta, 2016.

Galeano, Eduardo, *Bocas del tiempo*, Madrid, Siglo XXI, 2004.
Gardfield, Simon, *Cronometrados*, Barcelona, Taurus, 2018.
Gleick, James, *Viajar en el tiempo*, Barcelona, Crítica, 2017.
Gregory, Alice, *Nodding off*, Londres, Bloomsbury Sigma, 2018.
Hawking, Stephen, *A brief history of time*, Nueva York, Bantam Books, 1988.
Hayflick, Leonard, *How and why we age*, Nueva York, Ballantine Books, 1996.
Highfield, Roger, y Peter Coveney, *The arrow of time*, Nueva York, Fawcett Books, 1991.
Lévi-Strauss, Claude, *El pensamiento salvaje*, México, Fondo de Cultura Económica, 1964.
Muñoz Box, Fernando, *Las medidas del tiempo en la historia. Calendarios y relojes*, Valladolid, Universidad de Valladolid, 2011.
Nicholls, Henry, *Sleepy head*, Londres, Profile Books, 2018.
Ovidio, *Las metamorfosis*, Madrid, Gredos, 2012.
Rovelli, Carlo, *El orden del tiempo*, Barcelona, Anagrama, 2018.
Safransky, Rüdiger, *Tiempo: la dimensión temporal y el arte de vivir*, Barcelona, Tusquets, 2017.
Sánchez Ron, José Manuel, *Albert Einstein: su vida, su obra y su mundo*, Barcelona, Crítica, 2015.
Sussman, Rachel, *The oldest living things in the world*, Chicago, University of Chicago Press, 2014.
Tammet, Daniel, *Nacido en un día azul*, Málaga, Sirio, 2007.
Thorne, Kip S., *Agujeros negros y tiempo curvo*, Barcelona, Crítica, 2010.
Vijg, Jan, *Aging of the genome*, Oxford, Oxford University Press, 2007.
Wajcman, Judy, *Esclavos del tiempo*, Barcelona, Paidós, 2017.
Weinberg, Steven, *Los tres primeros minutos del universo*, Madrid, Alianza, 1997.

Glosario

ADN: ácido desoxirribonucleico, el material genético de la mayoría de los seres vivos.

Aminoácido: cada uno de los veinte constituyentes fundamentales de las proteínas.

Apoptosis: una de las formas principales de la muerte celular programada.

ARN: ácido ribonucleico; actúa como intermediario en la transmisión de la información genética y el material genético de algunos virus.

ATP: trifosfato de adenosina; molécula esencial para la obtención de energía en todos los organismos.

Célula *stem*: célula troncal, madre o progenitora que tiene la capacidad de renovarse por sí sola para producir nuevas células de su mismo tipo y diferenciarse de las demás células especializadas.

CRISPR/Cas9: repeticiones palindrómicas cortas agrupadas y regularmente interespaciadas (*Clustered Regularly Interspaced Short Palindromic Repeats*), que, junto con la nucleasa Cas9, conforman un eficiente sistema de edición génica.

Cromosoma: estructura del interior de las células que contiene material genético.

Dataísmo: disciplina que se ocupa de la recopilación, el análisis y la interpretación de los datos masivos (*big data*).

Disbiosis: pérdida del equilibrio microbiano de la microbiota normal debido a cambios en su composición, distribución o función.

Edición génica: técnica de manipulación genética que permite efectuar cambios en el genoma de un modo rápido y eficaz.

Entropía: magnitud física que refleja el desorden de un sistema aislado.

Epigenética: estudio de los cambios que regulan la expresión génica celular sin alterar la secuencia de ADN, como la metilación del ADN o la modificación de las histonas.

Factor de transcripción: proteína con función reguladora de la expresión génica.

Factores de Yamanaka: conjunto de cuatro factores de transcripción (Oct4, Sox2, c-Myc y Klf4) que pueden reprogramar células a un estado pluripotente.

Flecha del tiempo: concepto introducido por Arthur Eddington para definir la unidireccionalidad del tiempo en su flujo ininterrumpido del pasado hacia el futuro.

Gen: unidad de información genética que codifica proteínas o ARN funcionales.

Genoma: conjunto de material genético de un organismo.

Hipersomnia: enfermedad caracterizada por un sueño constante, involuntario y extremo durante el día y por una gran dificultad para despertar del sueño nocturno.

Holobionte: entidad formada por la asociación de diferentes especies que se integran en una unidad ecológica.

Horología: ciencia y arte de medir el tiempo.

Ikigai: propósito vital, razón de existir.

Inteligencia artificial: ciencia dedicada a construir máquinas inteligentes que puedan realizar actividades propias de la inteligencia humana, como el autoaprendizaje.

Ligando: sustancia capaz de formar un complejo con una biomolécula. De modo más estricto, es una molécula que envía una señal al unirse al centro activo de una proteína, habitualmente un receptor de membrana.

Metagenoma: conjunto de todo el material genético presente en una muestra ambiental; en nuestro caso, el conjunto del genoma humano y el de los microbios que nos habitan.

Microbioma: conjunto formado por los genes de los microorganismos presentes en un nicho ecológico determinado. De manera más amplia, representa la población total de microorganismos, sus genes y sus metabolitos presentes en dicho nicho ecológico.

Microbiota: comunidad de microorganismos vivos residentes en un nicho ecológico determinado, como el intestino humano.

Mitocondria: orgánulo celular que tiene su propio ADN y cuya función principal es la producción de energía.

Música de las esferas: término ideado por los antiguos filósofos griegos para describir una música perfecta, aunque imperceptible para nuestros sentidos, que es emitida por los cuerpos celestes.

NAD: nicotinamida adenina dinucleótido, compuesto con propiedades antienvejecimiento.

Narcolepsia: enfermedad caracterizada por ataques súbitos de sueño y causada por una deficiencia de hipocretinas, hormonas neuropeptídicas responsables de mantenernos alerta y en vigilia durante el día.

Núcleo supraquiasmático: entidad anatómica localizada en el cerebro que alberga el reloj circadiano que marca el ritmo diario de nuestra vida.

Nucleótido: componente fundamental de los ácidos nucleicos que está constituido por una base nitrogenada, un azúcar y una molécula de ácido fosfórico.

Polimorfismo: variación natural no patológica de una secuencia de ADN.

Prebiótico: componente no digerible de la dieta que beneficia al organismo, ya que mejora la función de la microbiota.
Probiótico: bacterias vivas que aportan beneficios al organismo.
Progeria: envejecimiento prematuro.
Proteoma: conjunto de las proteínas de una célula.
Proteostasis: proceso que mantiene la armonía del proteoma.
Reloj circadiano: sistema biológico que determina los cambios físicos y conductuales en respuesta a las variables que siguen un ciclo diario, y que marca el ritmo de nuestra vida.
Reprogramación celular: reversión de una célula adulta a un estado de pluripotencia en el que es capaz de generar cualquier tipo de célula.
Soma: todas aquellas estructuras corporales cuya misión es contribuir a que las células reproductivas aseguren la continuidad de la especie.
Telomerasa: proteína que participa en el mantenimiento de la longitud de los telómeros.
Telómeros: estructuras de seis unidades nucleotídicas (por ejemplo, TTAGGG) repetidas centenares o miles de veces y situadas en los extremos de los cromosomas.
Terapia génica: tratamiento basado en la introducción de genes específicos en las células de un paciente para intentar curar alguna enfermedad.
Tiempo de Planck: límite temporal mínimo por debajo del cual el tiempo pierde su esencia y su consistencia para explicar los fenómenos físicos.

Agradecimientos

Gracias a todos los que nos han regalado su tiempo durante la escritura de este libro, a quienes revisaron distintos capítulos del primer manuscrito (María Mittelbrunn, Luis Alegre, Alberto Morán, Alberto Fernández, María Avendaño, Olga García Moreno, Víctor Quesada, Dido Carrero, David Roiz, Juan Valcárcel, Laurence Zitvogel, Laura López-Velasco y Gloria Velasco) y a Elisabet Navarro y a todo su equipo de Paidós por su excelente labor editorial.